UiPath RPA
From Novice to Master

UiPath RPA开发

入门、实战与进阶

邵京京 白晶茹 陈德炼 侯振宇 张成 李一波 ◎著

机械工业出版社
China Machine Press

勘误

欢迎各位自动化爱好者到 RPA 之家官网 https://www.rpazj.com 交流，也欢迎各位对书中的内容进行批评指正。

各位读者可以扫码加群与作者进行交流。

参考资料

在 RPA 之家官网博客中搜索"UiPath 项目实战 – 课后实战答案"即可直接下载本书所有项目实战答案。

在 RPA 之家官网博客中搜索"UiPath 项目实战 – 课堂案例"可直接下载书中涉及的课堂案例。

Contents **目 录**

第 1 章 *Chapter 1*

RPA 与 UiPath 入门

RPA 的概念来自信息技术自动化实战经验的总结,在 2012 年由一家研发此类软件的 IT 创业公司和一家研究机构提出。RPA 产品众多,如 UiPath、Blue Prism、AA 等,本书将全面讲解 UiPath 这款产品。

1.1 RPA 的概念

机器人流程自动化(Robotic Process Automation,RPA)就是利用机器人技术来实现流程的自动化处理。

2017 年 IEEE 给出的 RPA 定义是,通过软件技术来预定业务规则以及活动编排过程,利用一个或多个相互不关联的软件系统,协作完成一组流程、活动、交易和任务,在人工对异常情况进行管理后交付结果和服务。

1.1.1 RPA 功能介绍

RPA 是一种软件技术,RPA 概念中的"机器人"并不是实体的机器人,不是在工厂中的机械手臂、自动化设备。换句话说,这个"机器人"其实是在计算机上运行的一段程序,也被称为软件机器人。

RPA 可以实现跨系统多平台之间的无缝连接,比如说常用的办公软件 Excel、Word、PPT、PDF、微信、SAP 系统等,同时还包括基于 Web 的各种软件系统。这些软件之间会存在数据复制、数据读取、录入等操作,利用 RPA 可以轻松地实现多个软件平台的数据互通。

RPA 是利用计算机来实现自动化计算、数据存储和业务操作的,它不同于传统的自动化模式。目前传统的自动化模式有 C/S、B/S 的应用程序,利用工作流引擎支持的业务流程,利用服务器端的程序或脚本来实现日夜间的批处理等。RPA 技术更易于业务人员上手，不需要对脚本进行深入的学习即可实现对业务流程的自动化处理。

RPA 有别于传统的自动化测试，它既可以替代测试工具用于测试系统，也可以应用于实际业务的处理。RPA 可以把真正的业务处理逻辑编写在流程中，即 RPA 流程执行完成，业务处理也随即完成，达到可见即可得的效果。

总之，RPA 是实现机器人自动化的技术集合，通过模拟人类操作计算机的行为，实现了跨平台操作。

1.1.2 RPA 的特征

RPA 的特征包括以下四点。

1）RPA 模拟人类操作行为，但又和传统的物理机器人不同。物理机器人可以帮助我们去装配汽车零部件，可以帮我们去取文件；RPA 只能在应用软件层面帮助我们去做相应的工作，比如录入新入职的员工信息、抓取网站上的数据、自动发送邮件等。

2）RPA 是基于既定的业务规则来执行的，这个业务规则不能是带有人主观决策的，必须是已经存在的，并且是成熟稳定的。

3）RPA 满足 7×24×365 不间断执行，只要我们合理地分配机器人的工作时间，完全可以做到全年无休，最大化地使用机器人。

4）RPA 提供非侵入式的系统表层集成方式。正如前文提到的，RPA 模拟人类操作，比如，登录到银行系统的企业账户中，按照时间段来筛选并查询交易记录，然后下载相应的账单。这一系列的操作都是基于 UI 界面来操作的，并没有从系统的后台接口去获取数据。

1.1.3 RPA 适合的流程

自动化涵盖的范围特别广，根据国内外的相关资料，RPA 在选择业务流程实现自动化时基于以下几个大的标准。

（1）重复执行某个动作

RPA 流程必须是高度重复的，在 RPA 中需要根据流程进行开发，具有一定的开发成本，如果只是执行一次或使用频率不高，就有点得不偿失。例如新人办理入职手续、采购录入采购订单、财务录入财务数据等。

（2）工作业务量大

RPA 流程的业务量必须足够大，如果业务量很小，使用 RPA 和人工处理的时间成本相差不大，那么这个流程也不适合用 RPA 来解决。例如海运物流的数据录入、海关报关单的处理。

（3）具有明确的业务规则

RPA 流程必须具有清晰的规则。如果一个流程毫无规则且散乱，很多活动都需要进行人为的主观判断，那这个流程就不适合用 RPA 来实现自动化。例如在电商行业中的处理退换货信息，RPA 可以根据事先设定好的退货规则，自动判断是否符合退/换货规则。

（4）业务流程稳定，异常情况较少

RPA 流程只适合业务流程稳定、异常较少的场景。如果流程多变，界面元素更新频率高，与用户的交互方式也不固定，则会大大增加 RPA 的实施成本。例如在营销行业中，营销人员需要定期给客户发送公司的最新信息，这种业务实际上面对的只有邮件的发送，而且也不涉及系统界面的操作，只需要保证业务人员在数据文件中把对应的客户联系方式、邮件模板、附件目录等信息整理好即可。

（5）业务流程的频率较高

RPA 流程只适合执行频率较高的业务。如果一个自动化流程，几个月或者半年，甚至一年才执行一次，那么这个流程开发投入的成本将很难回收。例如每天都需要打开邮件获取客户订单、录入订单信息到 SAP 系统，或者财务领域中，每个月都要进行应收和应付账款、数据整合和报表、月末结账等。

同时满足以上五点基本要求，我们就可以用 RPA 技术来实现业务流程的自动化了。

1.2　UiPath 的下载与安装

在注册 UiPath 时，需要注意尽量不要使用 QQ 邮箱进行注册。下面进行下载过程的讲解。

1.2.1　UiPath 的下载

UiPath 下载的详细操作过程如下所示（本书以注册下载 UiPath 社区版为例）。

1）打开浏览器，在地址栏输入 https://www.uipath.com.cn，并点击右上角的"开始试用"，如图 1-1 所示。

图 1-1　UiPath 官网

官方提供了三种版本的下载方式，如图 1-2 所示。

❑ **社区版**：适用于个人 RPA 开发者和小型团队，可随时升级到企业版。

❑ **Studio（企业版）**：适用于企业，适合希望试用 UiPath Studio 的企业开发人员。

❑ **企业服务器**：适用于企业，提供完整的企业自动化平台（Studio、Robots、Orchestrator）的本地部署版本。

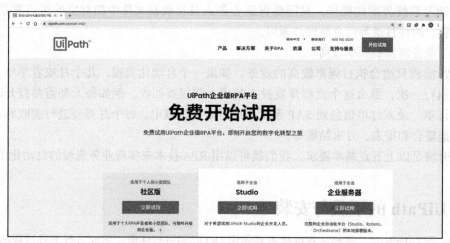

图 1-2　UiPath 客户端试用界面

2）点击 "立即试用" 之后，输入对应的注册信息，如图 1-3 所示。

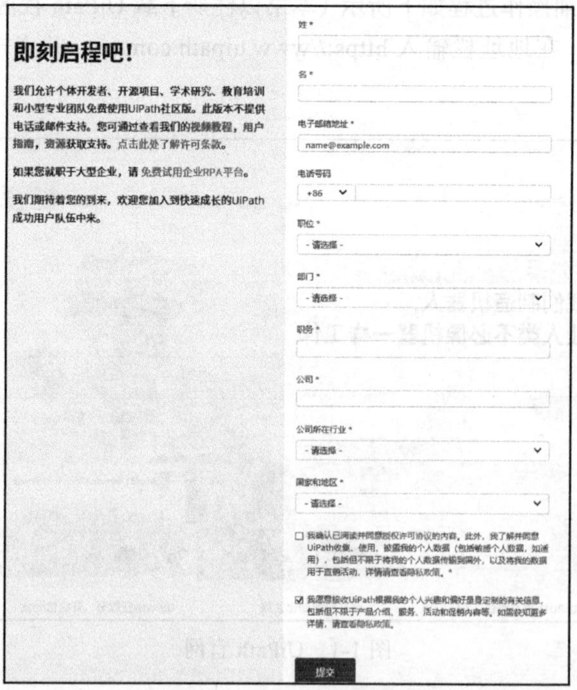

图 1-3　用户注册界面

3）提交成功之后，我们填写的注册邮箱会收到一个下载的链接，点击进行下载。

1.2.2　UiPath 的安装

1）双击 UiPathStudioSetup.exe 安装文件。

2）点击 Sign in，如图 1-4 所示。

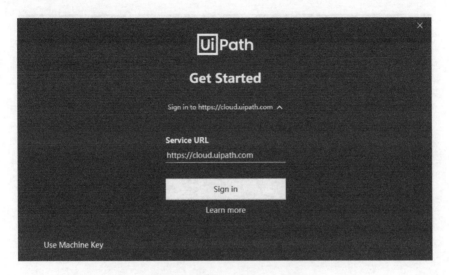

图 1-4　连接 Orchestrator 界面

3）自动在浏览器中打开 URL，并显示如图 1-5 所示。

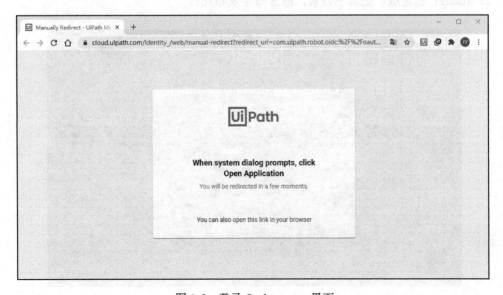

图 1-5　登录 Orchestrator 界面

4）UiPath 安装的界面如图 1-6 所示，有三种不同的模式。

❏ UiPath Studio Pro：适合专业开发人员。

❏ UiPath Studio：适合具有一定开发基础的人员。

❏ UiPath StudioX：适合业务人员。

本书以 UiPath Studio Pro 为基础来进行讲解。

图 1-6　Studio 模式选择界面

5）选择 UiPath 更新渠道，此处可根据自身情况选择对应的更新渠道，如图 1-7 所示。

❏ Preview：预览版，会自动更新，获取最新、最好的预览更新。

❏ Stable：稳定版，更新不频繁，通常每年发布几次。

图 1-7　Studio 更新模式选择界面

6）选择源代码控制支持，此处用于团队开发时，提供代码管理的平台，保持默认即可，点击 Continue，如图 1-8 所示。

图 1-8　源代码控制支持界面

7）完成打开的动作之后，界面如图 1-9 所示。

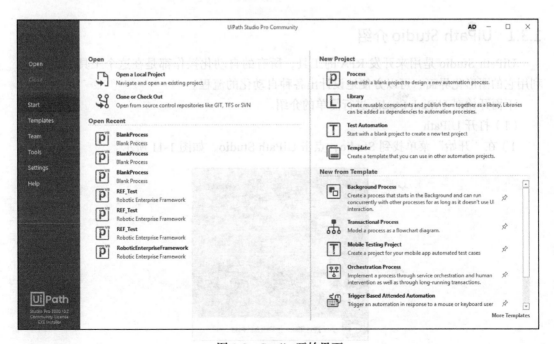

图 1-9　Studio 开始界面

1.3 UiPath 产品介绍

UiPath 这款 RPA 产品由许多的组件构成，本书重点讲解三个主要的组件：Studio、Robot、Orchestrator。

目前的 UiPath 分为企业版和社区版：

❑ 企业版按年收费，更新频率低，运行稳定，支持的插件更多、更丰富；

❑ 社区版免费试用，可选择自动更新和不更新，只开放一部分功能，主要用于爱好者学习和小型企业小范围试用。

本书讲解的内容均采用社区版的 Studio，版本号为 Version 2020.10.2，如图 1-10 所示。

图 1-10 UiPath 启动界面

1.3.1 UiPath Studio 介绍

UiPath Studio 是用来开发 RPA 的工具，所有的自动化操作都是在这个工具上进行的。利用它的图形化界面，可以方便地设计出各种自动化的流程。

下面开始对 UiPath Studio 进行简单的介绍。

（1）打开 UiPath

1）在"开始"菜单找到 Studio，点击 UiPath Studio，如图 1-11 所示。

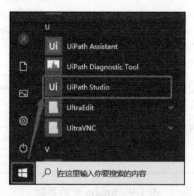

图 1-11 Studio 开始菜单

2）打开 Studio 后，进入如图 1-12 所示的界面。

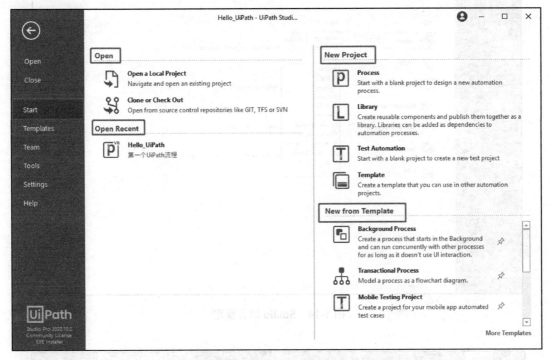

图 1-12　Studio 界面

- ❑ Open：打开已经存在的流程项目，选择 project.json 这个文件即可，如图 1-13 所示。注：如果初次打开需要等待很长时间，建议将此文件删除，直接打开 Main.xaml。
- ❑ Open Recent：打开最近的项目，方便快速打开。
- ❑ New Project：新建工程，常用的是 Process。
- ❑ New from Template：新建模板，常用的是 Robotic Enterprise FrameWork，通常称为 REF 框架。

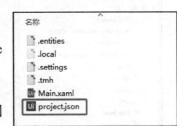

图 1-13　项目文件

（2）界面语言切换

1）依次点击 Settings → General → Language 即可看到对应的语言清单，如图 1-14 所示。

2）修改了语言后，Studio 会要求重启，重启后设定即生效。

（3）主界面简介

主界面是开发 RPA 的主要工作区域，所有流程的开发设计都是在这里完成的，如图 1-15 所示。

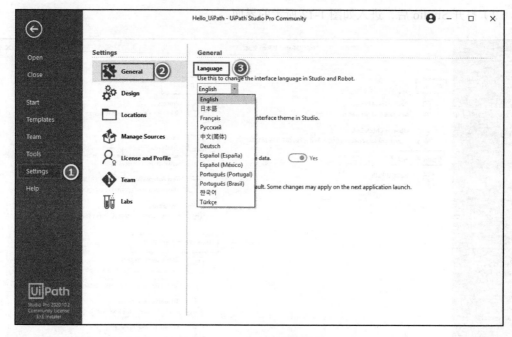

图 1-14　Studio 语言设定

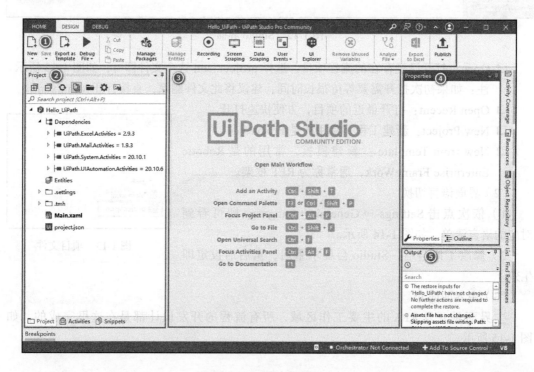

图 1-15　设计主界面

① 设计工具栏：提供了新建流程、保存、调试、包管理等诸多功能。
② 项目目录：以树状图形式列出当前项目里面的所有文件。
③ 主设计面板：用于业务流程的实际开发工作。
④ 属性面板：提供所使用活动的各种参数的设置。
⑤ 输出面板：流程执行过程中的日志记录，包含流程执行的结果。

（4）调试工具简介

调试工具栏提供了丰富的调试工具，如图 1-16 所示。

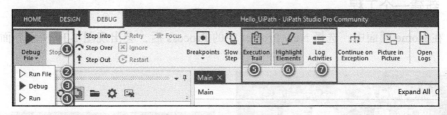

图 1-16　调试工具栏界面

① Debug File：调试当前流程文件，只针对当前的流程文件生效。
② Run File：运行当前流程文件，只针对当前的流程文件生效。
③ Debug：调试当前项目，针对当前项目的中所涉及的流程文件生效。
④ Run：运行当前项目，针对当前项目中所涉及的流程文件生效。
⑤ Execution Trail：当其被开启时，流程在 Debug 模式下，每一个活动的右上角都会显示出当前活动执行的状态，成功为绿色，等待为黄色，失败为红色。
⑥ Highlight Elements：高亮显示，被选中的元素在流程执行过程中会出现一个红色的方框。
⑦ Log Activities：日志记录，当其被开启时，会详细记录每一个活动的执行记录。

1.3.2　UiPath Robot 介绍

UiPath Robot 提供了 RPA 运行的环境。Studio 安装完成后，会自带一个机器人助手。在任务栏的搜索框里输入 Assistant，点击 UiPath Assistant，就会出现如图 1-17 所示的界面，如果有发布好的流程，就会在其中显示出来。

机器人分为以下两种。

❑ 有人值守机器人（Attended Robots），在流程执行过程中需要进行人机交互行为；
❑ 无人值守机器人（Unattended Robots），流程可以完全在后台执行，不需要人为进行干预。

图 1-17　机器人助理界面

1.3.3 UiPath Orchestrator 介绍

UiPath Orchestrator 用来集中调度、管理和监控所有机器人。想象一下成千上万的机器人在工作，它们运行着数万个自动化进程，靠人工一个一个去管理显然是不现实的。UiPath Orchestrator 能使整个虚拟劳动力都在一个地方被安全地控制、管理和监控。关于 Orchestrator 的内容将在本书的第 11 章进行详细的讲解。

以上是对 UiPath 的三个重要组件的介绍，图 1-18 展示了三者之间的联系。

1.3.4 新建一个工程

1）在 Home 画面中，选择 New Project 中的 Process 后，会出现图 1-19 所示界面。

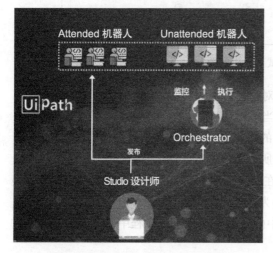

图 1-18 UiPath 三大组件关系图

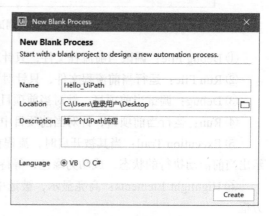

图 1-19 新建流程

❑ Name：输入新建流程的名字，名字尽可能贴近项目，拥有实际的意义。

❑ Location：默认路径，也可以点击最右侧的文件夹图标，修改流程保存的路径。

❑ Description：流程描述，用于简述本流程的主要功能。

❑ Language：选择流程所使用开发语言。

2）创建流程的画面如图 1-20 所示。初次使用时会出现等待时间较长的情况，这是因为需要下载流程所需的依赖包，此时需要保证电脑能够访问外网。

3）在左侧选择 Activities，在搜索框输入 log，选择 Log Message 活动，双击会将其自动添加到中间的编辑区域，如图 1-21 所示。

4）在 Message 中输入"Hello UiPath"，如图 1-22 所示。

5）点击 DebugFile，执行该流程，如图 1-23 所示。

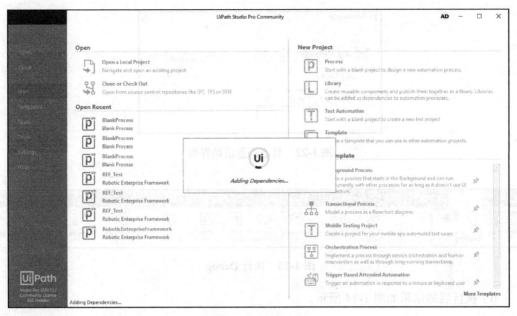

图 1-20　流程创建中

图 1-21　活动界面

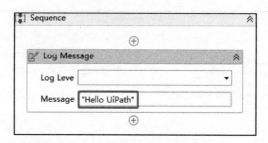

图 1-22　日志消息活动界面

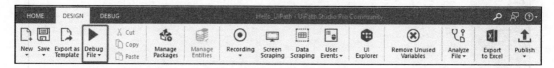

图 1-23　执行 Debug

6）执行后的结果如图 1-24 所示。

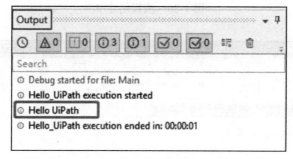

图 1-24　运行结果

UiPath 基础

在上一章的学习中，我们了解了什么是 UiPath，并写出了简单的 UiPath 程序。本章主要介绍 UiPath 中的几种工作流及自动化项目的调试与发布，通过本章的学习，我们可以更加深入地理解 UiPath 基础知识。

2.1 工作流

工作流是业务过程的部分或整体，在计算机应用环境下的自动化流程，是对工作流程及其各操作步骤间的业务规则的抽象、概括描述。UiPath 使用工作流来归档一个工作中的所有活动。

UiPath 自动化项目的三种工作流类型分别是序列（Sequence）、流程图（Flowchart）和状态机（State Machine），接下来我们一一详细介绍。

2.1.1 序列

序列（Sequence）是包括一组执行顺序不变的活动（Activity）的流程，可以将 Activity 从上而下排列，顺序执行。它是 UiPath 中最常用的工作流，自动化流程中不需要重复执行某些步骤的时候，就可以选择 Sequence，使用时只需将多个 Activity 按照从上到下的执行顺序依次添加到 Sequence 中即可。

如图 2-1 所示，使用 Sequence 可以顺序地从一个活动切换到另一个活动。

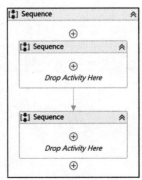

图 2-1 Sequence 示例

在实际项目中需要注意的是，Sequence 之间虽然允许嵌套使用，但是当存在多层嵌套时，要按照功能分别为 Sequence 命名，以便在程序发生异常时能够定位到具体错误的位置。

另外，官方建议 if 类型的活动嵌套不要超过 3 层。当发现 if 嵌套过多时，可以考虑更换其他工作流种类来实现现有需求。

【例 2.1】使用 Sequence 实现弹出窗口问候用户的流程。用户输入自己的姓名，然后弹出窗口问候用户，流程图如图 2-2 所示。

具体实现步骤如下。

1）进入 Studio 界面，点击 Process 创建一个名为 2_1_Sequence 的流程，如图 2-3 所示。

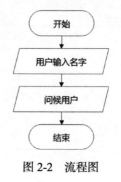

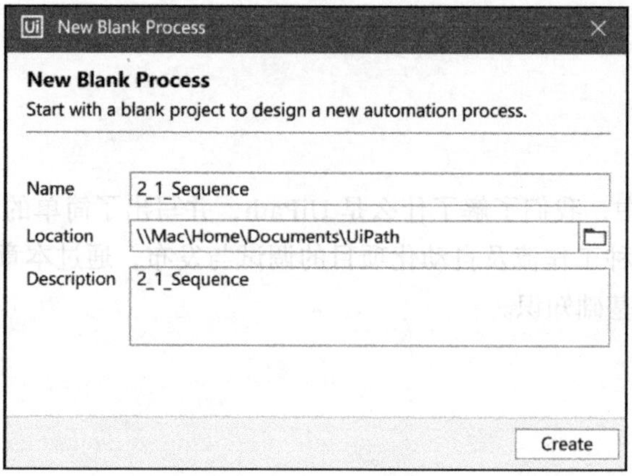

图 2-2　流程图

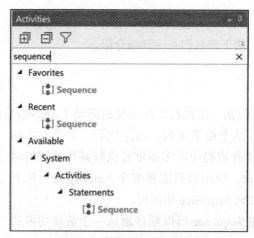

图 2-3　新建流程

2）进入 Main，在 Activities 面板的搜索框内输入 sequence，如图 2-4 所示。

图 2-4　搜索 Sequence 活动

3）将 Sequence 活动拖入设计器面板。在 Properties 面板中，将 Sequence 活动的 DisplayName 属性更改为用户问候，如图 2-5 所示。

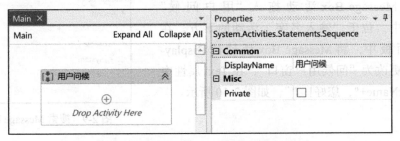

图 2-5　拖入 Sequence 活动并更改属性

4）在 Variables 面板中创建 String 类型变量 UserName，用于存储用户输入的名字，如图 2-6 所示。

Name	Variable type	Scope	Default
UserName	String	用户问候	*Enter a VB expression*

图 2-6　创建变量

5）在 Activities 面板的搜索框内输入 input dialog，如图 2-7 所示。

6）将 Input Dialog 活动拖入"用户问候"Sequence 中。在 Properties 面 板 中，将 Input Dialog 活 动 的 DisplayName 属性更改为"输入名字"，将 Label 属性更改为"" 请输入您的名字：""，将 Title 属性更改为 " 输入名字 ""，在 Result 属性中输入变量 UserName，如图 2-8 所示。

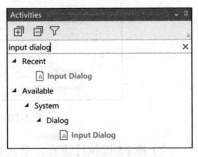

图 2-7　搜索 Input Dialog 活动

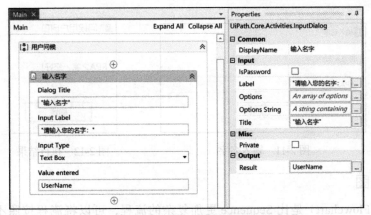

图 2-8　拖入 Input Dialog 活动并更改属性

7）在 Activities 面板的搜索框内输入 message box，如图 2-9 所示。

8）将 Message Box 活动拖入"用户问候" Sequence 中，位于"输入名字"活动的下方。在 Properties 面板中，将 Message Box 活动的 Display-Name 属性更改为"问候用户窗口"，在 Text 属性中输入"UserName+"，您好！""，如图 2-10 所示。

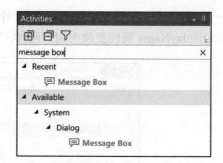

图 2-9　搜索 Message Box 活动

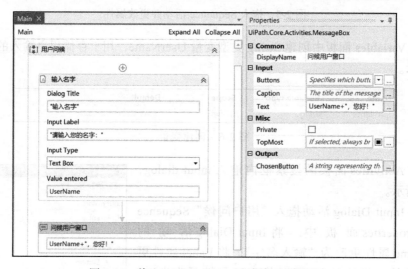

图 2-10　拖入 Message Box 活动并更改属性

9）按 F5 键执行流程，系统将显示"输入名字"对话框，输入用户的名字后点击 OK 按钮，如图 2-11 所示，执行结果如图 2-12 所示。

图 2-11　输入名字

图 2-12　执行结果

2.1.2　流程图

流程图（Flowchart）是比 Sequence 更加复杂的流程，可以将流程按照不同的分支匹配执行。当自动化流程中有多个分支条件，且不同的分支对应一系列复杂操作流程时，或者业务流程相对复杂，且执行过程中有大量重复执行的操作步骤时，就可以选择使用 Flowchart。将一组实现相对独立功能的 Activity 添加到 Sequence（或者 Flowchart）中，再将多个实现独立功能的 Sequence（或者 Flowchart），按执行顺序或筛选条件，排列添加到 Flowchart 中即可。

与 Sequence 不同，Flowchart 最重要的特性是可以设置多个分支逻辑运算符，允许以判断、连接等更加多样的形式来实现自动化。如图 2-13 所示，Flowchart 中存在唯一的开始节点，Activity 间通过连接器相连，并沿着连接器的方向来执行，而 Sequence 中不使用开始节点和连接器。

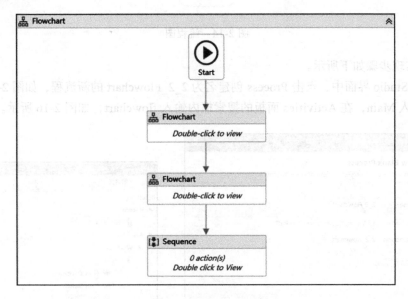

图 2-13　Flowchart 示例

在实际项目中，Flowchart 和 Sequence 之间可以进行任意嵌套。一般在创建业务流程相对复杂的项目时，开发人员首先会新建一个 Flowchart，用于包裹复杂的业务流程，接着会将独立的小功能点放在一个个 Sequence 中，然后将多个 Sequence 在 Flowchart 中连接起来，组成一个相对复杂的项目。

例如根据员工入职时间统计员工剩余假期的需求，可以将判断入职时间、不同入职时间的剩余假期计算方式等功能分别写在多个 Sequence 中，再在 Flowchart 中进行判断，将实现各个功能的 Sequence 作为不同分支连接起来。

【例 2.2】使用 Flowchart 实现判断用户输入的数字为奇数还是偶数。我们会创建一个项目，它会弹出窗口请用户输入一个数字，然后判断用户输入的数字为奇数还是偶数。当用户输入的数字为偶数时，提示用户"您输入的数字为偶数"；当用户输入的数字为奇数时，则提示用户"您输入的数字为奇数"。流程图如图 2-14 所示。

在此时，当自定义面板中选择某个功能支持和一段代码里面图标的时候，确定进阶面板时发生变，且其将在图中不同的各功能将在选择时，将可以选择利用Flowchart，将一段文段的2.20 换成一段流程的 Sequence（或者 Flowchart）中，而将不利用独立完成的 Sequence（在具 Flowchart）拖住它段独的流程在其中。在同时加设到Flowchart 中添加。

在 Sequence 界面，Flowchart 提供了相应的对应项目里各个方法，完成具有的以及从。连接至电动流不的流程方法图2-13。如图 2-13 所示在 Main 中小步骤一的和其下端节点，Activity，用顺序依次节段流程中并非各将运连连流程图2，即 Sequence 中小部用于构节关口数段。

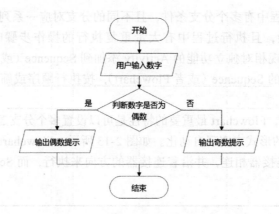

图 2-14   流程图

具体实现步骤如下所示。

1）在 Studio 界面中，点击 Process 创建名为 2_2_Flowchart 的新流程，如图 2-15 所示。

2）进入 Main，在 Activities 面板的搜索框内输入 flowchart，如图 2-16 所示。

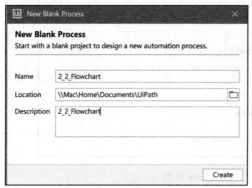

图 2-15   新建流程   图 2-16   搜索 Flowchart 活动

3）将 Flowchart 活动拖入设计器面板。在 Properties 面板中，将 Flowchart 活动的 DisplayName 属性更改为"判断奇数偶数"，如图 2-17 所示。

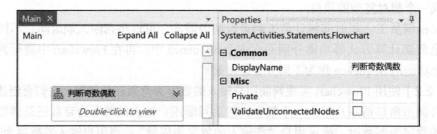

图 2-17   拖入 Flowchart 活动并更改属性

4）在 Variables 面板中创建 Int32 类型的变量 InputNumber 来存储数字，如图 2-18 所示。

Name	Variable type	Scope	Default
InputNumber	Int32	判断奇数偶数	Enter a VB expression

图 2-18　创建变量

5）拖入一个 Input Dialog 活动到"判断奇数偶数"活动中，连接至开始节点。在 Properties 面板中，设置 DisplayName 属性为"输入数字"，Label 属性为""请输入一个数字:""，Title 属性为""输入数字""，Result 属性为 InputNumber，如图 2-19 所示。

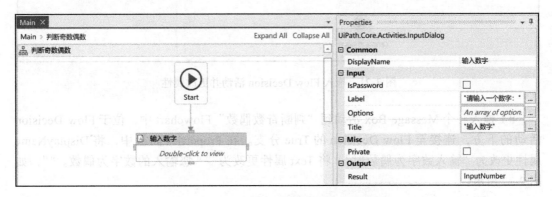

图 2-19　拖入 Input Dialog 活动并更改属性

6）在 Activities 面板的搜索框内输入 flow decision，如图 2-20 所示。

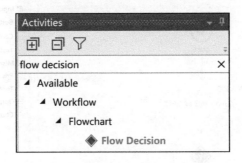

图 2-20　搜索 Flow Decision 活动

7）将 Flow Decision 活动拖入"判断奇数偶数"Flowchart 中，位于 Input Dialog 活动的下方，连接至 Input Dialog 活动。在 Properties 面板中，将 DisplayName 属性更改为"判断是否为偶数"，在 Condition 条件中输入 InputNumber mod 2=0，如图 2-21 所示。

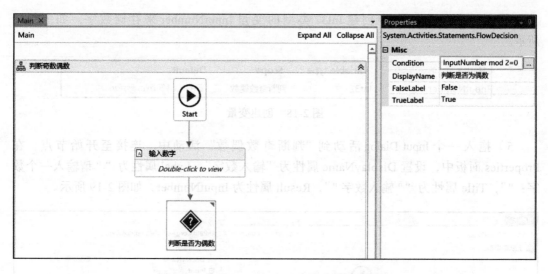

图 2-21 拖入 Flow Decision 活动并更改属性

8）拖入一个 Message Box 活动到"判断奇数偶数"Flowchart 中，位于 Flow Decision 活动的下方，连接至 Flow Decision 的 True 分支。在 Properties 面板中，将 DisplayName 属性更改为"输入数字为偶数时"，将 Text 属性更改为""您输入的数字为偶数。""，如图 2-22 所示。

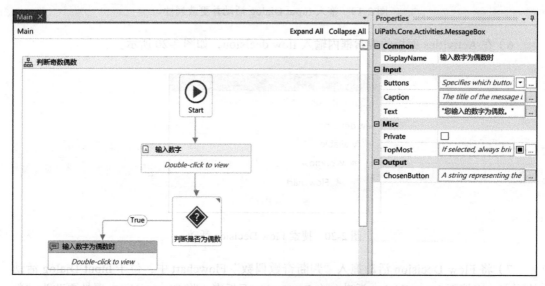

图 2-22 输入数字为偶数的分支设置

9）再拖入一个 Message Box 活动至"判断奇数偶数"Flowchart 中，位于 Flow Decision 活动的下方，连接至 Flow Decision 的 False 分支。在 Properties 面板中，将

DisplayName 属性更改为"输入数字为奇数时"，将 Text 属性更改为" " 您输入的数字为奇数。""，如图 2-23 所示。

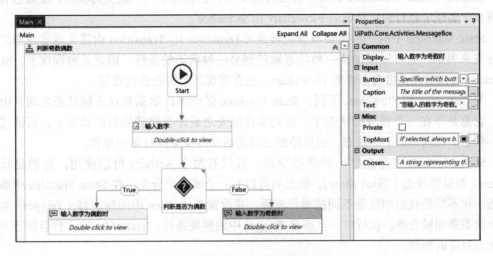

图 2-23　输入数字为奇数的分支设置

10）按 F5 键执行流程，在"输入数字"对话框中输入数字后点击 OK 按钮，如图 2-24 所示。

图 2-24　"输入数字"对话框

11）输入数字为偶数时的执行结果如图 2-25 所示，输入数字为奇数时的执行结果如图 2-26 所示。

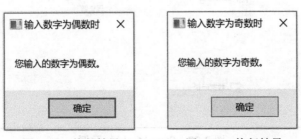

图 2-25　执行结果　　　图 2-26　执行结果

2.1.3 状态机

状态机（State Machine）也是一种工作流类型，它相当于一个独立的模块，里面包含一个或多个实现了相对独立功能的 Flowchart 和 Sequence。

State Machine 中的一个重要概念是转换（Transition）。Transition 由箭头或者状态之间的分支来表示，它可以添加从一种状态跳转到另一种状态的条件。因此某种程度上，State Machine 可以看作是带有条件的 Flowchart，适合实现复杂的企业化流程。

与 Sequence 和 Flowchart 不同，State Machine 强调事件驱动和在不同状态之间自由流转。它总是停在一个预设的状态中，直到事件触发之后才会跳转到新的状态上，可前进到下一状态，可返回到上一状态，也可停留在当前活动内反复执行某一操作。

State Machine 中存在唯一的开始节点，且只有两个 Activity 可以使用，分别是状态（State）和最终状态（Final State），状态间可以有一个或多个分支。在 State Machine 中添加状态，在不同的状态中放置不同的操作流程，并设置 Transition 中的触发器（Trigger）为下一个状态添加触发器。执行时一旦满足 Trigger 中的触发条件，State Machine 就会执行下一个状态对应的操作。

图 2-27 是一个 State Machine 的项目主界面。在初始状态中会打开一个网址并进行登录，如果登录成功会进行数据处理，如果登录失败则会提示错误信息。在数据处理时，如果处理成功会进行数据记录，如果处理失败则会提示错误信息。大家可以先对这个案例有个简单的印象，接下来会详细介绍 State Machine 的每个部分，并配合实例来帮助理解。

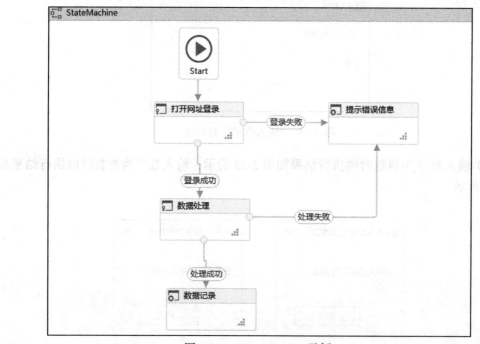

图 2-27　State Machine 示例

State 和 Final State 这两个活动都可以通过双击展开来查看更多信息并进行编辑。其中，State 活动包括 3 个部分，即 Entry（入口）、Exit（出口）和 Transition(s)（转换），如图 2-28 所示。Entry 和 Exit 用于为所选状态添加进入和退出状态时要执行的活动，而 Transition(s) 则显示连接到所选状态的所有转换。

当我们双击 Transition 时，Transition 会被展开，就像 State 活动一样。它包含 3 个部分：Trigger（触发器）、Condition（条件）和 Action（操作），用于为下一个状态添加触发器，或者添加要执行活动的条件，如图 2-29 所示。

图 2-28　State 示例　　　　　图 2-29　Transition 示例

而 Final State 活动中只有一个部分，即 Entry，用于为所选状态添加进入状态时要执行的活动，如图 2-30 所示。

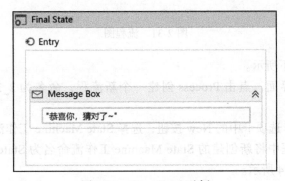

图 2-30　Final State 示例

在实际项目中使用 State Machine 时需要注意，官方要求只能创建一个初始状态，但可以有多个最终状态，我们可以通过在 Transition 中添加不同的条件来实现数据的传递以及自动化流程的切换。

我们以公司的采购流程为例：首先提交采购申请至项目审批，当采购金额小于等于1000 美元时，如果项目审批通过则将成功信息录入系统等待采购，如果项目审批失败则将失败信息录入系统。当项目审批通过且付款金额大于 1000 美金时，需继续将采购申请提交至部门审批，如果部门审批通过则将成功信息录入系统等待采购，如果部门审批失败则将失败信息录入系统。这个需求对于不同的采购金额、审批状态会有不同的操作指示，下一个状态是相对不固定的，因此使用 State Machine 可以轻松实现。

【例 2.3】使用 State Machine 完成猜测数字小游戏。我们会创建一个项目，它会自动生成一个 1～100 之间的随机数，并弹出窗口提示用户来猜测这个随机数。如果用户猜测的数字不正确，则提示用户猜大了或者是猜小了，请用户重新猜测；如果用户猜测的数字正确，则提示用户猜测正确并结束游戏。流程图如图 2-31 所示。

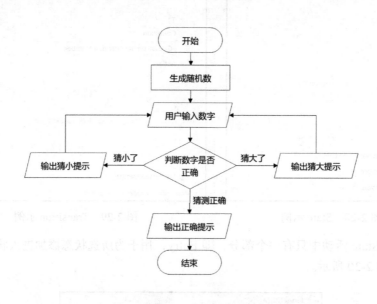

图 2-31　流程图

具体实现步骤如下所示。

1）进入 Studio 界面，点击 Process 创建一个新流程，命名为 2_3_State Machine，如图 2-32 所示。

2）点击 DESIGN 选项卡中的 New 按钮，选择 State Machine 工作流，如图 2-33 所示。

3）在弹出对话框中将新创建的 State Machine 工作流命名为 StateMachine，而后点击 Create 按钮，如图 2-34 所示。

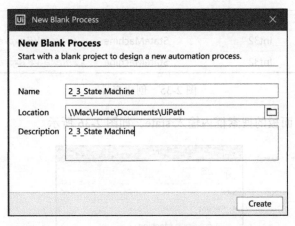

图 2-32　新建流程

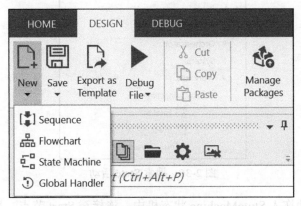

图 2-33　新建 State Machine

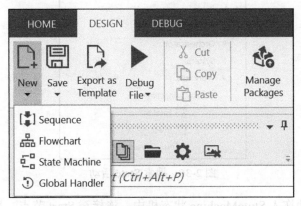

图 2-34　命名创建的 State Machine

　　4）在 Variables 面板中创建两个简单数字类型变量：GuessNumber 和 RandomNumber。第一个变量用于存储猜测的数字，第二个变量用于存储生成的随机数，如图 2-35 所示。

Name	Variable type	Scope	Default
GuessNumber	Int32	StateMachine	*Enter a VB expression*
RandomNumber	Int32	StateMachine	*Enter a VB expression*

图 2-35　创建变量

5）在 Activities 面板的搜索框内输入 state，如图 2-36 所示。

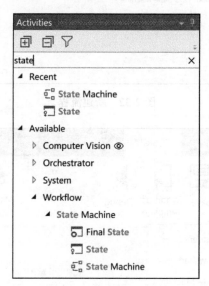

图 2-36　搜索 State 活动

6）将 State 活动拖入 StateMachine 状态机中，连接至 Start 节点，用于生成随机数字，如图 2-37 所示。

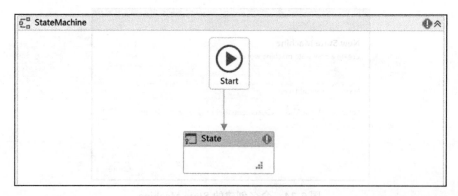

图 2-37　拖入 State 活动

7）双击 State 活动使其展开，在 Properties 面板中，更改 DisplayName 属性为"生成随机数字"，如图 2-38 所示。

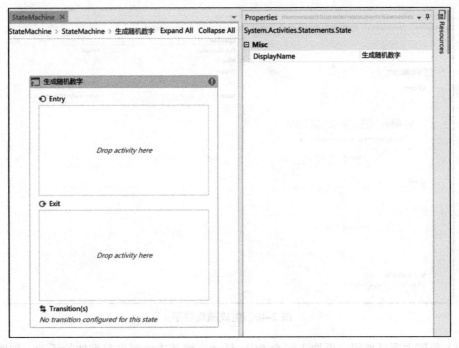

图 2-38　展开 State 活动并更改属性

8）在 Activities 面板的搜索框内输入 assign，如图 2-39 所示。

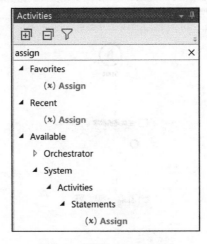

图 2-39　搜索 Assign 活动

9）将 Assign 活动拖入 State 活动的 Entry 部分。在 Properties 面板中，在 Assign 活动的 To 属性中写入 RandomNumber 变量，在 Value 属性中写入 new random().next(1,100)，用于将生成的随机数存储在 RandomNumber 变量中，如图 2-40 所示。

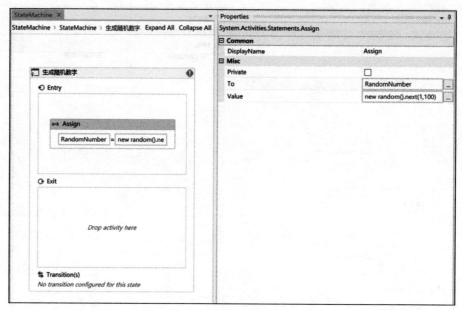

图 2-40　生成随机数字

10）回到主项目视图，再拖入一个 State 活动，将其连接到先前添加的活动，如图 2-41 所示。

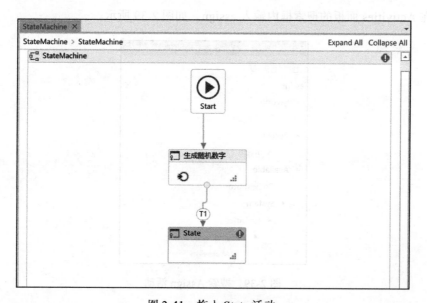

图 2-41　拖入 State 活动

11）双击 State 活动使其展开，在 Properties 面板中，更改 DisplayName 属性为"猜测数字"，如图 2-42 所示。

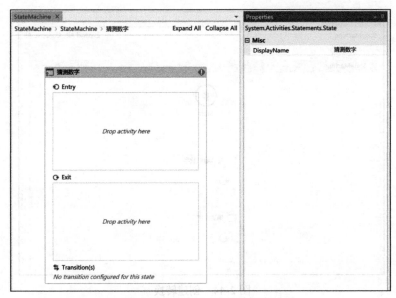

图 2-42　展开 State 活动并更改属性

12）拖入一个 Input Dialog 活动到 State 活动的 Entry 部分。在 Properties 面板中，更改 Label 属性为 " " 请输入一个整数： " "，更改 Title 属性为 " " 输入数字 " "，并在 Result 属性中写入 GuessNumber 变量，用于存储用户猜测的数字，如图 2-43 所示。

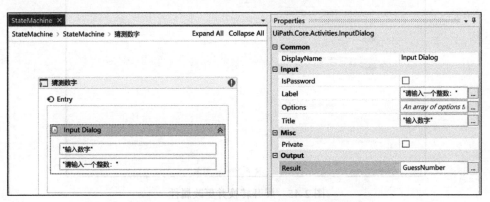

图 2-43　拖入 Input Dialog 活动并更改属性

13）回到主项目视图，创建一个 "猜测数字" 状态指向自身的转换，如图 2-44 所示。

14）双击该转换使其展开，在 Properties 面板中，更改 DisplayName 属性为数字过小（此文字也会显示在主项目视图的箭头上），在 Condition 条件中写入 GuessNumber < RandomNumber，用于判断猜测的数字是否比生成的随机数小，如图 2-45 所示。

15）在 Action 部分拖入一个 Message Box 活动，输入 " " 您猜测的数字过小，请重新猜测。" "，如图 2-46 所示。

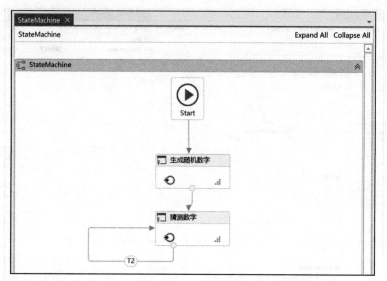

图 2-44 创建转换

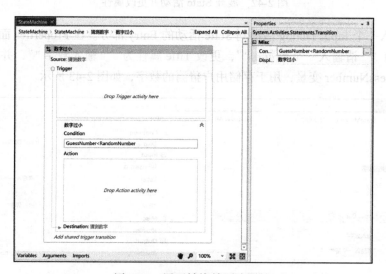

图 2-45 展开转换并更改属性

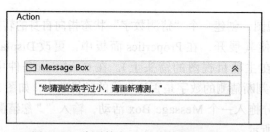

图 2-46 猜测数字过小时弹出窗口设置

16）回到主项目视图，创建一个"猜测数字"状态指向自身的转换，如图 2-47 所示。

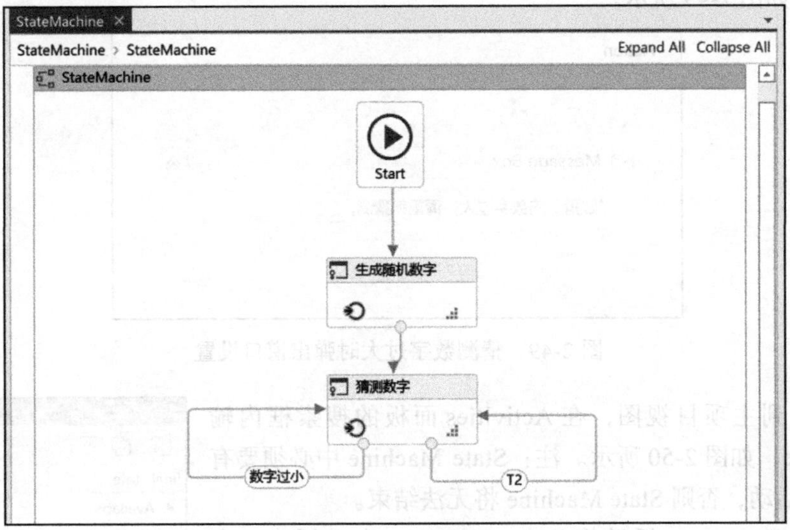

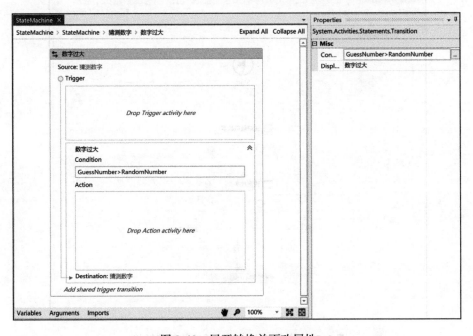

图 2-47　创建转换

17）双击该转换使其展开，在 Properties 面板中，更改 DisplayName 属性为"数字过大"（此文字也会显示在主项目视图的箭头上），在 Condition 条件中写入 GuessNumber>RandomNumber，用于判断猜测的数字是否比生成的随机数大，如图 2-48 所示。

图 2-48　展开转换并更改属性

18）在 Action 部分拖入一个 Message Box 活动，输入 " " 您猜测的数字过大，请重新猜测。" "，如图 2-49 所示。

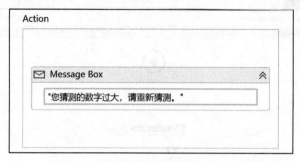

图 2-49　猜测数字过大时弹出窗口设置

19）回到主项目视图，在 Activities 面板的搜索框内输入 final state，如图 2-50 所示。注：State Machine 中必须要有 Final State 活动，否则 State Machine 将无法结束。

20）将 Final State 活动拖入 StateMachine 中，创建一个"猜测数字"状态指向 Final State 的转换，如图 2-51 所示。

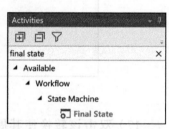

图 2-50　搜索 Final State 活动

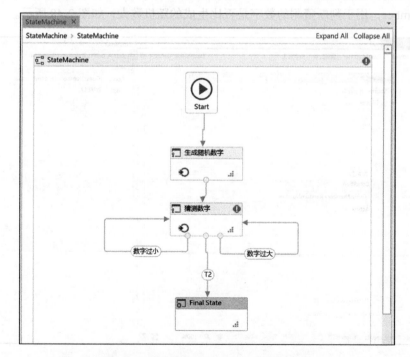

图 2-51　拖入 Final State 活动并创建转换

21）双击该转换使其展开，在 Properties 面板中，更改 DisplayName 属性为"猜测正确"（此文字也会显示在主项目视图的箭头上），在 Condition 条件中写入 GuessNumber=RandomNumber，用于判断猜测是数字是否等于生成的随机数，如图 2-52 所示。

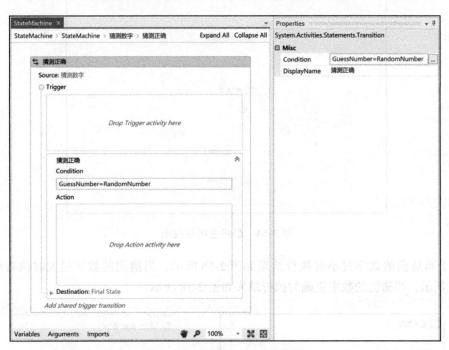

图 2-52　展开转换并更改属性

22）回到主项目视图，双击 Final State 使其展开，在 Entry 部分拖入一个 Message Box 活动，输入 ""恭喜您，猜测正确！""，如图 2-53 所示。

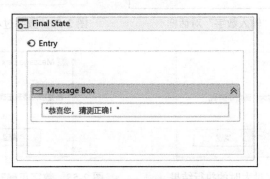

图 2-53　猜测正确时弹出窗口设置

23）最终主项目视图如图 2-54 所示。

24）按 F6 键执行流程，系统将显示"输入数字"对话框，如图 2-55 所示。

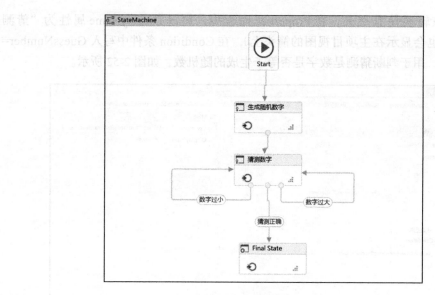

图 2-54　最终主项目视图

25）当猜测的数字过小时执行结果如图 2-56 所示，当猜测的数字过大时执行结果如图 2-57 所示，当猜测的数字正确时执行结果如图 2-58 所示。

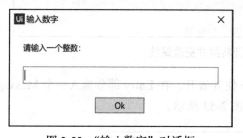

图 2-55　"输入数字"对话框

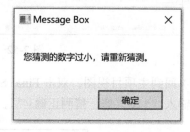

图 2-56　数字过小时的执行结果

图 2-57　数字过大时的执行结果

图 2-58　数字正确时的执行结果

2.2　调试与发布

开发自动化项目时，我们往往要对程序进行调试（Debug），用于识别和消除会导致项目无法正常运行的错误。在调试完成后，我们可以对程序进行发布（Publish），方便后续的运行。

2.2.1　调试方式介绍

DESIGN（设计）和 DEBUG（调试）选项卡中均提供了用于运行和调试文件或项目的选项，如图 2-59 所示。

有 4 种选项可供我们选择。

❑ Debug：调试整个项目（快捷键 F5）。

❑ Debug File：调试当前文件（快捷键 F6）。

❑ Run：运行整个项目（快捷键 Ctrl+F5）。

❑ Run File：运行当前文件（快捷键 Ctrl+F6）。

需要注意的是，当项目和文件存在验证错误时，不可以进行运行和调试。

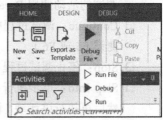

图 2-59　Debug 选项

2.2.2　调试工具栏介绍

DEBUG 选项卡的工具栏中有很多可用选项，并且在调试的不同阶段时，显示也有些许不同。

未开始调试时的 DEBUG 工具栏如图 2-60 所示。

图 2-60　未开始调试时的 DEBUG 工具栏

正处于调试状态的 DEBUG 工具栏如图 2-61 所示。

图 2-61　正处于调试状态的 DEBUG 工具栏

调试中断状态的 DEBUG 工具栏如图 2-62 所示。

图 2-62　调试中断状态的 DEBUG 工具栏

下面我们逐一介绍 DEBUG 工具栏中常用按钮的功能。

❑ Break：在调试过程中，单击 Break（中断）按钮可以在任何给定时刻暂停调试过程。暂停时，正在调试的活动仍突出显示。此时可以选择 Continue、Step Into、Step Over 或 Stop 操纵调试过程。建议将 Break 和 Slow Step 一起使用，以便准确知道何时需要暂停调试。使用 Slow Step 的另一种方法是关注 Output 面板，并对当前正在调试的活动使用 Break。

❑ Continue：调试过程中断时，可以使用 Continue（继续）选项来使调试继续进行（快捷键 F5 或 F6）。

❑ Stop：停止调试过程（快捷键 F12）。

❑ Step Into：单步执行一次调试活动。触发此操作后，调试器将打开并突出显示活动，然后再执行该活动（快捷键 F11）。

❑ Step Over：单步执行不会打开当前容器。使用该操作时，它会调试下一个活动，突出显示容器（例如 Flowchart、Sequence 或 Invoke Workflow File 活动）而无须打开它们（快捷键 F10）。

❑ Step Out：在当前容器级别退出并暂停执行，在暂停调试之前，单步执行完成当前容器中活动的执行。此选项适用于嵌套序列（快捷键 Shift+F11）。

❑ Retry：重新执行上一个活动，如果再次遇到该异常，则抛出该异常。引发异常的活动将突出显示，有关该错误的详细信息将显示在 Locals 和 Call Stack 面板中。

❑ Ignore：忽略所遇到的异常，并从下一个活动继续执行，以便调试工作流的其余部分。当需要跳过引发异常的活动并继续调试项目的其余部分时，此操作很有用。

❑ Restart：从项目的第一个活动重新启动调试过程。当发生异常，调试过程暂停时，可以使用重新启动。可以使用 Slow Step 来减慢调试速度并在执行活动时检查它们。在使用 Run from this Activity（从此活动运行）操作之后使用 Restart 选项时，调试将从先前指示的活动重新启动。

❑ Focus：返回到当前断点或在调试过程中导致错误的活动。从 Breakpoints（断点）上下文菜单中，可以选择"焦点"以突出显示具有断点的活动。

❑ Slow Step：使用慢步操作可以仔细查看调试期间的任何活动。

❑ Execution Trail：如果启用，将显示调试时的确切执行路径。流程执行时，每个活动都会在设计器面板中高亮显示并标记，以显示执行过程。

❑ Highlight Elements：如果启用，则在调试期间突出显示 UI 元素。该选项可与常规调试和逐步调试一起使用。

❑ Log Activities：如果启用，调试的活动将在 Output 面板中显示为 Trace logs（跟踪日志）。请注意，Highlight Elements 和 Log Activities 选项只能在调试之前进行切换，并在重新打开自动化项目时保留。调试器默认记录活动，以便每个步骤都出现在 Output 面板中。我们建议将其保持在启用状态以便于跟踪。

❑ Continue on Exception：发生异常时仍继续执行。

- ❑ Picture in Picture：使用画中画模式。
- ❑ Open Logs：打开日志文件的存储路径。
- ❑ Breakpoints：选中特定的活动后单击 Breakpoints 选项可为该活动设置断点。设置断点后的活动显示如图 2-63 所示，当程序执行到该活动时，会暂停调试。

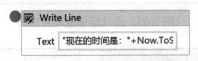

图 2-63　设置 Breakpoints 的活动示例

2.2.3　测试活动

测试活动（Test Activity）用于对当前选中的活动进行测试，可以选中活动并右击后，在活动的上下文菜单选项中找到。单击该选项后，系统将打开 Locals 面板，并显示作用域中的变量和参数。

【例 2.4】使用测试活动测试例 2.1 中的 Message Box 活动。

具体实现步骤如下所示。

1）打开例 2.1 中创建的项目，它会要求用户输入名字，然后弹出窗口问候用户，如图 2-64 所示。

图 2-64　弹出窗口问候用户项目

2）右击"问候用户窗口"活动，选择 Test Activity 选项，如图 2-65 所示。

3）此时该流程会跳过"输入名字"活动，直接执行"问候用户窗口"活动，此时 Locals 面板显示当前 UserName 变量的值为空，如图 2-66 所示。

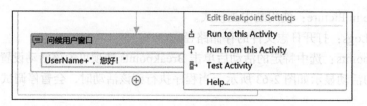

图 2-65　测试活动选项使用

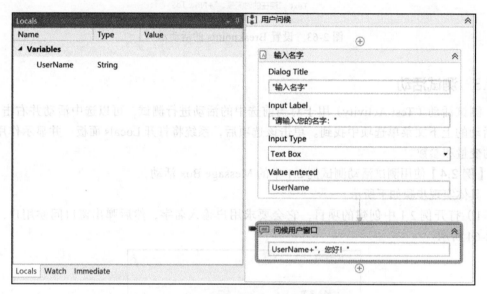

图 2-66　使用测试活动选项后的调试窗口

4）在 Locals 面板点击"编辑"图标，手动设定 UserName 变量的值为"RPA 之家"，如图 2-67 所示。

5）按 F5 键继续执行程序，弹出窗口显示结果，如图 2-68 所示。

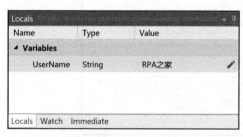

图 2-67　在 Locals 面板手动更改变量值

图 2-68　执行结果

2.2.4　调试面板介绍

在调试过程中，几个区域的面板使查看调试过程、添加值、监视变量和参数变得更加容易，本节将简单介绍局部（Locals）面板、输出（Output）面板、调用堆栈（Call Stack）

面板和断点（Breakpoints）面板的功能。

1. Locals 面板

此面板显示属性或活动，以及用户定义的变量和参数，仅在调试时可见，如图 2-69 所示。

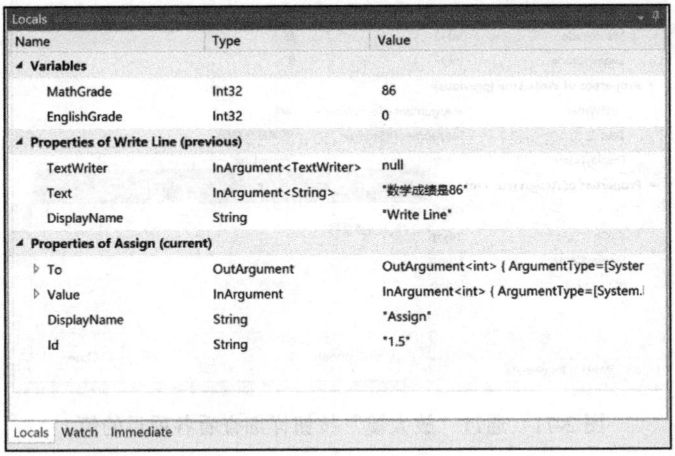

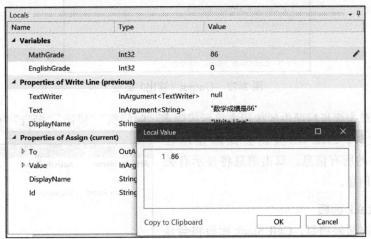

图 2-69　Locals 面板

Locals 面板显示的内容有：异常、参数、变量、先前执行的活动的属性（仅显示输入和输出属性）、当前活动的属性。

右击当前正在执行的活动的参数、变量或属性，即可将其添加到监控（Watch）面板，监控其在整个调试流程中的执行情况。

参数、属性和变量类别支持收起或展开。在调试暂停时，将鼠标悬停在变量和参数上，它们的值可以通过点击"编辑"按钮打开 Local Value 窗口来进行更改，如图 2-70 所示。

图 2-70　通过"编辑"按钮打开 Local Value 窗口

也可以通过点击属性中的值字段后的"放大镜"按钮来详细查看各项目的值，如图 2-71 所示，单击 Copy to Clipboard 后，信息就会复制到剪贴板。

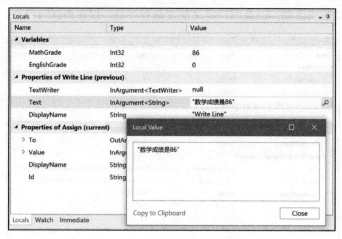

图 2-71　通过"放大镜"按钮详细查看各项目的值

2. Output 面板

Output 面板能够显示 Log Message 消息或 Write Line 活动的输出，以及激活调试模式时的日志，如图 2-72 所示。

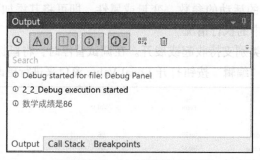

图 2-72　Output（输出）面板

可以通过单击面板标题中的按钮来显示或隐藏"时间戳""错误""警告""信息"或"跟踪数据"。此外，Clear All 按钮会擦除显示在 Output 面板中的所有信息。双击消息将显示有关它的更多详细信息。

3. Call Stack 面板

若在调试时暂停项目，Call Stack 面板将会显示要执行的下一个活动及其父容器，仅在调试时可见，如图 2-73 所示。在 Call Stack 面板中双击

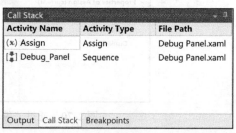

图 2-73　Call Stack 面板

某个项目，在设计器面板中所选活动会被聚焦和高亮显示。如果某个活动在调试期间引发异常，系统会在 Call Stack 面板中将其标红。

4. Breakpoints 面板

对于可能触发执行问题的活动，我们有意暂停其调试流程，此时就会用到断点。在调试过程中，程序会在我们设置断点的活动处暂停。

设置或修改断点有三种方法：

❏ 选中活动，点击 DEBUG 选项卡下的 Breakpoints 按钮；

❏ 选中活动，按 F9 快捷键；

❏ 选中活动并右击，在上下文菜单中设置或修改。

Breakpoints 面板将会显示当前项目中的全部断点。可以通过单击面板标题中的按钮来删除选中的断点、删除所有断点、使所有断点有效、使所有断点无效，如图 2-74 所示。

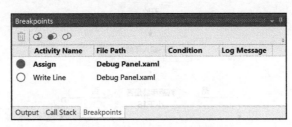

图 2-74　Breakpoints 面板

2.2.5　监控面板

监控（Watch）面板可以设置为显示变量或参数的值，以及作用域中用户定义表达式的值。这些值将在调试时执行每次活动后更新，该面板也仅在调试时可见，如图 2-75 所示。

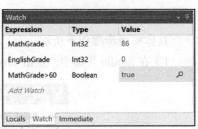

图 2-75　Watch 面板

将表达式添加至 Watch 面板有以下几种方式：

❏ 在 Locals 面板中右击变量或参数，选择 Add to Watch；

❏ 在 Variables 或 Arguments 面板中右击变量或参数，选择 Add Watch；

❏ 在 Watch 面板中单击 Add Watch，输入变量及参数的名称或表达式。

2.2.6　即时面板

即时（Immediate）面板可用于在调试过程中检查某点处的可用数据。该面板可对变量、参数或语句进行评估，仅在调试时可见，如图 2-76 所示。

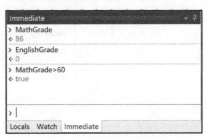

图 2-76　Immediate 面板

使用时，只需在 Immediate 面板中输入变量、参数名称或表达式，然后按回车键即可在面板中查看结果。

Immediate 面板使用时有以下几个小技巧：

❑ 选中 Immediate 面板中的单个行并按回车键，可以删除该行的内容；

❑ 当在某行内单击并开始输入时，系统会自动将文本添加到输入字段；

❑ 可以使用上下文菜单中的 Clear All 按钮来清除面板中的所有行。

【例 2.5】创建根据年龄判断用户是否成年的流程并结合该流程更深入地理解各调试面板的使用场景。我们会创建一个项目，它会弹出窗口请用户输入年龄，然后弹出对话框提示用户是否已经成年。当用户输入的年龄小于 18 岁时，提示用户"您未成年"；当用户输入的年龄大于等于 18 岁时，则提示用户"您已成年"。流程图如图 2-77 所示。

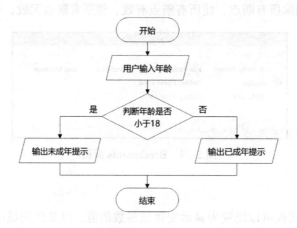

图 2-77　流程图

具体实现步骤如下所示。

1）在 Studio 界面中，点击 Process 创建名为 2_5_Debug Panel 的新流程，如图 2-78 所示。

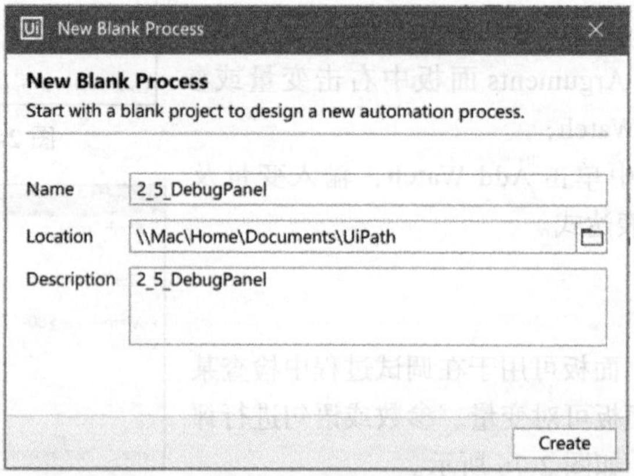

图 2-78　新建流程

2）拖入一个 Sequence 活动到设计器面板。在 Properties 面板中，将 Sequence 活动的 DisplayName 属性更改为"判断是否成年"，如图 2-79 所示。

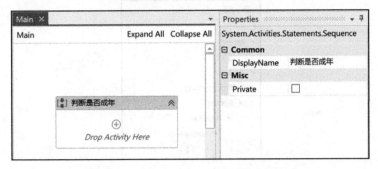

图 2-79 拖入 Sequence 活动并更改属性

3）在 Variables 面板中创建 Int32 类型的变量 UserAge，用于存储用户输入的年龄，如图 2-80 所示。

Name	Variable type	Scope	Default
UserAge	Int32	判断是否成年	*Enter a VB expression*

图 2-80 创建变量

4）拖入一个 Input Dialog 活动到"判断是否成年"Sequence 中。在 Properties 面板中，将 DisplayName 属性更改为"输入年龄"，将 Label 属性更改为""请输入您的年龄：""，将 Title 属性更改为""输入年龄""，在 Result 属性中输入变量 UserAge，如图 2-81 所示。

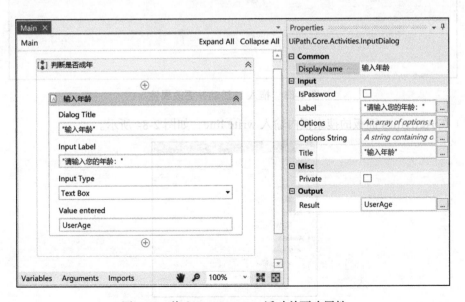

图 2-81 拖入 Input Dialog 活动并更改属性

5）在 Activities 面板的搜索框内输入 if，如图 2-82 所示。

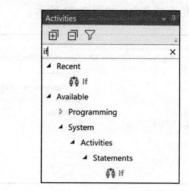

图 2-82 搜索 If 活动

6）将 If 活动拖入"判断是否成年"Sequence 中，位于"输入年龄"活动的下方。在 Properties 面板中，将 DisplayName 属性更改为"判断年龄是否小于 18 岁"，在 Condition 条件中输入 UserAge<18，如图 2-83 所示。

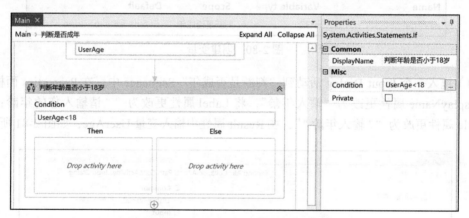

图 2-83 拖入 If 活动并更改属性

7）在 Activities 面板的搜索框内输入 write line，如图 2-84 所示。

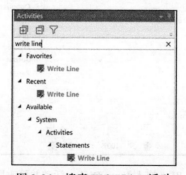

图 2-84 搜索 Write Line 活动

8）将 Write Line 活动拖入"判断年龄是否小于 18 岁"活动的 Then 分支中。在 Properties 面板中，将 DisplayName 属性更改为"用户年龄小于 18 岁时"，将 Text 属性更改为 " 您未成年。"，如图 2-85 所示。

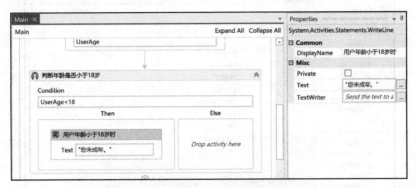

图 2-85　用户年龄小于 18 岁时的分支设置

9）再拖入一个 Write Line 活动至"判断年龄是否小于 18 岁"活动的 Else 分支中。在 Properties 面板中，将 DisplayName 属性更改为"用户年龄大于等于 18 岁时"，将 Text 属性更改为 " 您已成年。"，如图 2-86 所示。

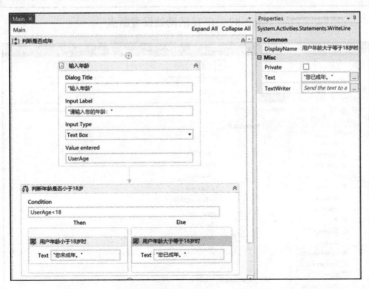

图 2-86　用户年龄大于等于 18 岁时的分支设置

10）此时项目已经创建完成，接下来进行调试部分。选中"判断年龄是否小于 18 岁"活动，在 DEBUG 选项卡中点击 Breakpoints 按钮，为该活动设置断点，如图 2-87 所示。

11）选中"用户年龄大于等于 18 岁时"活动，在 DEBUG 选项卡中点击 Breakpoints 按钮，再设置一个断点，如图 2-88 所示。

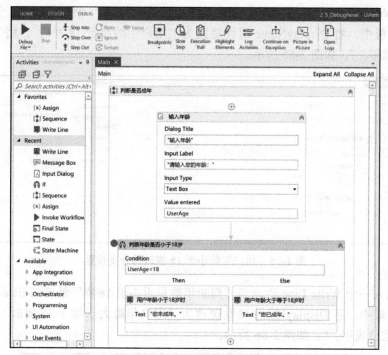

图 2-87　在 If 活动处设置断点

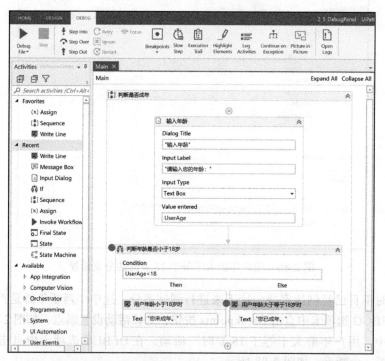

图 2-88　在用户年龄大于等于 18 岁时的输出活动处设置断点

12）在 DEBUG 选项卡中，点击 Debug 按钮开始调试，如图 2-89 所示。

13）程序开始执行，系统将显示"输入年龄"对话框，输入自己的年龄后点击 OK 按钮，如图 2-90 所示。

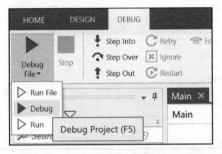

图 2-89　点击 Debug 按钮开始调试

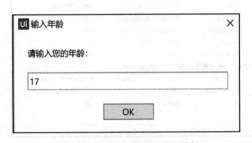

图 2-90　"输入年龄"对话框

14）由于我们设置了断点，此时程序会在"判断年龄是否小于 18 岁"活动暂停，该活动会被高亮显示，如图 2-91 所示。

图 2-91　程序在断点处暂停

15）可以在 Locals 面板中看到当前状态下的一些信息，例如变量 UserAge 的值为 17，如图 2-92 所示。

16）将鼠标悬停在变量和参数上，点击"编辑"按钮打开 Local Value 窗口，更改变量值为 19 后，点击 OK 按钮，如图 2-93 所示。

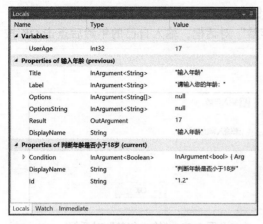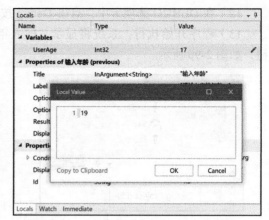

图 2-92　Locals 面板显示当前状态的一些信息　　　图 2-93　在 Local Value 窗口更改变量值

17）此时变量 UserAge 的值已经被更改为 19，右击变量选择 Add to Watch 选项将该变量值添加到 Watch 面板，如图 2-94 所示。

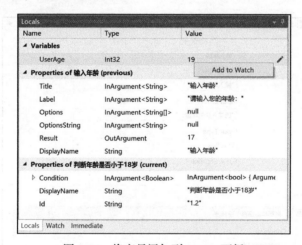

图 2-94　将变量添加到 Watch 面板

18）切换到 Watch 面板，可以看到变量 UserAge 已经被添加到此面板，方便我们在程序执行中对该变量值进行监控，如图 2-95 所示。

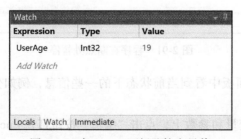

图 2-95　在 Watch 面板监控变量值

19）切换到 Immediate 面板，在窗口中输入 UserAge，然后按下回车键，可以查看当前状态 UserAge 的结果，如图 2-96 所示。

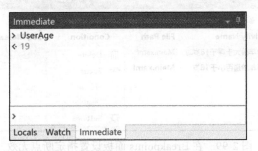

图 2-96　在 Immediate 面板查询变量值

20）切换到 Call Stack 面板，可以看到要执行的下一个活动及其父容器，如图 2-97 所示。

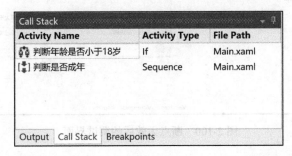

图 2-97　在 Call Stack 面板查看要执行的下一个活动及其父容器

21）切换到 Breakpoints 面板，可以看到当前项目中设置的所有断点并进行管理，如图 2-98 所示。

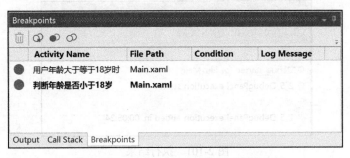

图 2-98　在 Breakpoints 面板查看断点

22）在 Breakpoints 面板，选中"用户年龄大于等于 18 岁时"活动右击，在弹出菜单中选择 Disable 选项，如图 2-99 所示。

23）此时"用户年龄大于等于 18 岁"活动的断点失效，在 Breakpoints 面板和设计器面板中该活动的实心圆将变为空心圆，如图 2-100 所示。

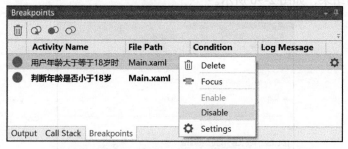

图 2-99　在 Breakpoints 面板设置指定断点无效

图 2-100　断点无效后的调试界面

24）按 F5 键继续执行流程，由于我们已经将变量 UserAge 的值修改为 19，将执行 Else 分支，而"用户年龄大于等于 18 岁"活动的断点已失效，因此程序将不会暂停。在 Output 面板直接显示执行结果，如图 2-101 所示。

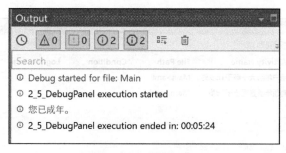

图 2-101　执行结果

2.2.7　发布

发布自动化项目意味着将项目文件夹存档，将其发送到机器人，然后执行。

发布时默认将发布项目文件夹下的所有文件。若要阻止某个文件被发布，可以在项目

（Project）面板中右击该文件，在菜单中选择 Ignore from Publish（从发布中忽略）选项，如图 2-102 所示。

自动化项目可以发布到以下三个位置。

❑ Orchestrator：我们可以将自动化项目发布到 Orchestrator，这时已归档的自动化项目将显示在 Packages 页面中，从这里可以创建要分发给机器人的流程，发布后可以在 Orchestrator 中运行和管理发布的包。

❑ NuGet 订阅源：我们也可以将自动化项目发布到 NuGet 订阅源（开源的包管理平台），发布后包将存储在 NuGet 库中，他人需要时也可以使用。如果订阅源需要身份验证，还可以使用添加 API 密钥的选项。

图 2-102　Ignore from Publish 选项

❑ 本地：如果在本地发布自动化项目，发布后将可以在本地机器人中运行发布的包。这要求在本地计算机上提供与发布流程包的位置不同的路径，默认的本地发布位置是 \ProgramData\UiPath\Packages。

要发布一个自动化项目，具体过程主要分为以下几个步骤。

1）以例 2.2 为例，点击 DESIGN 选项卡中的 Publish 按钮，如图 2-103 所示。

图 2-103　Design 选项卡

2）在弹出窗口的 Package properties（包属性）选项卡中设置包名称、版本以及发行说明，如图 2-104 所示。

图 2-104　Package properties 选项卡设置

❑ Package Name：输入包名称（下拉列表中最多显示之前发布的最新 5 个包名称）。

❑ Version：检查当前版本号，需要时输入新的版本号。请选择 Is Prerelease 复选框来标记该项目是否属于 alpha 状态。

❑ Release Notes：输入有关此版本的一些详细信息。

3）点击 Next 按钮，在 Publish options（发布选项）选项卡中选择要发布流程的位置，如图 2-105 所示。

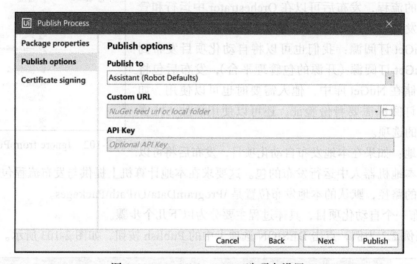

图 2-105　Publish options 选项卡设置

发布流程时，可供选择的发布选项有以下几个。

❑ Assistant(Robot Defaults)：选择此项时，自动化项目会发布到机器人和 Assistant 的默认包位置，也就是 \ProgramData\UiPath\Packages，发布后项目自动显示在 Assistant 中。如果 Studio 连接到了 Orchestrator，则该选项不可用。

❑ Custom：选择此项时，自动化项目会发布到在 Custom URL 输入框中设定的自定义 NuGet 订阅源 URL 或本地文件夹。可选是否添加 API 密钥。

❑ Orchestrator Tenant Processes Feed, Orchestrator Personal Workspace Feed, and any tenant folder with a separate package feed：选择此项时，自动化项目会发布到 Orchestrator。该选项只有在 Studio 连接到 Orchestrator 时可用，并且只有在所连接的 Orchestrator 已启用个人工作区功能时，Orchestrator Personal Workspace Feed（Orchestrator 个人工作区订阅源）才可用。

4）点击 Next 按钮，在 Certificate signing（证书签名）选项卡中完成证书相关的设置，如图 2-106 所示。

❑ Certificate：如果需要，添加本地证书路径。

❑ Certificate Password：如果需要，添加证书密码。

❑ Timestamper：如果需要，添加可选证书时间戳。

图 2-106　Certificate signing 选项卡设置

5）点击 Publish 按钮，整个项目文件夹被归档到一个 .nupkg 文件中，并上传到 Orchestrator、自定义 NuGet 订阅源或保存在本地目录中，如图 2-107 所示。

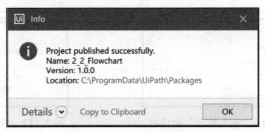

图 2-107　发布成功窗口

6）由于此例中的自动化项目被发布到 Assistant 的默认包位置，打开 Assistant，会看到发布的项目已自动显示出来，并显示为等待安装状态，如图 2-108 所示。

图 2-108　发布后的 Assistant 界面

7）将鼠标悬停在发布的流程上，点击右侧的更多选项，在弹出的菜单中选择 Install 选项，如图 2-109 所示。

8）安装后的流程状态变更为 Never ran，点击右侧的开始按钮，如图 2-110 所示。

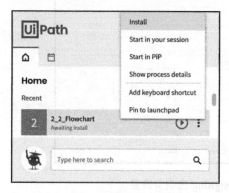 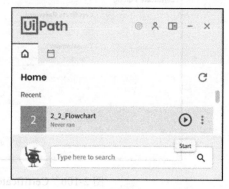

图 2-109　安装发布的流程　　　　　　图 2-110　执行发布的流程

9）自动化流程被执行，系统将显示"输入数字"对话框，输入一个数字后点击 OK 按钮，如图 2-111 所示，执行结果如图 2-112 所示。

 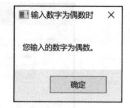

图 2-111　"输入数字"对话框　　　　　　图 2-112　执行结果

发布自动化项目前，请注意以下两点：

1）如果 project.json 文件位于只读位置，则无法发布自动化项目；

2）发布前，需确保发布的路径中不含有同名的包文件。

2.3　项目实战——求两个数字的和

1）使用 Sequence 实现以下需求：要求用户输入两个整数，弹出窗口将两个数字的和输出。流程图如图 2-113 所示。

2）使用 Flowchat 实现以下需求：要求用户输入两个整数，在 Output 面板中将两个数之中的较大者输出（两数相等时输出第一个数字）。流程图如图 2-114 所示。

3）使用 State Machine 完成一个理财产品的购买流程，具体需求如下。

❑ 它会提示用户输入账户的余额，然后判断用户的输入内容是否有效（使用 Double.TryParse() 方法判断是否可以转换为 2 位小数）。如果有效，继续购买理财产品的流程；如果无效，则提示用户并结束流程。

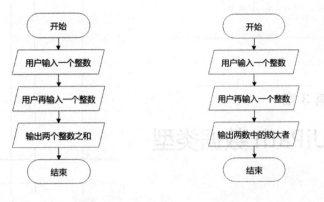

图 2-113　流程图　　　　　　　　图 2-114　流程图

❑ 购买理财产品时，设定理财产品的价格为 1299.99 元，然后判断用户余额是否充足。
如果充足，提示用户购买成功及最新的余额；如果不充足，则提示用户余额不足并
结束流程。

流程图如图 2-115 所示。

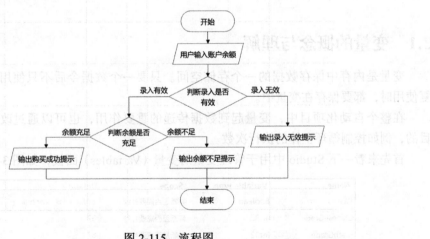

图 2-115　流程图

Chapter 3 第 3 章

UiPath 数据类型

掌握了 UiPath 基础知识，本章主要介绍 UiPath 中变量和参数的概念及使用，并会介绍一些在实际项目中常用的数据类型。

3.1　变量的概念与理解

变量是内存中保存数据的一个存储空间。只要一个数据今后不只使用一次，可能被反复使用时，都要保存在变量中。

在整个自动化项目中，变量起到数据传递的重要作用，也可以通过改变值以实现多种目的，例如控制循环主体的执行次数。

首先来看一下 Studio 中用于管理变量的变量（Variables）面板，如图 3-1 所示。

Name	Variable type	Scope	Default
PassedExam	Boolean	判断是否需要补考	*Enter a VB expression*
ChineseGrade	Int32	判断是否需要补考	82
MathGrade	Int32	判断是否需要补考	67
EnglishGrade	Int32	判断是否需要补考	92
Create Variable			

Variables　Arguments　Imports　　　　　　　✋ 🔎 100% ∨ 🔲 🔳

图 3-1　Variables 面板

Variables 面板中有 4 个字段。

❑ Name（名称）：必填，用于填写变量名称。

❑ Variable type（变量类型）：必填，用于填写变量的类型。

❑ Scope（范围）：必填，用于填写变量的作用域。

❑ Default（默认值）：选填，用于为变量设定默认值。

在 Studio 中，创建变量的方式一共有如下 3 种。

第一种方式：通过活动主体创建变量，如例 3.1 所示。

【例 3.1】完成计算边长 2m 的正方形的面积的流程。创建一个项目，计算边长 2m 的正方形的面积并存入变量，最后在 Output 面板中显示结果（要求通过活动主体创建变量）。

具体实现步骤如下所示。

1）进入 Studio 界面，点击 Process 创建一个新流程，命名为 3_1_CreateVariableBy-Activity，如图 3-2 所示。

2）进入 Main，在 Activities 面板的搜索框内输入 sequence，如图 3-3 所示。

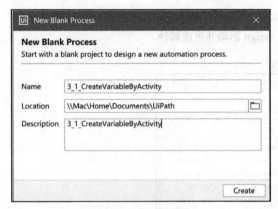

图 3-2　新建流程

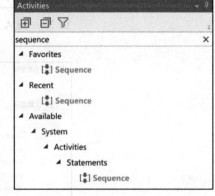

图 3-3　搜索 Sequence 活动

3）将 Sequence 活动拖入设计器面板。在 Properties 面板中，将 Sequence 活动的 DisplayName 属性更改为"求正方形面积"，如图 3-4 所示。

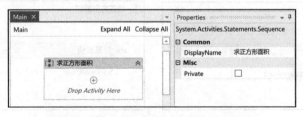

图 3-4　拖入 Sequence 活动并更改属性

4）拖入一个 Assign 活动到"求正方形面积"活动。在 Properties 面板中，将 Assign 活动的 DisplayName 属性更改为"计算面积"，在 Value 属性中输入 2*2，如图 3-5 所示。

5）在"计算面积"活动主体的 To 输入框中右击，从弹出菜单中选择 Create Variable（快捷键为 Ctrl+K）选项，如图 3-6 所示。

6）系统随即会在输入框中显示"Set Var："字样，输入想要创建的变量名称 SquareArea 后按下回车键，如图 3-7 所示。创建变量后，"计算面积"活动依然显示蓝色叹号，表示存在验证性错误，如图 3-8 所示（注：变量名称要见名知意，这里采用首字母大写的驼峰命名方式，即每个单词首字母都大写，其余字母小写）。

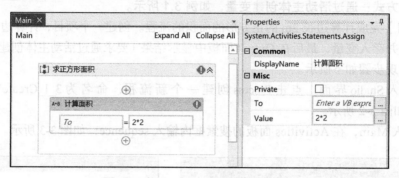

图 3-5　拖入 Assign 活动并更改属性

图 3-6　在活动主体创建变量

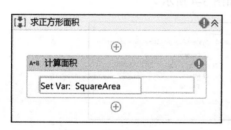

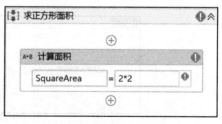

图 3-7　填写变量名称　　　　　图 3-8　变量创建完成

7）在 Variables 面板中检查变量 SquareArea 的类型和作用域，发现错误是创建的变量数据类型错误导致的，将 Variable type 更改为 Int32，如图 3-9 所示（注：在 Assign 活动中系统会自动创建 String 类型的变量，作用域会自动设定为所设定活动的最小容器）。

Name	Variable type	Scope	Default
SquareArea	Int32	求正方形面积	Enter a VB expression

图 3-9　检查变量类型和作用域

8）此时"计算面积"活动的蓝色叹号消失，表示不存在验证性错误，如图 3-10 所示。

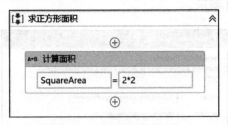

图 3-10　验证性错误消除

9）拖拽 Write Line 活动添加到"求正方形面积"Sequence 中。在 Properties 面板中，将 DisplayName 属性更改为"输出面积"，在 Text 属性中输入"" 边长 2 米的正方形面积为 "+SquareArea.ToString+" 平方米。""，如图 3-11 所示。

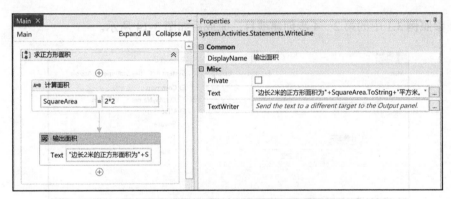

图 3-11　拖入 Write Line 活动并更改属性

10）按 F5 键执行流程，将在 Output 面板中显示执行结果，如图 3-12 所示。

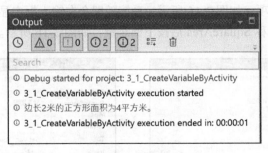

图 3-12　执行结果

第二种方式：通过 Properties 面板创建变量，如例 3.2 所示。

【例 3.2】通过 Properties 面板创建变量的方式完成例 3.1 中的需求。

具体实现步骤如下所示。

1）进入 Studio 界面，点击 Process 创建一个新流程，命名为 3_2_CreateVariableBy-PropertiesPanel，如图 3-13 所示。

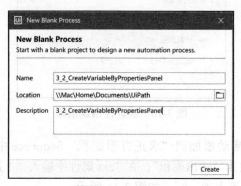

图 3-13　新建流程

2）参照例 3.1 中的第 2～4 步创建项目，完成后如图 3-14 所示。

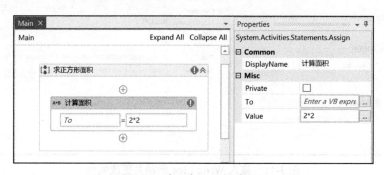

图 3-14　参照例 3.1 创建项目

3）在"计算面积"活动的 Properties 面板中，右击 To 属性的输入框，从弹出的菜单中选择 Create Variable 选项，如图 3-15 所示。系统随即会在输入框中显示"Set Var："字样，填写想要创建的变量名称 SquareArea 后按下回车键，如图 3-16 所示。

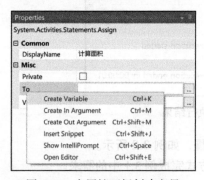

图 3-15　在属性面板创建变量

图 3-16　填写变量名称

4）创建变量后，参照例 3.1 中的第 8～10 步检查变量并完成流程，完成后的流程如图 3-17 所示。

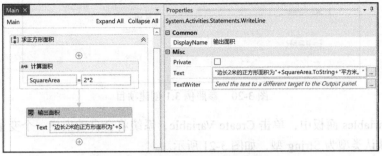

图 3-17　参照例 3.1 完成流程

5）按 F5 键执行流程，将在 Output 面板中显示执行结果，如图 3-18 所示。

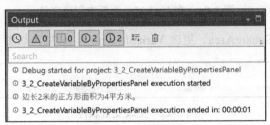

图 3-18　执行结果

第三种方式：通过 Variables 面板创建变量，如例 3.3 所示。

【例 3.3】通过 Variables 面板创建变量的方式完成例 3.1 中的需求。

具体实现步骤如下所示。

1）进入 Studio 界面，点击 Process 创建一个新流程，命名为 3_3_CreateVariableBy-VariablesPanel，如图 3-19 所示。

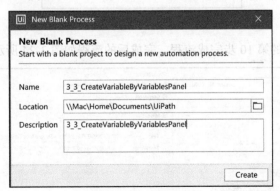

图 3-19　新建流程

2）参照例 3.1 中的第 2～4 步创建项目，完成后如图 3-20 所示。

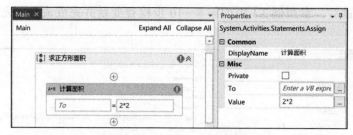

图 3-20　参照例 3.1 创建项目

3）在 Variables 面板中，单击 Create Variable，系统将会自动生成一个变量，以此方式创建的变量默认类型为 String 型，如图 3-21 所示。

Name	Variable type	Scope	Default
variable1	String	求正方形面积	Enter a VB expressi

图 3-21　在 Variables 面板中创建变量

4）更改 Name 为 SquareArea，更改 Variable type 为 Int32，如图 3-22 所示。

Name	Variable type	Scope	Default
SquareArea	Int32	求正方形面积	Enter a VB expressi

图 3-22　更改变量属性

5）创建变量后，在"计算面积"活动的 To 输入框中输入变量 SquareArea，如图 3-23 所示。

图 3-23　计算正方形的面积

6）参照例 3.1 中的第 10 步完成流程，完成后的流程如图 3-24 所示。

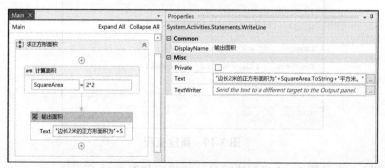

图 3-24　参照例 3.1 完成流程

7）按 F5 键执行流程，将在 Output 面板中显示执行结果，如图 3-25 所示。

如果需要删除一个变量，可以从 Variables 面板中选中该变量右击，在弹出的菜单中选择 Delete 选项（或选中该变量后直接按下 Delete 键），如图 3-26 所示。

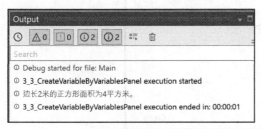

图 3-25　执行结果

图 3-26　删除变量的方式

变量命名需要注意：

❑ 在同一个自动化流程内，变量名称不能重复；

❑ 变量名称要见名知意，如果变量名由多个单词组成，可以采用首字母大写的驼峰命名方式，所有变量命名规则保持一致；

❑ 为变量命名时，不能使用关键字，如 String、Boolean、For、While 等；

❑ 变量名称中只能包含字母、数字、下划线，不能包含其他字符，例如空格等，另外变量名称不可以以数字开头；

❑ 在 Variables 面板中重命名变量会自动更新当前文件中出现的所有对应变量。

我们已经知道在 Variables 面板的 Scope 字段中可以设置变量的可用范围，也称为变量的作用域。尽管我们可以为创建的变量设置任意的作用域，但还是在使用时建议每个变量的作用域应尽量申明在其最小可用的范围内，这样在变量数量比较多的情况下更方便对变量进行整理。若不同范围中存在同名变量，程序执行时将会优先使用最小范围的变量。相关应用请参照例 3.4 深入理解。

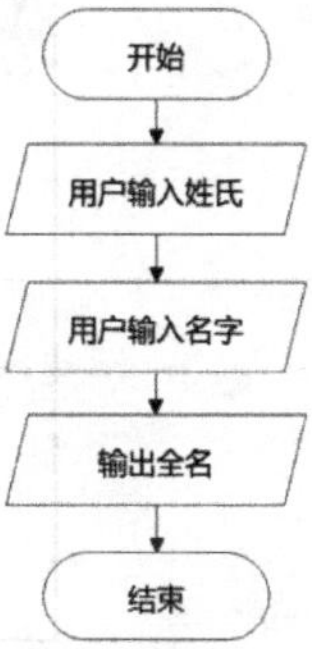

【例 3.4】分两次弹出窗口，提示用户输入自己的姓氏和名字，在用户输入后，弹出窗口显示用户的全名（要求输入姓氏和输入名字的活动分别写在不同的序列中）。流程图如图 3-27 所示。

具体实现步骤如下所示。

1）在 Studio 界面中，点击 Process 创建名为 3_4_VariableScope 的新流程，如图 3-28 所示。

图 3-27　流程图

2）拖入一个 Sequence 活动到设计器面板。在 Properties 面板中，将 Sequence 活动的 DisplayName 属性更改为"输出全名流程"，如图 3-29 所示。

3）再拖入一个 Sequence 至"输出全名流程"Sequence 中。在 Properties 面板中，将该 Sequence 活动的 DisplayName 属性更改为"输入姓氏"，如图 3-30 所示。

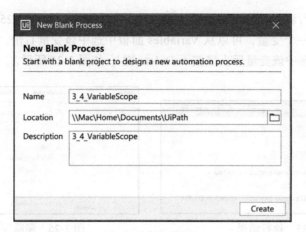

图 3-28　新建流程

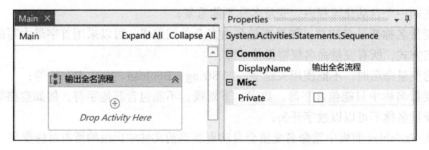

图 3-29　拖入 Sequence 活动并更改属性

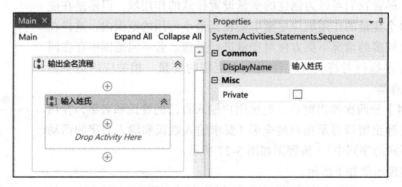

图 3-30　再次拖入 Sequence 活动并更改属性

4）拖入一个 Input Dialog 活动到"输入姓氏"Sequence 中。在 Properties 面板中，将 Input Dialog 活动的 DisplayName 属性更改为"输入姓氏"，将 Label 属性更改为" " 请输入您的姓氏：""，将 Title 属性更改为" " 输入姓氏 ""，如图 3-31 所示。

5）在 Properties 面板的 Result 字段中右击，从弹出的菜单中选择 Create Variable 选项，系统随即会在输入框中显示"Set Var:"字样，输入 LastName 后按下回车键，如图 3-32 所示。

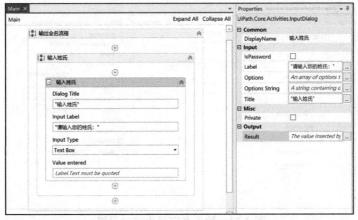

图 3-31　输入姓氏弹出窗口设置

6）折叠"输入姓氏"Sequence，再拖入一个 Sequence 至"输出全名流程"Sequence 中。在 Properties 面板中，将该 Sequence 活动的 DisplayName 属性更改为"输入名字"，如图 3-33 所示。

7）拖入一个 Input Dialog 活动到"输入名字"Sequence 中。在 Properties 面板中，将 Input Dialog 活动的 Display-Name 属性更改为"输入名字"，将 Label 属性更改为""请输入您的名字："，将 Title 属性更改为""输入名字""，如图 3-34 所示。

图 3-32　创建存储姓氏的变量

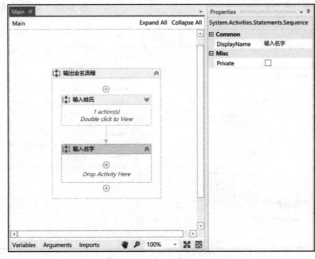

图 3-33　再次拖入 Sequence 活动并更改属性

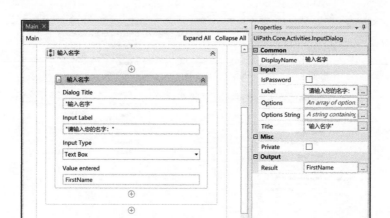

图 3-34　输入名字弹出窗口设置

8）在 Properties 面 板 的 Result 字 段 中 右击，从菜单中选择 Create Variable 选项，系统随即会在输入框中显示"Set Var："字样，输入 FirstName 后按下回车键，如图 3-35 所示。

9）折叠"输入名字"Sequence，拖入一个 Message Box 活动到"输出全名流程"Sequence 中。 在 Properties 面 板 中， 将 Message Box 活动的 DisplayName 属性更改为"输出全名"，在 Text 属性中输入 LastName+FirstName，如图 3-36 所示。

图 3-35　创建存储名字的变量

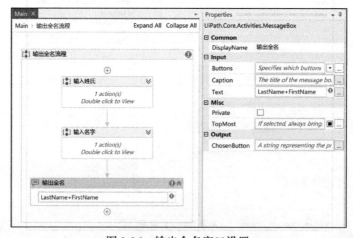

图 3-36　输出全名窗口设置

10）可以看到，上一步中的 Message Box 的 Text 属性存在验证性错误，错误详情显示变量 LastName 和 FirstName 均未被声明，如图 3-37 所示。

11）该错误是之前创建变量的作用域过小导致的，这时可以查看一下 Variables 面板。选中"输入姓氏"Sequence 时的 Variables 面板如图 3-38 所示。

12）选中"输入名字"Sequence 时的 Variables 面板如图 3-39 所示。

13）将两个变量的作用域都更改为"输出全名流程"，如图 3-40 所示。

图 3-37　验证性错误提示

Name	Variable type	Scope	Default
LastName	String	输入姓氏	*Enter a VB expression*

图 3-38　查看存储姓氏的变量作用域

Name	Variable type	Scope	Default
FirstName	String	输入名字	*Enter a VB expression*

图 3-39　查看存储名字的变量作用域

Name	Variable type	Scope	Default
LastName	String	输出全名流程	*Enter a VB expression*
FirstName	String	输出全名流程	*Enter a VB expression*

图 3-40　更改变量作用域

14）此时验证性错误消失，最终主项目视图如图 3-41 所示。

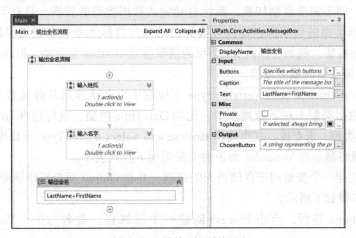

图 3-41　最终项目主视图

15）按 F5 键执行流程，系统将显示"输入姓氏"窗口，输入用户的姓氏后点击 OK 按钮，如图 3-42 所示。接着系统将显示"输入名字"窗口，输入用户的名字后点击 OK 按钮，如图 3-43 所示。

16）执行结果如图 3-44 所示。

图 3-42　输入姓氏窗口

图 3-43　输入名字窗口

图 3-44　执行结果

3.2　数据类型

数据类型是数据在内存中的存储结构。在程序中，不同类型的数据就要选择对应不同的数据结构来存储，例如存储用户名可以使用字符串类型，存储年龄可以使用 Int32 类型等。

UiPath 中的变量支持多种数据类型，任何 .Net 中的数据类型都可用于 UiPath，例如布尔型、字符串类型、整数类型、日期、泛型等。由于 UiPath 中采用的是强类型编程语言 C# 或 VB.NET，在创建变量时指定了何种数据类型，将来就只能使用该变量保存同种数据类型的数据。一旦赋值给变量的数据类型与变量本身的数据类型不一致，就会报错。因此在实际项目中需要使用不一致的数据类型的数据时，经常需要将操作的数据转化为所需要的类型，这个过程即为数据类型的转换，分为显式转换和隐式转换。

显式转换，也称为强制转换，指手动借助类型转换的方法完成转换，例如将 Int32 型变量 Age 的值转换成 String 类型可以用 Age.ToString 方法实现，而将 String 类型变量 SerialNumber 的值转换成 Int32 型可以用 Convert.ToInt32(SerialNumber) 方法来实现。

隐式转换，即不需要强制转换，系统自动完成数据类型的转换。只有当被转换类型的值范围小于目标类型的值范围，且被转换类型的值与目标类型兼容时可以执行隐式转换，否则隐式转换会报错。例如可以将 Int32 型的值赋值给 Double 型变量，但是将 Double 型的值赋值给 Int32 型变量时就会报错。

此外，在 Variables 面板的 Variable type 下拉框中会默认显示几种最常用的数据类型。如果要使用的数据类型不在下拉列表中，比如 DateTime 类型，就可选择 Browse for Types（浏览 .Net 变量类型）来查找。首次使用 Browse and Select a .Net Type 窗口中的一种变量类型后，该类变量将显示在 Variables 面板的变量类型下拉列表中。

【例 3.5】创建一个变量用于存储当天的日期，并在 Output 面板打印该变量的值。

具体实现步骤如下所示。

1）进入 Studio 界面，点击 Process 创建一个新流程，命名为 3_5_VariableType，如图 3-45 所示。

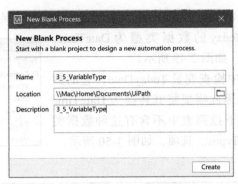

图 3-45　新建流程

2）拖入一个 Sequence 活动到设计器面板。在 Properties 面板中，将 Sequence 活动的 DisplayName 属性更改为"打印日期"，如图 3-46 所示。

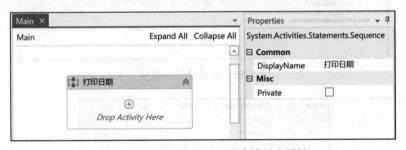

图 3-46　拖入 Sequence 活动并更改属性

3）拖入一个 Assign 活动到"打印日期"活动中。在 Properties 面板中，将 Assign 活动的 DisplayName 属性更改为"取得日期"，在 Value 属性中输入 Datetime.Today，如图 3-47 所示。

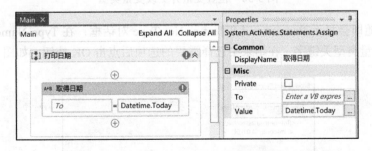

图 3-47　拖入 Assign 活动并更改属性

4）在"取得日期"活动的 Properties 面板中，右击 To 属性的输入框，从弹出的菜单中选择 Create Variable 选项，系统随即会在输入框中显示"Set Var:"字样，输入想要创建的变量名称 TodayDate 后按下回车键，如图 3-48 所示。

5）此时"取得日期"活动显示蓝色叹号，表示存在验证性错误，这是由于要赋值给变量 TodayDate 的 值 Datetime.Today 的 数 据 类 型 为 DateTime，与变量的数据类型不一致，如图 3-49 所示。

6）在 Variables 面板中检查变量 TodayDate，它的数据类型默认为 String 型，因此需要将其转换为 DateTime 型。默认的 Variable type 下拉列表中不含有这种数据类型，可以选择 Browse for Types... 选项，如图 3-50 所示。

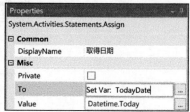

图 3-48　创建变量

图 3-49　验证性错误提示

Name	Variable type	Scope	Default
TodayDate	String ▾	打印日期	Enter a VB expres.
Create Variable	Boolean		
	Int32		
	String		
	Object		
	System.Data.DataTable		
	Array of [T]		
	Browse for Types...		

Variables　Arguments　Imports　　　🖐 🔎 100% ▾ 🔲 🔳

图 3-50　检查变量并更改变量类型

7）系统随即会显示 Browse and Select a .Net Type 对话框，在 Type Name 字段中输入想要查找的变量类型关键字，在结果中选择需要的选项后点击 OK 按钮，如图 3-51 所示。

Browse and Select a .Net Type　　　　　　　　? ×

Type Name:　System.DateTime

▲ <Referenced assemblies>
　▲ mscorlib [4.0.0.0]
　　▲ System
　　　DateTime
　　　DateTimeKind
　　　DateTimeOffset

OK　　Cancel

图 3-51　选择 DateTime 类型

8）此时 Variables 面板中变量 TodayDate 的数据类型将会被更改为 DateTime 型，如图 3-52 所示。

Name	Variable type	Scope	Default
TodayDate	DateTime	打印日期	*Enter a VB expressi*

图 3-52　更改变量类型后的 Variables 面板

9）此时"取得日期"活动的蓝色叹号消失，已经不存在验证性错误，如图 3-53 所示。

10）拖入一个 Write Line 活动到"打印日期"活动中。在 Properties 面板中，将 DisplayName 属性更改为"打印日期至 Output 面板"，在 Text 属性中输入 TodayDate，如图 3-54 所示。

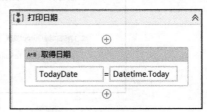

图 3-53　验证性错误消失

11）此时"打印日期至 Output 面板"活动的 Text 属性显示蓝色叹号，表示存在验证性错误，这是由于 Text 属性中应当输入数据类型为 String 型的值，而 TodayDate 的数据类型为 DateTime，具体错误信息如图 3-55 所示。

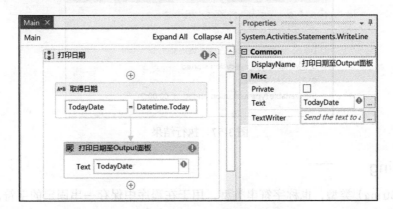

图 3-54　拖入 Write Line 活动并更改属性

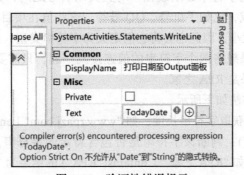

图 3-55　验证性错误提示

12）可以使用强制转换方式将 Text 属性的值更改为 TodayDate.ToString，更改后验证性错误消失，如图 3-56 所示。

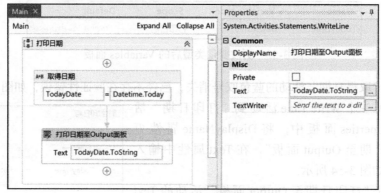

图 3-56　设置强制转换

13）按 F5 键执行流程，将在 Output 面板中显示执行结果，如图 3-57 所示。

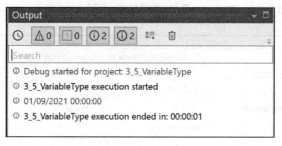

图 3-57　执行结果

3.2.1　String

文本（String）类型，也称字符串类型，用于在程序中保存一串固定的字符。当程序中需要保存一个文本信息时，都可用 String 类型，例如员工姓名、商品类别等。

UiPath 规定，所有的字符串必须放在一对英文双引号之间，如 " 张三 "、"UiPath" 等。有些值虽然全由数字组成，比如手机号、QQ 号等，这些值在项目中仅仅起到标识的作用，而不会用于计算或比较大小，因此也会将它们定义为字符串类型，如 "84532345"。

在实际项目中，如果想将两个字符串的值连接到一起，只需要使用加号连接即可。例如 "RPA"+" 之家 " 的结果是 RPA 之家。

常见的字符串处理方法如下所示。

❑ 字符串 .Length：获取字符串长度，如 "www.rpazj.com".Length 的结果为 13。

❑ 字符串 .Contains()：判断该字符串是否包含特定的字符串，如果包含则返回 True，反之返回 False，如 "RPA 之家 ".Contains("RPA") 的结果为 True。

❑ 字符串 .EndsWith()：判断该字符串是否以某个字符串结尾，如果包含则返回 True，反之返回 False，如 "RPA".EndsWith("A") 的结果为 True。

- ❑ 字符串 .IndexOf()：查找该字符串中第一次出现某个字符串的位置，如果存在返回字符串开始的位置，不存在则返回 -1，如 "RPA".IndexOf("A") 的结果为 2。
- ❑ 字符串 .LastIndexOf()：查找该字符串中最后一次出现某个字符串的位置，如果存在返回字符串开始的位置，不存在则返回 -1，如 "www.rpazj.com".LastIndexOf("w") 的结果为 2。
- ❑ 字符串 .Trim()：去掉字符串前后的空格，如 " RPA ".Trim() 的结果为 "RPA"。
- ❑ 字符串 .TrimStart()：去掉字符串左侧的空格，如 " RPA ".TrimStart() 的结果为 "RPA "。
- ❑ 字符串 .TrimEnd()：去掉字符串右侧的空格，如 " RPA ".TrimEnd() 的结果为 " RPA"。
- ❑ 字符串 .Replace(strOld,strNew)：用后一个字符串替换前面的字符串，替换后返回字符串，如 "www.uipath.com".Replace("uipath","rpazj") 的结果为 www.rpazj.com。
- ❑ 字符串 .Substring(stratIndex,Length)：截取子串，第一个参数是从某个位置开始截取，后者是截取的长度，如 "RPA 之家 ".Substring(0,3) 的结果是 RPA。
- ❑ 字符串 .Insert(index,string)：在 Index 位置后面插入字符串，如 "RPA".Insert(3," 之家 ") 的结果为 RPA 之家。
- ❑ 字符串 .ToLower()：转换小写字母，如 "RPA 之家 ".ToLower() 的结果为 rpa 之家。
- ❑ 字符串 .ToUpper()：转换大写字母，如 "rpazj".ToUpper() 的结果为 RPAZJ。

【例 3.6】使用 String 变量完成大小写转换的流程。创建一个 String 变量，设定变量的默认值为"uipath"，将该变量的值转换为大写并且在 Output 面板输出。

具体实现步骤如下所示。

1）进入 Studio 界面，点击 Process 创建一个新流程，命名为 3_6_String，如图 3-58 所示。

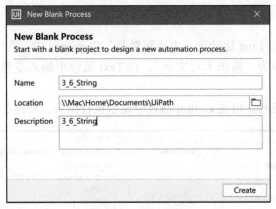

图 3-58　新建流程

2）拖入一个 Sequence 活动到设计器面板。在 Properties 面板中，将 Sequence 活动的 DisplayName 属性更改为"大小写转换"，如图 3-59 所示。

3）在 Variables 面板中，创建字符型变量 LowerCaseString，并设定默认值为 "uipath"。然后创建字符型变量 UpperCaseString，用于存储转换后的大写值，如图 3-60 所示。

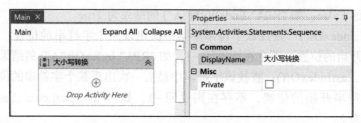

图 3-59　拖入 Sequence 活动并更改属性

Name	Variable type	Scope	Default
LowerCaseString	String	大小写转换	"uipath"
UpperCaseString	String	大小写转换	*Enter a VB expression*

图 3-60　创建变量

4）拖入一个 Assign 活动到"大小写转换" Sequence 中。在 Properties 面板中，将 DisplayName 属性更改为"转换为大写"，在 To 属性中输入变量 UpperCaseString，在 Value 属性中输入 LowerCaseString.ToUpper，如图 3-61 所示。

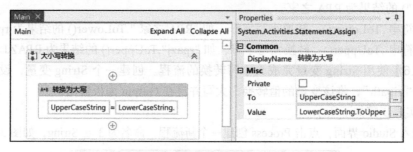

图 3-61　将小写字母转换为大写字母

5）拖入一个 Write Line 活动到"大小写转换" Sequence 中。在 Properties 面板中，将 DisplayName 属性更改为"输出大写文字"，在 Text 属性中输入变量 UpperCaseString，如图 3-62 所示。

6）按 F5 键执行流程，将在 Output 面板中显示执行结果，如图 3-63 所示。

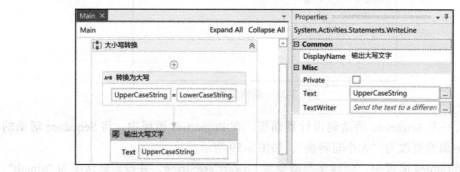

图 3-62　输入大写文字

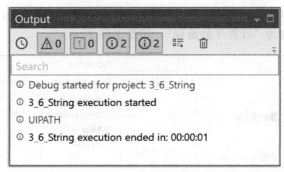

图 3-63　执行结果

3.2.2　Int32

数字（Int32）类型，也称整数类型，用于存储程序中整数类型的数值，可以用于执行方程或进行比较。当程序中需要保存一个整数（不带小数点和小数位数）时，都可用 Int32 类型，例如年龄、数量等。

使用 Int32 型时要注意以下两点：

❑ Int32 型可以存储的整数范围是 –2 147 483 648～2 147 483 647。如果要赋值的数据超出这个范围，程序就会报错。

❑ 当需要将数值间的计算结果赋值给 Int32 型的变量时，需要注意计算结果是否为整数。例如整数除以整数的结果可能是整数，也可能是小数，当计算结果为小数时，程序就会报错。

【例 3.7】使用 Int32 变量完成根据出生年份计算年龄的流程。创建一个项目，使用户输入自己的姓名，然后计算用户年龄后在 Output 面板中输出。流程图如图 3-64 所示。

具体实现步骤如下所示。

1）进入 Studio 界面，点击 Process 创建名为 3_7_Int32 的新流程，如图 3-65 所示。

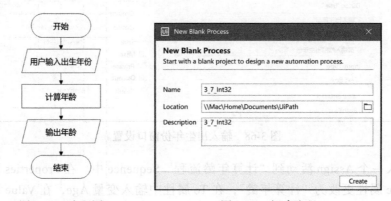

图 3-64　流程图　　　　　　　　　　　　　图 3-65　新建流程

2）拖入一个 Sequence 活动到设计器面板。在 Properties 面板中，将 Sequence 活动的 DisplayName 属性更改为"计算年龄流程"，如图 3-66 所示。

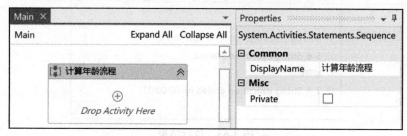

图 3-66　拖入 Sequence 活动并更改属性

3）在 Variables 面板中，创建 Int32 型变量 BirthYear 和 Age，用于存储出生年月和年龄，如图 3-67 所示。

Name	Variable type	Scope	Default
BirthYear	Int32	计算年龄流程	Enter a VB expression
Age	Int32	计算年龄流程	Enter a VB expression

图 3-67　创建变量

4）拖入一个 Input Dialog 活动到"计算年龄流程" Sequence 中。在 Properties 面板中，将 DisplayName 属性更改为"输入出生年份"，将 Label 属性更改为""请输入您的出生年份：""，将 Title 属性更改为""输入出生年份""，在 Result 属性中输入变量 BirthYear，如图 3-68 所示。

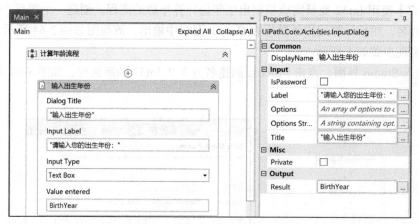

图 3-68　输入出生年份窗口设置

5）拖入一个 Assign 活动到"计算年龄流程" Sequence 中。在 Properties 面板中，将 DisplayName 属性更改为"计算年龄"，在 To 属性中输入变量 Age，在 Value 属性中输入 Today.Year-BirthYear，如图 3-69 所示。

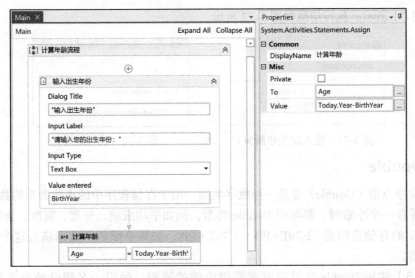

图 3-69　计算年龄

6）拖入一个 Write Line 活动到"计算年龄流程"Sequence 中。在 Properties 面板中，将 DisplayName 属性更改为"输出年龄"，将 Text 属性更改为" " 您的年龄是"+Age.ToString"，如图 3-70 所示。

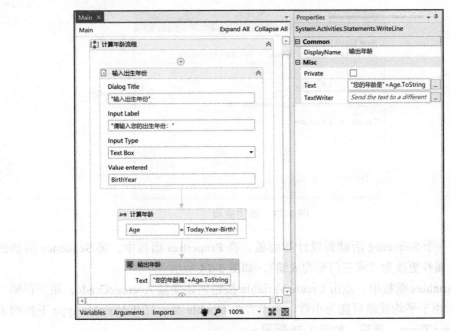

图 3-70　输入年龄

7）按 F5 键执行流程，系统将显示"输入出生年份"对话框，输入年份后点击 OK 按钮，如图 3-71 所示。执行结果如图 3-72 所示。

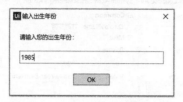

图 3-71　输入出生年龄窗口

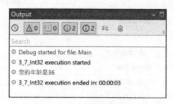

图 3-72　执行结果

3.2.3　Double

双精度浮点型（Double）也是一种数字类型，用于存储程序中的小数类型的数值。当程序中需要保存一个小数时，都可用 Double 类型，例如平均成绩、长度、宽度、金额等。

Double 的存储范围是 −1.79E+308～1.79E+308，如果要赋值的数据超出这个范围，程序就会报错。

【例 3.8】使用 Double 变量完成求平均成绩的流程。假设一名同学的语文成绩是 82 分，数学成绩是 67 分，英语成绩是 92 分，计算该同学三门成绩的平均分并在 Output 面板输出。

具体实现步骤如下所示。

1）进入 Studio 界面，点击 Process 创建一个新流程，命名为 3_8_Double，如图 3-73 所示。

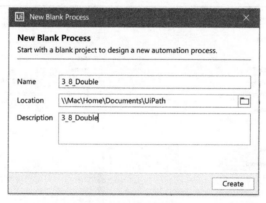

图 3-73　新建流程

2）拖入一个 Sequence 活动到设计器面板。在 Properties 面板中，将 Sequence 活动的 DisplayName 属性更改为"求三门平均成绩"，如图 3-74 所示。

3）在 Variables 面板中，点击 Create Variable 按钮创建变量 AverageGrade，用于存储三门平均成绩。由于平均成绩可能为小数，应设置为 Double 型，打开 Variable type 下拉列表选择 Browse for Types... 选项，如图 3-75 所示。

4）系统随即会显示 Browse and Select a .Net Type 对话框，在 Type Name 字段中输入 System.Double，在结果中选择需要的选项后点击 OK 按钮，如图 3-76 所示。

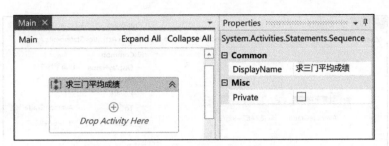

图 3-74　拖入 Sequence 活动并更改属性

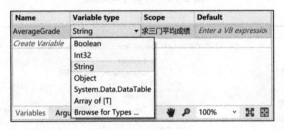

图 3-75　创建变量

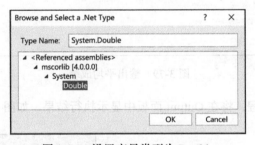

图 3-76　设置变量类型为 Double

5）此时 Variables 面板中变量 AverageGrade 的数据类型将会被更改为 Double 型，如图 3-77 所示。

Name	Variable type	Scope	Default
AverageGrade	Double	求三门平均成绩	*Enter a VB expression*

图 3-77　更改变量类型后的 Variables 面板

6）拖入一个 Assign 活动到"求三门平均成绩"活动中。在 Properties 面板中，将 DisplayName 属性更改为"计算平均成绩"，在 To 属性中输入变量 AverageGrade，在 Value 属性中输入 (82+67+92)/3，如图 3-78 所示。

7）拖入一个 Write Line 活动到"求三门平均成绩"活动中。在 Properties 面板中，将 DisplayName 属性更改为"输出平均成绩"，将 Text 属性更改为 " " 该同学的平均成绩是 "+AverageGrade.ToString"，如图 3-79 所示。

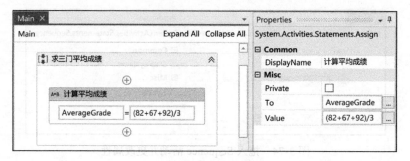

图 3-78　计算平均成绩

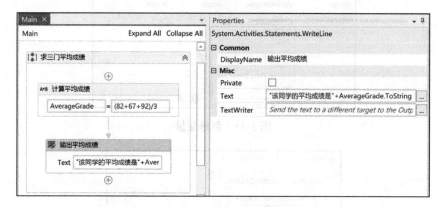

图 3-79　输出平均成绩

8）按 F5 键执行流程，将在 Output 面板中显示执行结果，如图 3-80 所示。

3.2.4　Boolean

布尔（Boolean）类型也是一种常用的数据类型，它只有 True 或者 False 两个可能的值，它可以用于做出决策，从而更好地控制流程。当程序中需要判断一个表达式的结果是否正确时，都可用 Boolean 类型，例如判断一个日期是不是月末，判断一个员工是不是男性员工等。

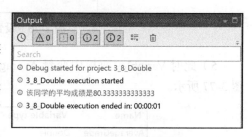

图 3-80　执行结果

【例 3.9】使用 Boolean 变量完成判断是否需要补考的流程。创建一个项目，当用户成绩不及格时，在 Output 面板输出需要补考的信息；当用户成绩及格时，在 Output 面板输出考试通过的信息。假设一名用户的成绩为 59 分，判断该同学是否需要补考并在 Output 面板输出（成绩小于 60 分为不及格）。流程图如图 3-81 所示。

具体实现步骤如下所示。

1）进入 Studio 界面，点击 Process 创建一个新流程，命名为 3_9_Boolean，如图 3-82 所示。

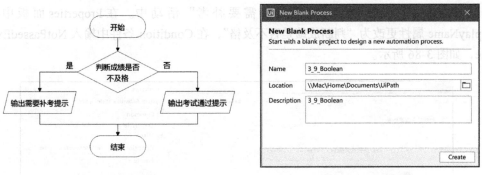

图 3-81　流程图　　　　　　　　　　　　图 3-82　新建流程

2）拖入一个 Sequence 活动到设计器面板。在 Properties 面板中，将 Sequence 活动的 DisplayName 属性更改为"判断是否需要补考"，如图 3-83 所示。

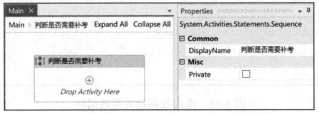

图 3-83　拖入 Sequence 活动并更改属性

3）在 Variables 面板中，创建 Int32 型变量 Grade，用于存储用户输入的成绩，设置默认值为 59。创建 Boolean 型变量 NotPassedExam，用于判断是否有不及格科目，如图 3-84 所示。

Name	Variable type	Scope	Default
Grade	Int32	判断是否需要补考	59
NotPassedExam	Boolean	判断是否需要补考	*Enter a VB expression*

图 3-84　创建变量

4）拖入一个 Assign 活动到"判断是否需要补考"活动中。在 Properties 面板中，将 DisplayName 属性更改为"判断成绩是否小于 60 分"，在 To 属性中输入变量"NotPassedExam"，在 Value 属性中输入"Grade<60"，如图 3-85 所示。

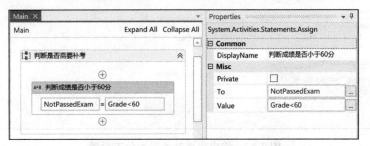

图 3-85　拖入 Assign 活动并更改属性

5）拖入一个 If 活动到"判断是否需要补考"活动中。在 Properties 面板中，将 DisplayName 属性更改为"判断成绩是否不及格"，在 Condition 条件中输入 NotPassedExam= True，如图 3-86 所示。

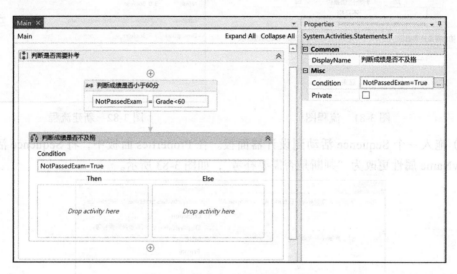

图 3-86　拖入 If 活动并更改属性

6）拖入一个 Write Line 活动到"判断成绩是否不及格"活动的 Then 分支中。在 Properties 面板中，将 DisplayName 属性更改为"输出需要补考提示"，将 Text 属性更改为 ""您需要参加补考。""，如图 3-87 所示。

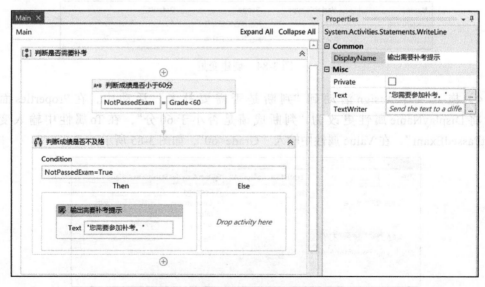

图 3-87　输出需要补考提示分支设置

7）再将一个 Write Line 活动拖入"判断成绩是否不及格"活动的 Else 分支中。在 Properties 面板中，将 DisplayName 属性更改为"输出考试通过提示"，将 Text 属性更改为""您已经通过考试。""，最终的项目主视图如图 3-88 所示。

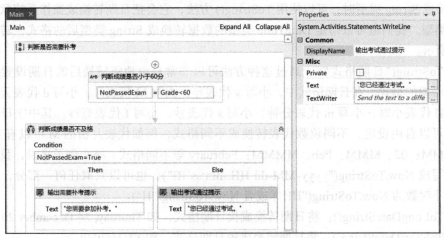

图 3-88　输出考试通过提示分支设置

8）按 F5 键执行流程，将在 Output 面板中显示执行结果，如图 3-89 所示。

3.2.5　DateTime

日期和时间（DateTime）类型，用于在程序中存储日期和时间信息。当程序中需要保存一个日期类型或时间类型的信息时，都可以用 DateTime 类型，例如员工的入职日期、当前时间等。

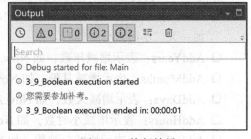

图 3-89　执行结果

通过学习本章前面的知识，我们已经知道 DateTime 类 型 不 在 Variables 面 板 的 Variable type 的下拉列表中，在 Browse and Select a .Net Type 窗口中的系统命名空间 System. DateTime 下可以找到。

DateTime 类型的值是由多个属性组成的。

❑ Year：指日期的年份。

❑ Month：指日期的月份。

❑ Day：指日期的日。

❑ Hour：指日期的小时。

❑ Minute：指日期的分钟。

❑ Second：指日期的秒钟。

❑ Millisecond：指日期的毫秒数。

在实际项目中，我们经常会需要将 DateTime 类型和 String 类型的数据互相转换。将 String 类型转换成 DateTime 类型时，一般可以使用 DateTime.Parse(" 日期 ")，例如 DateTime.Parse("2020-1-20 20:15:06") 或者 DateTime.Parse("2020-1-20")；而在将 DateTime 类型转换成 String 类型时，可以使用 ToString() 方法，它会把日期转换成操作系统默认的日期时间类型。我们也可以指定 DateTime 类型的数据转换成 String 类型后的格式，转换的方法如下所示。

❏ ToString(" 日期格式 ")：通过这种方法可以非常自由地将转换后的日期设置为我们希望的格式。在日期格式中，小写 y 代表年，大写 M 代表月，小写 d 代表天，大写 H 代表小时，小写 m 代表分钟，小写 s 代表秒，小写 f 代表毫秒。其中字母位数也可以自由设定，不同位数代表转换成不同格式，例如代表月份的 M 可以有 M：2、MM：02、MMM：Feb、MMMM：February 等不同格式。举个例子来说，我们可以写成 Now.ToString("yyyy-MM-dd HH:mm:ss fff")，也可以只取任何一部分，如获取小时数为 Now.ToString("HH") 或者 Now.ToString("H")。

❏ ToLongDateString()：将日期转换成长日期格式，如 Thurday, 24 December 2020。

❏ ToShortDateString()：将日期转换成短日期格式，如 12/24/2020。

❏ ToLongTimeString()：将日期转换成长时间格式，如 20:00:00 。

❏ ToShortTimeString()：将日期转换成短时间格式，如 20:00 。

除此之外，我们还经常用到一些 DateTime 类型数据的处理方法。

❏ Add：表示增减一个时间间隔，如 Now.Add(new TimeSpan(1,2,3,4)) 表示当前时间增加一天二小时三分钟四秒。

❏ AddYears：表示增减年数，如 Now.AddYears(-1) 表示当前时间减一年。

❏ AddMonths：表示增减月份，如 Now.AddMonths(2) 表示当前时间增加两个月。

❏ AddDays：表示增减天数，如 Now.AddDays(-3) 表示当前时间减 3 天。

❏ AddHours：表示增减小时数，如 Now.AddHours(-12) 表示当前时间减 12 小时。

❏ AddMinutes：表示增减分钟数，如 Now.AddMinutes(30) 表示当前时间增加 30 分钟。

❏ AddMilliseconds：表示增减毫秒数，如 Now.AddMilliseconds(600) 表示当前时间增加 600 毫秒。

❏ CompareTo：表示前面的日期与后面的日期比较，如果大于 0 表示前者比后者大，如果等于 0 则表示前者与后者一样大，如果小于 0 则表示前者比后者小，如 Now.AddDays(2).CompareTo(Now) 的结果大于 0。

【例 3.10】使用 DateTime 变量完成打印指定日期的流程。假设存在一个日期 2021-3-30，取得该日期一周前的日期，并在 Output 面板输出。流程图如图 3-90 所示。

具体实现步骤如下所示。

1）进入 Studio 界面，点击 Process 创建一个新流程，命

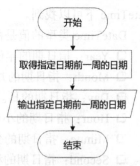

图 3-90　流程图

名为 3_10_DateTime，如图 3-91 所示。

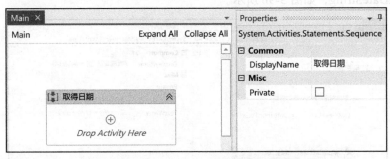

图 3-91　新建流程

2）拖入一个 Sequence 活动到设计器面板。在 Properties 面板中，将 Sequence 活动的
DisplayName 属性更改为"取得日期"，如图 3-92 所示。

图 3-92　拖入 Sequence 活动并更改属性

3）在 Variables 面板中，创建变量 LastWeekDate，用于存储指定日期前一周的日期，
如图 3-93 所示。

Name	Variable type	Scope	Default
LastWeekDate	String	取得日期	*Enter a VB expression*

图 3-93　创建变量

4）参照例 3.5 中的第 6 步和第 7 步，将变量 LastWeekDate 更改为 DateTime 型，如
图 3-94 所示。

Name	Variable type	Scope	Default
LastWeekDate	DateTime	取得日期	*Enter a VB expression*

图 3-94　更改变量类型

5）拖入一个 Assign 活动到"取得日期"活动中。在 Properties 面板中，将 Display-Name 属性更改为"取得指定日期前一周的日期"，在 To 属性中输入变量 LastWeekDate，在 Value 属性中输入 DateTime.Parse("2021-3-30").AddDays(-7)，如图 3-95 所示。

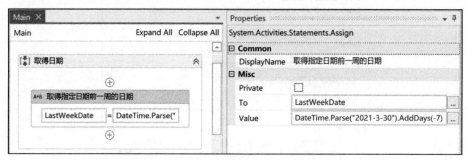

图 3-95　取得指定日期前一周的日期

6）拖入一个 Write Line 活动到"取得日期"活动中。在 Properties 面板中，将 DisplayName 属性更改为"输出指定日期前一周的日期"，将 Text 属性更改为 LastWeek-Date.ToShortDateString，如图 3-96 所示。

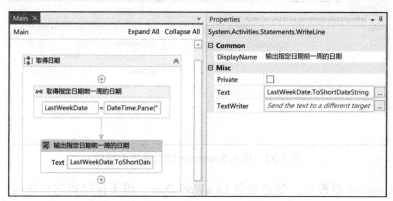

图 3-96　输出指定日期前一周的日期

7）按 F5 键执行流程，将在 Output 面板中显示执行结果，如图 3-97 所示。

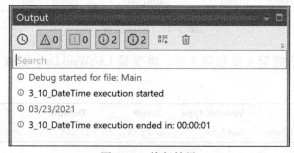

图 3-97　执行结果

3.2.6　GenericValue

泛（GenericValue）型是 UiPath 独有的一种数据类型，可以用于存储任何类型的数据，例如 Boolean 型、Int32 型、String 型、DateTime 型。

UiPath 有一个 GenericValue 变量的自动转换机制，GenericValue 变量会自动转换为其他类型以执行某些操作。但是在实际项目中，我们要谨慎地使用 GenericValue 型变量，因为它们的转换可能并不总是正确的。

GenericValue 变量的自动转换机制就是将表达式中定义的第一个元素作为执行操作的准则，可以通过定义表达式来指导实现所需的结果。如果表达式中的第一个元素是整数或值为整数的 GenericValue 变量，结果将返回两个元素的和；如果表达式中的第一个元素是字符串或值为字符串的 GenericValue 变量，结果将返回两个元素连起来的值。如例 3.11 所示。

【例 3.11】使用 GenericValue 变量完成打印员工号的流程。员工号由两部分组成，第一部分为入职年份，第二部分为一个 4 位数的入职编号。已知一名员工为 2021 年入职，入职编号为 0068，将该员工的员工号在 Output 面板中输出。

具体实现步骤如下所示。

1）进入 Studio 界面，点击 Process 创建一个新流程，命名为 3_11_GenericValue，如图 3-98 所示。

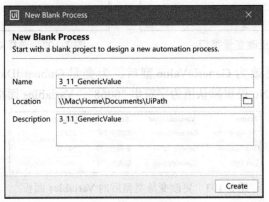

图 3-98　新建流程

2）拖入一个 Sequence 活动到设计器面板。在 Properties 面板中，将 Sequence 活动的 DisplayName 属性更改为 "取得员工号"，如图 3-99 所示。

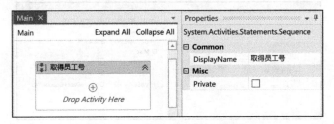

图 3-99　拖入 Sequence 活动并更改属性

3）在 Variables 面板中创建变量 OnboardDate、OnboardNo 及 SerialNo，用于存储入职年份、入职编号和员工号，如图 3-100 所示。

Name	Variable type	Scope	Default
OnboardDate	String	取得员工号	*Enter a VB expres:*
OnboardNo	String	取得员工号	*Enter a VB expres:*
SerialNo	String	取得员工号	*Enter a VB expres:*

图 3-100　创建变量

4）将上一步创建的变量更改为 GenericValue 型，依次在 Variable type 下拉列表选择 Browse for Types... 选项，如图 3-101 所示。

5）系统随即会显示 Browse and Select a .Net Type 对话框，在 Type Name 字段中输入 GenericValue，在结果中选择 UiPath.Core.GenericValue 后点击 OK 按钮，如图 3-102 所示。

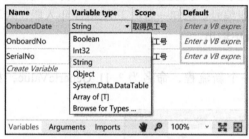

图 3-101　更改变量类型

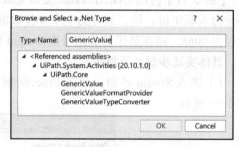

图 3-102　选择 GenericValue 类型

6）三个变量都更改为 GenericValue 型后，为变量 OnboardDate 设置默认值为数值 2021，为变量 OnboardNo 设置默认值为字符串 "0068"，Variables 面板如图 3-103 所示。

Name	Variable type	Scope	Default
OnboardDate	GenericValue	取得员工号	2021
OnboardNo	GenericValue	取得员工号	"0068"
SerialNo	GenericValue	取得员工号	*Enter a VB expres:*

图 3-103　更改变量类型后的 Variables 面板

7）拖入一个 Assign 活动到"取得员工号"活动中。在 Properties 面板中，将 Display-Name 属性更改为"合成员工号"，在 To 属性中输入变量 SerialNo，在 Value 属性中输入 OnboardDate+OnboardNo，如图 3-104 所示。

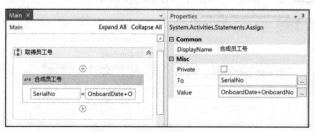

图 3-104　合成员工号

8）拖入一个 Write Line 活动到"取得员工号"活动中。在 Properties 面板中，将 DisplayName 属性更改为"输出员工号"，在 Text 属性中输入变量 SerialNo，如图 3-105 所示。

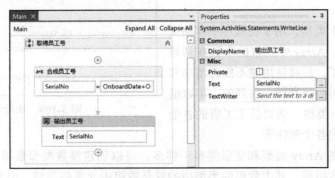

图 3-105　输出员工号

9）按 F5 键执行流程，将在 Output 面板中显示执行结果，发现输出的员工号结果错误，如图 3-106 所示。

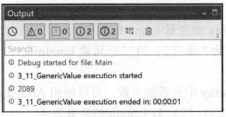

图 3-106　执行结果

10）这是由于"合成员工号"活动的表达式 OnboardDate+OnboardNo 中，第一个元素的值为整数，结果将返回两数的和，因此我们将表达式更改为 OnboardDate. ToString+OnboardNo，如图 3-107 所示。

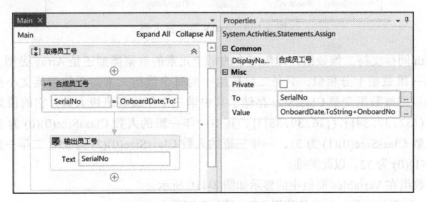

图 3-107　更改合成员工号的表达式

11）按 F5 键再次执行流程，将在 Output 面板中显示正确的执行结果，如图 3-108 所示。

3.2.7 Array

数组（Array）类型，用于在程序中存储同
一类型的多个值。Array 中元素的个数在初始
化时就已经固定了，后续使用时不能再增加和
删除。当程序中需要保存同一系列的一串数据
时，都可用 Array 类型，例如员工工资的各个
组成部分、商品的各个部件等。

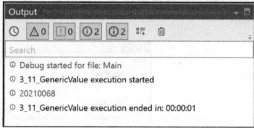

图 3-108　执行结果

UiPath 支持的 Array 类型和变量类型一样多，可以创建整数类型数组、字符串类型数组、布尔值类型数组等，其中数组的类型指的就是数组中元素的类型。但无论是什么类型，Array 的值必须放在一对英文大括号中间，且每个值之间用逗号隔开，如 {21,10,35}、{" 张三 "," 男 ","40"} 等。

在需要取得 Array 中某个元素的值或为某个元素赋值时，可以使用下标来实现，具体表现形式为 Array(Index)。Array 的下标是从 0 开始计算的，也就是说数组中的第一个元素表示为 Array(0)。如 Array 型变量 EmpInfo 的值为 {" 张三 "," 男 ","40"}，该数组的第一个元素 EmpInfo(0) 的值为 " 张三 "，第二个元素 EmpInfo(1) 的值为 " 男 "，第三个元素 EmpInfo(2) 的值为 "40"。

Array 的长度指的是 Array 中元素的个数，可以使用 Array.Length 获取，表示数组中有多少个相同类型的数据，如 {1,2,3,4}.Length 的结果为 4。

Array 型变量在 Variables 面板中的显示如图 3-109 所示。

Name	Variable type	Scope	Default
EmpInfo	String[]	员工情况	{"张三","男","40"}
SalaryInfo	Int32[]	员工情况	{102,56,88}
FinishedStatus	Boolean[]	员工情况	{True,False,True,True}

图 3-109　Array 型变量示例

UiPath 同样支持二维数组，即数组中的每个元素的数据类型还是 Array 类型，它的使用规范与一维数组十分相似，只是二维数组中的每个数组元素需要使用英文小括号括起来。例如：二维数组变量 ClassSize 存储了某中学三个年级各班级人数，它的值为 {(({32,31,35}),({32,37,34}),({36,39,38})}，其中一年一班的人数 ClassSize(0)(0) 为 32，一年二班的人数 ClassSize(0)(1) 为 31，一年三班的人数 ClassSize(0)(2) 为 35，二年一班的人数 ClassSize(1)(0) 为 32，以此类推。

二维数组在 Variables 面板中的显示如图 3-110 所示。

Array 型变量的具体创建与使用方法如例 3.12 所示。

Name	Variable type	Scope	Default
ClassSize	Int32[][]	学校情况	{((32,31,35}),((32,37,34)),((36,39,38})}
StudentInfo	String[][]	学校情况	{(("01","李强","男")),(("02","王瑶","女"))}

图 3-110　二维数组示例

【例 3.12】使用 Array 变量完成打印员工信息的流程。员工信息由三部分组成，第一部分为姓名，第二部分为性别，第三部分为年龄。已知一名员工姓名为张鑫，性别为男，年龄为 40，请将该信息存入 Array 变量中，并在 Output 面板输出数组中的信息。流程图如图 3-111 所示。

具体实现步骤如下所示。

1）进入 Studio 界面，点击 Process 创建一个新流程，命名为 3_12_Array，如图 3-112 所示。

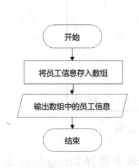

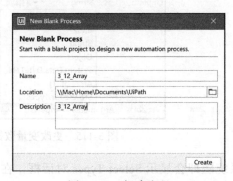

图 3-111　流程图　　　　　　　　　　　　　　图 3-112　新建流程

2）拖入一个 Sequence 活动到设计器面板。在 Properties 面板中，将 Sequence 活动的 DisplayName 属性更改为"打印员工信息"，如图 3-113 所示。

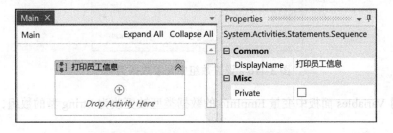

图 3-113　拖入 Sequence 活动并更改属性

3）在 Variables 面板中创建 String 型变量 EmpName（默认值为张鑫）、EmpSex（默认值为男）及 EmpAge（默认值为 40），用于存储员工姓名、员工性别和员工年龄，如图 3-114 所示。注意这里使用一个 String 型变量来存储年龄，这样以后将它添加到 String 型数组变量时，就不必转换它了。

4）在 Variables 面板中创建 Array 型变量 EmpInfo，用于存储员工信息。第一次使用时需要在 Variable type 下拉列表中选择 Array of [T]，如图 3-115 所示。

Name	Variable type	Scope	Default
EmpName	String	打印员工信息	"张鑫"
EmpSex	String	打印员工信息	"男"
EmpAge	String	打印员工信息	"40"

图 3-114 创建变量

Name	Variable type	Scope	Default
EmpName	String	打印员工信息	"张鑫"
EmpSex	String	打印员工信息	"男"
EmpAge	String	打印员工信息	"40"
EmpInfo	String ▾	打印员工信息	*Enter a VB express.*
Create Variable	Boolean		
	Int32		
	String		
	Object		
	System.Data.DataTable		
	Array of [T]		
	Browse for Types ...		

Variables　Arguments　Imports　🖐 🔑 100% ▾ ⊠ ⊞

图 3-115 更改变量数据类型为数组

5）系统随即会显示 Select Types 对话框，在下拉列表中选择 String 后点击 OK 按钮，如图 3-116 所示。

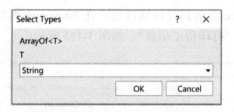

图 3-116 设置数组中元素数据类型

6）此时 Variables 面板中变量 EmpInfo 的数据类型被更改为 String 型的数组，如图 3-117 所示。

Name	Variable type	Scope	Default
EmpName	String	打印员工信息	"张鑫"
EmpSex	String	打印员工信息	"男"
EmpAge	String	打印员工信息	"40"
EmpInfo	String[]	打印员工信息	*Enter a VB express.*

图 3-117 更改变量数据类型后的 Variables 面板

7）拖入一个 Assign 活动到"打印员工信息"活动中。在 Properties 面板中，将 DisplayName 属性更改为"将员工信息存入数组"，在 To 属性中输入变量 EmpInfo，在 Value 属性中输入"{EmpName，EmpSex，EmpAge}"，如图 3-118 所示。

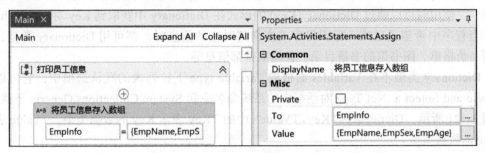

图 3-118　将员工信息存入数组

8）拖入一个 Write Line 活动到"打印员工信息"活动中。在 Properties 面板中，将 DisplayName 属性更改为"输出数组中的员工信息"，将 Text 属性更改为 EmpInfo(0)+ ","+EmpInfo(1)+","+EmpInfo(2)，如图 3-119 所示。

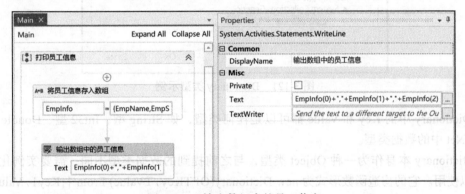

图 3-119　输出数组中的员工信息

9）按 F5 键执行流程，将在 Output 面板中显示执行结果，如图 3-120 所示。

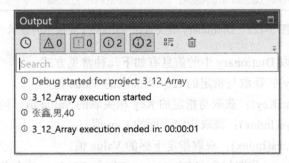

图 3-120　执行结果

3.2.8 Dictionary

字典（Dictionary）类型是一种 Object 类型，用于在程序中存储键值对。Dictionary 的键值对由 Key（键）和 Value（值）两个元素组成，其中 Key 必须是唯一的，而 Value 不需要唯一，使用时可以通过 Dictionary(Key) 的形式在 Dictionary 中获取到 Key 对应的 Value。

当程序中希望通过唯一标识保存或查询其对应的信息时，都可用 Dictionary 类型，例如药品价格单、图书馆的书籍目录、各国家首都信息等。

Dictionary 类型不在 Variables 面板的 Variable type 下拉列表的默认选项中，它可以在 Browse and Select a .Net Type 对话框中的系统命名空间 System.Collections.Generic 下找到，如图 3-121 所示。Dictionary<TKey，TValue> 中的 TKey 表示 Key 的数据类型，TValue 表示 Value 的数据类型。

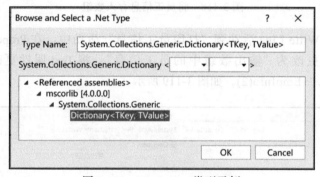

图 3-121　Dictionary 类型示例

Dictionary 中的 Key 和 Value 都可以是任何类型，如 String 型、Int32 型、Double 型及其他 .Net 中的数据类型。

Dictionary 本身作为一种 Object 类型，与之前提到的数据类型不同，需要实例化之后才可以使用。它的构造函数形式为 new Dictionary(Of TKey，TValue) From {{Key1，Value1}，{Key2，Value 2}}。Dictionary 型变量在 Variables 面板中的显示如图 3-122 所示。

Name	Variable type	Scope	Default
MedicinePrice	Dictionary<String,Double>	获取药品价格	new Dictionary(Of String,Double) From {{"头孢",14.8},{"阿莫西林",19.6}}

图 3-122　Dictionary 型变量在 Variables 面板中的显示

在 Studio 中，获取 Dictionary 中的信息有如下几种常见方式。

❑ Dictionary(Key)：获取与指定的 Key 相关联的 Value 值。

❑ Dictionary.Item(Key)：获取与指定的 Key 相关联的 Value 值，同 Dictionary(Key)。

❑ Dictionary.Keys(Index)：获取指定下标的 Key 值。

❑ Dictionary.Values(Index)：获取指定下标的 Value 值。

❑ Dictionary.Count：获取包含在 Dictionary<TKey，TValue> 中的键值对的数目。

❑ Dictionary.Keys：获取包含在 Dictionary<TKey,TValue> 中的 Key 的集合。

❑ Dictionary.Values：获取包含在 Dictionary<TKey,TValue> 中的 Value 的集合。

要对 Dictionary 中的信息进行判断时，可以使用如下方法。

❑ Dictionary.ContainsKey(Key)：确定 Dictionary<TKey,TValue> 是否包含指定的 Key。

❑ Dictionary.ContainsValue(Value)：确定 Dictionary<TKey, TValue> 是否包含特定 Value。

❑ Dictionary.Equals(Dictionary)：确定指定的 Dictionary 是否等于当前的 Dictionary。

需要更改或追加 Dictionary 中的键值对时，可以使用 Assign 活动将 Value 值赋值给 Dictionary(Key)。如果指定的 Key 已经存在，则会将它相关联的 Value 修改为新的 Value 值；如果指定的 Key 不存在，则会在 Dictionary 中追加新的 Key 和 Value 值。

【例 3.13】使用 Dictionary 变量完成修改、添加和打印各国家首都的流程。创建一个项目，创建 Dictionary 型变量 CapitalInfo，在 Dictionary 中设置默认值（Key：中国，Value：BeiJing）。将中国的首都信息由英文" BeiJing"更改为中文"北京"，添加日本的首都为东京的信息到 Dictionary 中，并在 Output 面板中输出中国和日本的首都。流程图如图 3-123 所示。

具体实现步骤如下所示。

1）进入 Studio 界面，点击 Process 创建一个新流程，命名为 3_13_Dictionary，如图 3-124 所示。

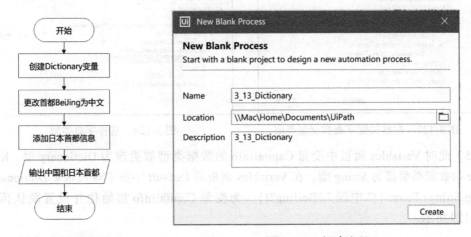

图 3-123　流程图　　　　　　　图 3-124　新建流程

2）拖入一个 Sequence 活动到设计器面板。在 Properties 面板中，将 Sequence 活动的 DisplayName 属性更改为"首都管理流程"，如图 3-125 所示。

3）在 Variables 面板中创建 Dictionary 型变量 CapitalInfo，用于存储个国家首都信息。默认的 Variable type 下拉列表中不含有 Dictionary 型，可以选择 Browse for Types... 选项，如图 3-126 所示。

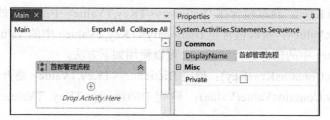

图 3-125　拖入 Sequence 活动并更改属性

4）系统随即会显示 Browse and Select a.Net Type 对话框，在 Type Name 字段中输入想要查找的变量类型关键字 dictionary，如图 3-127 所示。在结果中选择需要的选项 Dictionary<TKey,TValue>，此时对话框上方会显示需要为 Dictionary 的 Key 和 Value 选择数据类型，在 Key 和 Value 对应的下拉列表中都选择 String 后点击 OK 按钮，如图 3-128 所示。

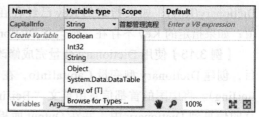

图 3-126　创建变量并更改数据类型

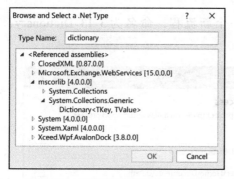

图 3-127　根据关键字查找变量类型

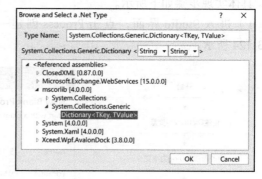

图 3-128　选择字典类型

5）此时 Variables 面板中变量 CapitalInfo 的数据类型被更改为 Dictionary 型，Key 和 Value 的数据类型都为 String 型。在 Variables 面板的 Default 字段中输入 new Dictionary(Of String,String) From {{" 中国 ","BeiJing"}}，为变量 CapitalInfo 初始化并设置默认值，如图 3-129 所示。

Name	Variable type	Scope	Default
CapitalInfo	Dictionary<String,String>	首都管理流程	new Dictionary(Of String,String) From {{"中国","BeiJing"}}

图 3-129　变量初始化及设置默认值

6）拖入一个 Assign 活动到"首都管理流程"活动中。在 Properties 面板中，将 DisplayName 属性更改为"更改首都 BeiJing 为中文"，在 To 属性中输入 CapitalInfo(" 中国 ")，在 Value 属性中输入 "" 北京 ""，如图 3-130 所示。

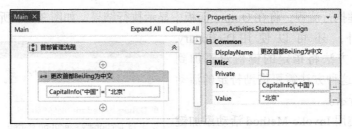

图 3-130　更改首都 BeiJing 为中文

7）再拖入一个 Assign 活动到"首都管理流程"活动中。在 Properties 面板中，将 DisplayName 属性更改为"添加日本首都信息"，在 To 属性中输入 CapitalInfo("日本")，在 Value 属性中输入""东京""，如图 3-131 所示。

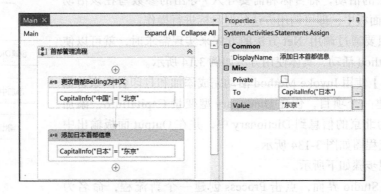

图 3-131　添加日本首都信息

8）拖入一个 Write Line 活动到"首都管理流程"活动中。在 Properties 面板中，将 DisplayName 属性更改为"输出中国和日本首都"，将 Text 属性更改为""中国首都 :"+CapitalInfo(" 中国 ")+"。"+" 日本首都 :"+CapitalInfo(" 日本 ")+"。""，如图 3-132 所示。

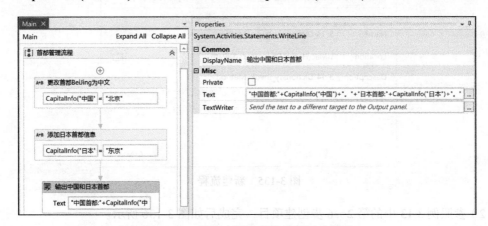

图 3-132　输出中国和日本首都活动设置

9）按 F5 键执行流程，将在 Output 面板中显示执行结果，如图 3-133 所示。

除此之外，还可以使用 Dictionary.Add(Key,Value) 方法将指定的键值对添加到 Dictionary 中。这种方法需要借助特定的活动来实现，如下所示。

活动 1：使用 Invoke Method 活动添加键值对。

UiPath 是基于 .Net 开发的，因此 .Net 中的程序方法基本都可以在 UiPath 中使用。

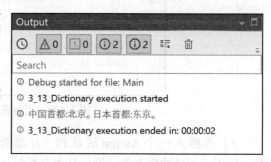

图 3-133　执行结果

Invoke Method 活动是 UiPath 提供的可以调用目标方法的活动，将目标和需要导入 / 导出的参数写在该活动的 Properties 面板中，即可调用方法的对目标进行操作。

当我们想要通过调用 .Net 方法的方式来实现需求时，就可以使用 Invoke Method 活动，具体使用方法如例 3.14 所示。

【例 3.14】使用 Invoke Method 活动完成添加和打印各国家首都的流程。创建一个项目，创建 Dictionary 型变量 CapitalInfo，添加中国的首都为北京的信息到 Dictionary 中，并在 Output 面板输出中国的首都。流程图如图 3-134 所示。

具体实现步骤如下所示。

1）进入 Studio 界面，点击 Process 创建一个新流程，命名为 3_14_Dictionary_InvokeMethod，如图 3-135 所示。

图 3-134　流程图

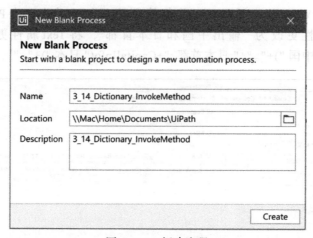

图 3-135　新建流程

2）参照例 3.13 中的第 2～6 步创建项目，完成后如图 3-136 所示。

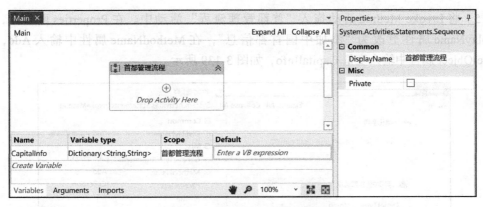

图 3-136　参照例 3.13 创建项目

3）拖入一个 Assign 活动到"首都管理流程"活动中。在 Properties 面板中，将 DisplayName 属性更改为"初始化字典"，在 To 属性中输入变量 CapitalInfo，在 Value 属性中输入 new Dictionary(Of String,String)，如图 3-137 所示。

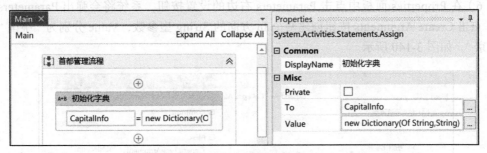

图 3-137　初始化字典

4）在 Activities 面板的搜索框内输入 invoke method，如图 3-138 所示。

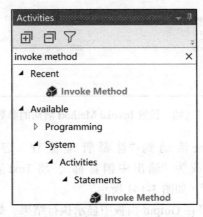

图 3-138　搜索 Invoke Method 活动

5）将 Invoke Method 活动拖入"首都管理流程"活动中。在 Properties 面板中，将 DisplayName 属性更改为"添加中国首都信息"，在 MethodName 属性中输入 Add，在 TargetObject 属性中输入变量 CapitalInfo，如图 3-139 所示。

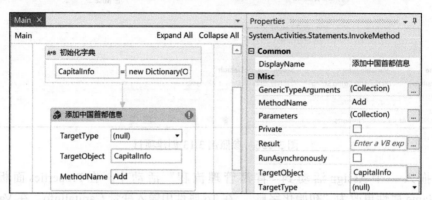

图 3-139　拖入 Invoke Method 活动并更改属性

6）在 Properties 面板中点击 Parameters 右边的设置按钮，系统将会弹出 Parameters 窗口，点击 Create Arguments 按钮创建两个 In 方向的 String 型参数，Value 分别为 " 中国 " 和 " 北京 "，如图 3-140 所示。

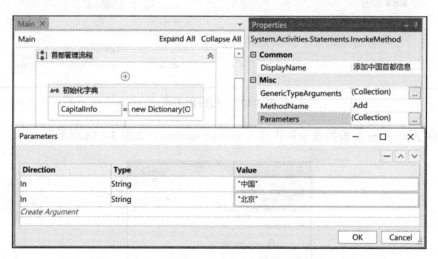

图 3-140　设置 Invoke Method 活动的参数

7）拖入一个 Write Line 活动到"首都管理流程"活动中。在 Properties 面板中，将 DisplayName 属性更改为"输出中国首都"，将 Text 属性更改为 " " 中国首都： "+CapitalInfo(" 中国 ")+"。""，如图 3-141 所示。

8）按 F5 键执行流程，将在 Output 面板中显示执行结果，如图 3-142 所示。

图 3-141　输出中国首都活动设置

活动 2：使用 Invoke Code 活动添加键值对。

Invoke Code 活动是 UiPath 提供的可以直接调用 C# 或 .Net 代码的活动，将需要执行的代码和需要导入 / 导出的参数写在该活动的 Properties 面板中，选择对应的语言类型，即可执行要调用的代码。

当我们想要通过调用代码的方式来实现需求时，就可以使用 Invoke Code 活动，具体使用方法如例 3.15 所示。

【例 3.15】使用 Invoke Code 活动完成例 3.14 的需求。

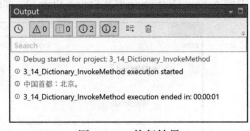

图 3-142　执行结果

具体实现步骤如下所示。

1）进入 Studio 界面，点击 Process 创建一个新流程，命名为 3_15_Dictionary_InvokeCode，如图 3-143 所示。

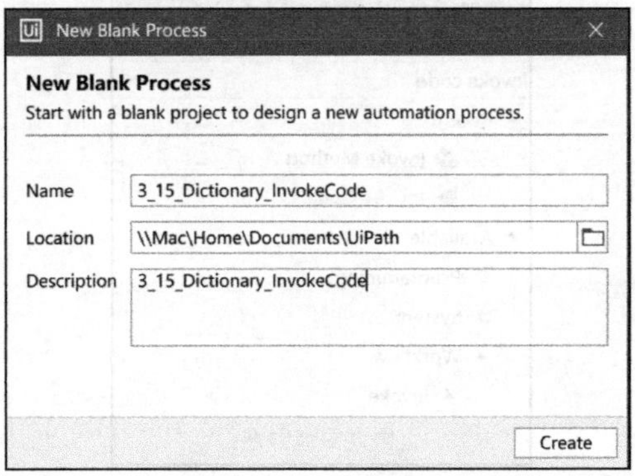

图 3-143　新建流程

2）参照例 3.13 中的第 2～6 步创建项目，完成后如图 3-144 所示。

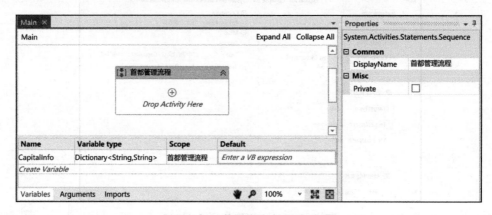

图 3-144　参照例 3.13 创建项目

3）拖入一个 Assign 活动到"首都管理流程"活动中。在 Properties 面板中，将 DisplayName 属性更改为"初始化字典"，在 To 属性中输入变量 CapitalInfo，在 Value 属性中输入 new Dictionary(Of String,String)，如图 3-145 所示。

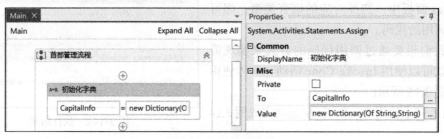

图 3-145　初始化字典

4）在 Activities 面板的搜索框内输入 invoke code，如图 3-146 所示。

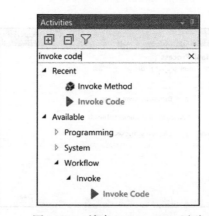

图 3-146　搜索 Invoke Code 活动

5）将 Invoke Code 活动拖入"首都管理流程"活动中。在 Properties 面板中，将 DisplayName 属性更改为"添加中国首都信息"，在 Code 属性中输入 CapitalInfo.Add(" 中国 "," 北京 ")，如图 3-147 所示。

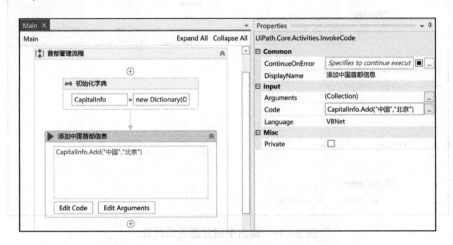

图 3-147　拖入 Invoke Code 活动并更改属性

6）在 Properties 面板中点击 Arguments 右边的设置按钮，系统将会弹出 Arguments 窗口，点击 Create Arguments 按钮创建 In 方向的参数 CapitalInfo，数据类型与之前的变量 CapitalInfo 一致，将变量 CapitalInfo 写入 Value 字段后点击 OK 按钮，如图 3-148 所示。

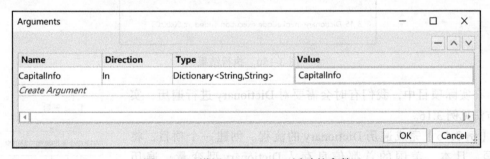

图 3-148　设置 Invoke Code 活动的参数

7）拖入一个 Write Line 活动到"首都管理流程"活动中。在 Properties 面板中，将 DisplayName 属性更改为"输出中国首都"，将 Text 属性更改为" " 中国首都："+CapitalInfo(" 中国 ")+"。" "，如图 3-149 所示。

8）按 F5 键执行流程，将在 Output 面板中显示执行结果，如图 3-150 所示。

当我们需要从 Dictionary 中移除键值对时，可以使用 Dictionary.Remove(Key,Value) 方法来移除指定的键值对，也可以使用 Dictionary.Clear() 方法来移除所有的键值对。这两种方法都需要借助特定的活动来实现，具体方式请参照使用 Dictionary.Add(Key,Value) 方法添加键值对的案例。

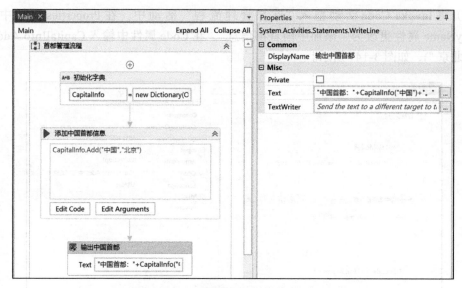

图 3-149　输出中国首都活动设置

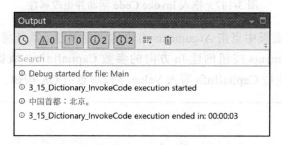

图 3-150　执行结果

在实际项目中，我们有时会需要对 Dictionary 进行遍历，实现方法见例 3.16。

【例 3.16】完成遍历 Dictionary 的流程。创建一个项目，将中国、日本、美国的首都信息存入 Dictionary 型变量，遍历 Dictionary 并在 Output 面板输出该 Dictionary 中所有的首都信息。流程图如图 3-151 所示。

具体实现步骤如下所示。

1）进入 Studio 界面，点击 Process 创建一个新流程，命名为 3_16_Dictionary_Traversal，如图 3-152 所示。

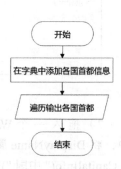

图 3-151　流程图

2）参照例 3.13 中的第 2～6 步创建项目，完成后如图 3-153 所示。

3）拖入一个 Assign 活动到"首都管理流程"活动中。在 Properties 面板中，将 DisplayName 属性更改为"在字典中添加各国首都信息"，在 To 属性中输入变量 Capital-Info，在 Value 属性中输入 New Dictionary(Of String,String) From {{" 中国 "," 北京 "},{" 日本 ",

" 东京 "},{" 美国 "," 华盛顿 "}}，如图 3-154 所示。

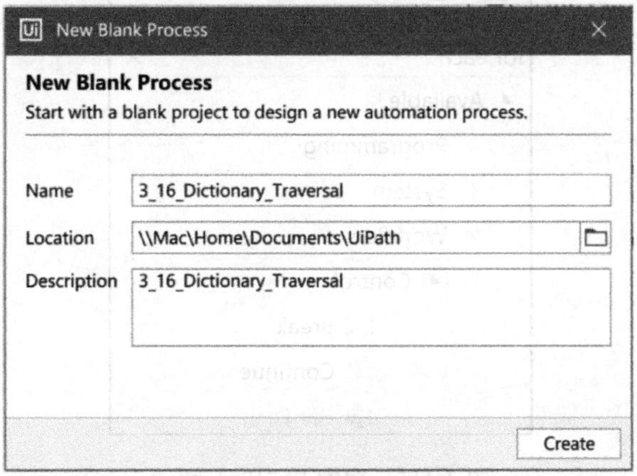

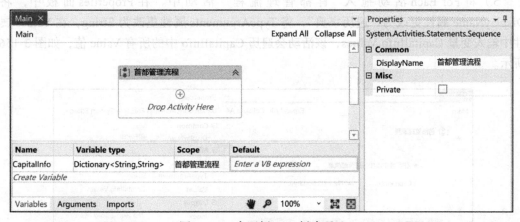

图 3-152　新建流程

图 3-153　参照例 3.13 创建项目

图 3-154　在字典中添加各国首都信息

4）在 Activities 面板的搜索框内输入 for each，如图 3-155 所示。

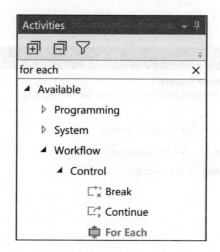

图 3-155　搜索 For Each 活动

5）将 For Each 活动拖入"首都管理流程"活动中。在 Properties 面板中，将 DisplayName 属性更改为"遍历字典"，将 TypeArguments 属性更改为 String，在 Values 属性中输入变量 CapitalInfo.Values，该活动会遍历 CapitalInfo 中的所有 Value 值，如图 3-156 所示。

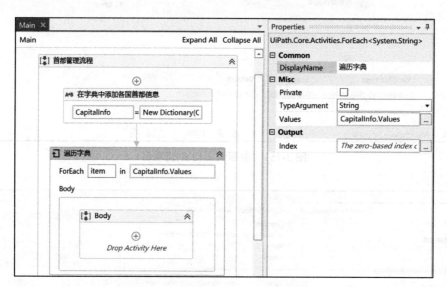

图 3-156　更改 For Each 活动的属性

6）拖入一个 Write Line 活动到"遍历字典"活动中。在 Properties 面板中，将 DisplayName 属性更改为"输出首都"，在 Text 属性中输入 item，如图 3-157 所示。

7）按 F5 键执行流程，将在 Output 面板中显示执行结果，如图 3-158 所示。

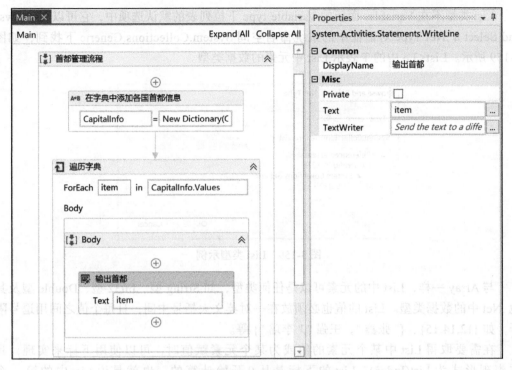

图 3-157　输出首都活动设置

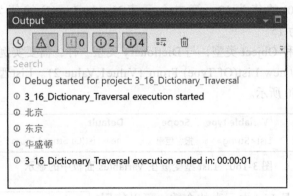

图 3-158　执行结果

3.2.9　List

列表（List）类型也是一种 Object 类型，用于在程序中存储一系列数据的集合，并且 List 允许增加和删除元素，更加灵活。List 可通过 Index（索引）访问，UiPath 中也提供对 List 进行搜索、排序和操作的方法。当程序中需要保存同一系列的数据集合，并且还需要对数据进行增减时，都可用 List 类型，例如某活动的参与者名单等。

List 类型不在 Variables 面板的 Variable type 下拉列表的默认选项中，它可以在 Browse and Select a .Net Type 对话框中的系统命名空间 System.Collections.Generic 下找到，如图 3-159 所示。List<T> 中的 T 表示 List 中元素的数据类型。

Browse and Select a .Net Type　　　　　　　　? ✕

Type Name:　　　list<T>

System.Collections.Generic.List <　　▼　>

▲ <Referenced assemblies>
　▲ mscorlib [4.0.0.0]
　　▲ System.Collections.Generic
　　　　List<T>

OK　　Cancel

图 3-159　List 类型示例

与 Array 一样，List 中的元素可以是任何类型，如 String 型、Int32 型、Double 型及其他 .Net 中的数据类型。List 的值也必须放在一对英文大括号中间，且每个值之间用逗号隔开，如 {12,14,15}、{" 张鑫 "，王强 "," 李瑶 "} 等。

在需要取得 List 中某个元素的值或为某个元素赋值时，可以使用下标来实现，具体表现形式为 List(Index)。List 的下标是从 0 开始计算的，也就是说 List 中的第一个元素表示为 List(0)。例如 List 型变量 NumberList 的值为 {12,14,15}，该 List 的第一个元素 NumberList(0) 的值为 12，第二个元素 NumberList(1) 的值为 14，第三个元素 NumberList(2) 的值为 15。

List 类型作为一种 Object 类型，与 Dictionary 类型一样，需要实例化之后才可以使用。它的构造函数形式为 new List(Of Type) From {Value1,Value 2}。List 型变量在 Variables 面板中的显示如图 3-160 所示。

Name	Variable type	Scope	Default
ParticipantsList	List<String>	报名信息	new List(Of String) From {"张鑫","王强"}

图 3-160　List 型变量在 Variables 面板中的显示

List 的长度指的是 List 中元素的个数，可以使用 List.Count 获取，表示 List 中有多少个相同类型的数据，如 {1,2,3,4}.Count 的结果为 4。

UiPath 提供了几种操作 List 的活动，位于活动面板 System.Activities.Statements 下，如图 3-161 所示。它们的功能分别如下所示。

❑ Add To Collection：将指定的元素添加到 List 中。

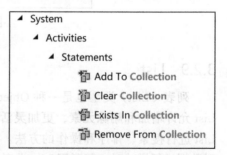

図 3-161　几种操作 List 的活动

    ❑ Clear Collection：从 List 中移除所有元素。

    ❑ Exists In Collection：判断指定元素在 List 中是否存在。

    ❑ Remove From Collection：从 List 中移除指定的元素。

除此之外，还可以使用一些 .Net 方法来对 List 进行操作，这些方法需要借助特定的活动来实现，例如 Invoke Method 和 Invoke Code，这两种活动的详细使用方式请参照 Dictionary 章节的例 3.14 和例 3.15。常用的 List 型相关方法有如下几种。

    ❑ List.Add(Item)：在 List 中添加一个元素。

    ❑ List.Insert(Index,Item)：在 Index 位置添加一个元素。

    ❑ List.Contains(Item)：确定指定的元素是否存在于该 List 中。

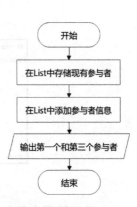

    ❑ List.Sort()：为 List 里面的元素排序，默认是按升序排序。

    ❑ List.Remove(Item)：在 List 中移除指定的元素。

    ❑ List.Clear()：在 List 中移除所有元素。

【例 3.17】使用 List 变量完成添加和打印某活动参与者信息的流程。创建一个项目，使用 List 存储某活动的现有参与者名单（张鑫、王强），在 List 中添加参与者李瑶，并在 Output 面板输出第一个和第三个参与者的名字。流程图如图 3-162 所示。

具体实现步骤如下所示。

1）进入 Studio 界面，点击 Process 创建一个新流程，命名为 3_17_List，如图 3-163 所示。

图 3-162　流程图

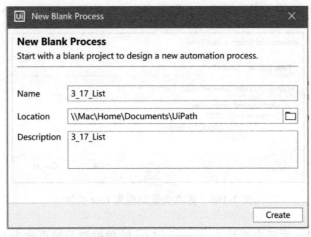

图 3-163　新建流程

2）拖入一个 Sequence 活动到设计器面板。在 Properties 面板中，将 Sequence 活动的 DisplayName 属性更改为"某活动参与者管理"，如图 3-164 所示。

3）在 Variables 面板中创建 List 型变量 ParticipantsList，用于存储某活动的参与者信息。默认的 Variable type 下拉列表中不含有 List 型，可以选择 Browse for Types... 选项，如

图 3-165 所示。

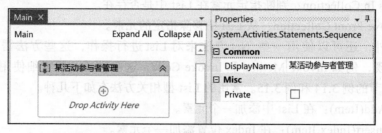

图 3-164　拖入 Sequence 活动并更改属性

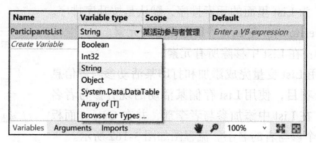

图 3-165　创建变量

4）系统随即会显示 Browse and Select a .Net Type 对话框，在 Type Name 字段中输入想要查找的变量类型关键字 List，选择 System.Collections.Generic.List<T>，此时窗口上方的下拉列表中为 List 中的元素选择 String 型后点击 OK 按钮，如图 3-166 所示。

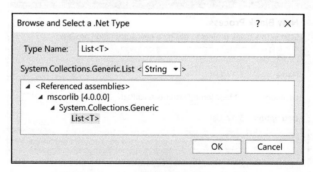

图 3-166　更改变量类型为 List 类型

5）此时 Variables 面板中变量 ParticipantsList 的数据类型被更改为 List 型，如图 3-167 所示。

Name	Variable type	Scope	Default
ParticipantsList	List<String>	某活动参与者管理	*Enter a VB expression*

图 3-167　更改变量类型后的 Variables 面板

6）拖入一个 Assign 活动到"某活动参与者管理"活动中。在 Properties 面板中，将 DisplayName 属性更改为"存储现有参与者"，在 To 属性中输入 ParticipantsList，在 Value 属性中输入 new List(Of String) From {" 张鑫 "," 王强 "}，如图 3-168 所示。

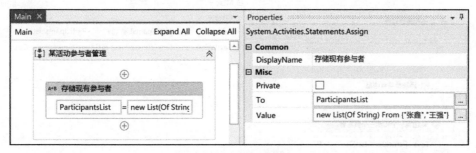

图 3-168　存储现有参与者

7）在 Activities 面板的搜索框内输入 add to collection，如图 3-169 所示。

8）将 Add To Collection 活动拖入"某活动参与者管理"活动中。在 Properties 面板中，将 DisplayName 属性更改为"添加参与者信息"，在 Collection 属性中输入变量 ParticipantsList，在 Item 属性中输入 " 王瑶 "，将 TypeArgument 更改为 String，如图 3-170 所示。

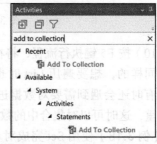

图 3-169　搜索 Add To Collection 活动

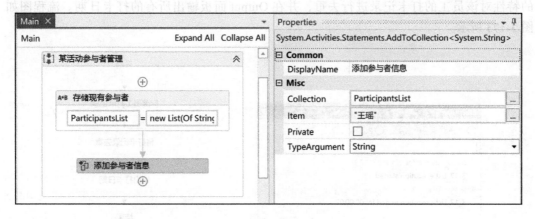

图 3-170　添加参与者信息

9）拖入一个 Write Line 活动到"某活动参与者管理"活动中。在 Properties 面板中，将 DisplayName 属性更改为"输出第一个和第三个参与者"，将 Text 属性更改为"ParticipantsList(0)+","+ParticipantsList(2)"，如图 3-171 所示。

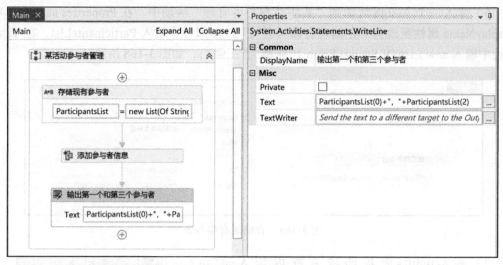

图 3-171　输出第一个和第三个参与者

10）按 F5 键执行流程，将在 Output 面板中显示执行结果，如图 3-172 所示。

同样的，想要遍历 List 时也可以参照对 Dictionary 进行遍历的案例。在实际项目中，我们有时还会遇到需要对数据进行去重的情况，例如对员工打卡系统中每天多次打卡数据的去重，这时可以对集合中的数据进行遍历，然后利用 Set 的特性完成，如例 3.18 所示。

【例 3.18】使用 Set 完成对员工打卡记录去重的流程。创建一个项目，将某员工的打卡记录 ("20210101", "20210102", "20210102", "20210103") 存储在 List 型变量中，利用 Set 的特性对该员工的打卡记录进行去重，并在 Output 面板输出所有的打卡日期。流程图如图 3-173 所示。

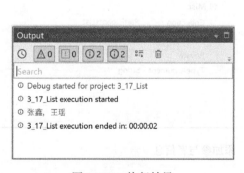

图 3-172　执行结果

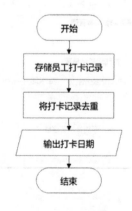

图 3-173　流程图

具体实现步骤如下所示。

1）进入 Studio 界面，点击 Process 创建一个新流程，命名为 3_18_RemoveListDuplication-BySet，如图 3-174 所示。

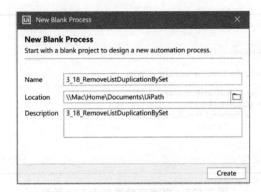

图 3-174　新建流程

2）拖入一个 Sequence 活动到设计器面板。在 Properties 面板中，将 Sequence 活动的 DisplayName 属性更改为"打卡系统管理"，如图 3-175 所示。

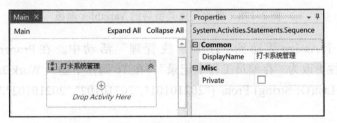

图 3-175　拖入 Sequence 活动并更改属性

3）在 Variables 面板中创建 List 型变量 WorkDateList，用于存储员工的打卡记录。默认的 Variable type 下拉列表中不含有 List 型，可以选择 Browse for Types... 选项，如图 3-176 所示。

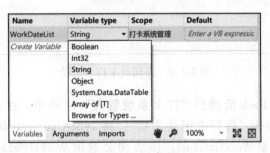

图 3-176　创建变量

4）系统随即会显示 Browse and Select a .Net Type 对话框，在 Type Name 字段中输入想要查找的变量类型关键字 List，选择 System.Collections.Generic.List<T>，此时对话框上方的下拉列表中为 List 中的元素选择 String 型后点击 OK 按钮，如图 3-177 所示。

此时 Variables 面板中变量 WorkDateList 的数据类型被更改为 List 型，如图 3-178 所示。

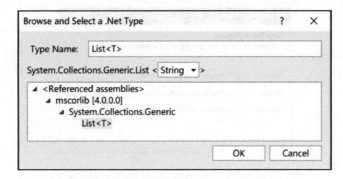

图 3-177 更改变量类型为 List 类型

Name	Variable type	Scope	Default
WorkDateList	List<String>	打卡系统管理	*Enter a VB expressic*

图 3-178 更改变量类型后的 Variables 面板

5）拖入一个 Assign 活动到"打卡系统管理"活动中。在 Properties 面板中，将 DisplayName 属性更改为"存储员工打卡记录"，在 To 属性中输入 WorkDateList，在 Value 属性中输入 new List(Of String) From {"20210101","20210102","20210102","20210103"}，如图 3-179 所示。

图 3-179 存储员工打卡记录

6）拖入一个 For Each 活动到"打卡系统管理"活动中。在 Properties 面板中，将 DisplayName 属性更改为"将打卡记录去重"，将 TypeArguments 属性更改为 String，在 Values 属性中输入变量 WorkDateList，该活动会遍历 WorkDateList 中的所有元素，如图 3-180 所示。

7）在 Variables 面板中创建 HashSet 型变量 WorkDateSet，用于对员工的打卡记录进行去重。默认的 Variable type 下拉列表中不含有 HashSet 型，可以选择 Browse for Types... 选项，如图 3-181 所示。

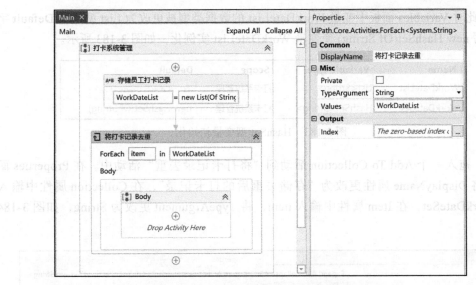

图 3-180　拖入 For Each 活动并更改属性

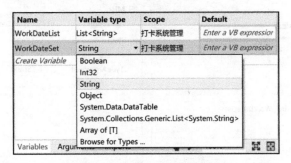

图 3-181　创建 HashSet 型变量

8）系统随即会显示 Browse and Select a .Net Type 对话框，在 Type Name 字段中输入想要查找的变量类型关键字 hashset，选择 System.Collections.Generic.HashSet<T>，此时对话框上方的下拉列表中为 HashSet 中的元素选择 String 型后点击 OK 按钮，如图 3-182 所示。

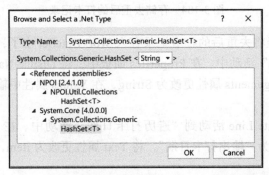

图 3-182　选择 HashSet 型变量及 HashSet 中的元素类型

9）此时 Variables 面板中变量 WorkDateList 的数据类型被更改为 List 型，在 Default 字段中填写 new HashSet(Of String) 使变量 WorkDateList 实例化，如图 3-183 所示。

Name	Variable type	Scope	Default
WorkDateList	List<String>	打卡系统管理	*Enter a VB expression*
WorkDateSet	HashSet<String>	打卡系统管理	new HashSet(Of String)

图 3-183　HashSet 型变量初始化

10）拖入一个 Add To Collection 活动到"将打卡记录去重"活动中。在 Properties 面板中，将 DisplayName 属性更改为"存储去重后的打卡记录"，在 Collection 属性中输入变量 WorkDateSet，在 Item 属性中输入 item，将 TypeArgument 更改为 String，如图 3-184 所示。

图 3-184　存储去重后的打卡记录

11）现在我们已经将去重后的打卡记录存入 WorkDateSet 中了，再拖入一个 For Each 活动到"打卡系统管理"活动中。在 Properties 面板中，将 DisplayName 属性更改为"遍历打卡日期"，将 TypeArguments 属性更改为 String，在 Values 属性中输入变量 WorkDateSet，如图 3-185 所示。

12）拖入一个 Write Line 活动到"遍历打卡日期"活动中。在 Properties 面板中，将 DisplayName 属性更改为"输出打卡日期"，将 Text 属性更改为 item，如图 3-186 所示。

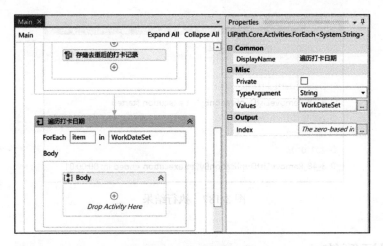

图 3-185　遍历打卡日期

图 3-186　输出打卡日期

13）按 F5 键执行流程，将在 Output 面板中显示执行结果，如图 3-187 所示。

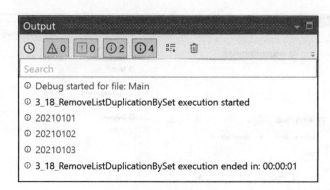

图 3-187　执行结果

3.3　常用运算符

运算符是一种功能符号，用于进行各种数据之间的运算。UiPath 中常用的运算符有算数运算符、比较运算符、逻辑运算符、三目运算符。

1. 算数运算符

算数运算符用于完成基本的数学运算，如加法、减法等。常用的算数运算符如表 3-1 所示。

表 3-1　常用的算数运算符

运算符	含义	使用语法	返回结果
+	加法	表达式 1+ 表达式 2	两表达式的和
−	减法	表达式 1− 表达式 2	两表达式的差
*	乘法	表达式 1* 表达式 2	两表达式的乘积
/	除法	表达式 1/ 表达式 2	两表达式的商
Mod	求模	表达式 1Mod 表达式 2	表达式 1 除以表达式 2 的余数

2. 比较运算符

比较运算符用于比较两个表达式的值，结果是一个逻辑值，不是 True 就是 False。常用的比较运算符如表 3-2 所示。

表 3-2　常用的比较运算符

运算符	含义	使用语法	返回结果
=	等于	表达式 1= 表达式 2	表达式 1 等于表达式 2 时结果为 True，否则结果为 False
<	小于	表达式 1< 表达式 2	表达式 1 小于表达式 2 时结果为 True，否则结果为 False
>	大于	表达式 1> 表达式 2	表达式 1 大于表达式 2 时结果为 True，否则结果为 False

（续）

运算符	含义	使用语法	返回结果
<=	小于等于	表达式 1<= 表达式 2	表达式 1 小于等于表达式 2 时结果为 True，否则结果为 False
>=	大于等于	表达式 1>= 表达式 2	表达式 1 大于等于表达式 2 时结果为 True，否则结果为 False
<>	不等于	表达式 1<> 表达式 2	表达式 1 不等于表达式 2 时结果为 True，否则结果为 False

3. 逻辑运算符

在实际项目中，有时是否执行一个活动是由几个条件的组合来决定的，可以使用逻辑运算符来组合这些条件，常用的逻辑运算符如表 3-3 所示。

表 3-3　常用的逻辑运算符

运算符	含义	使用语法	返回结果
And	与	表达式 1 And 表达式 2	两表达式都为 True 时结果为 True，否则结果为 False
Or	或	表达式 1 Or 表达式 2	只要有一个表达式为 True 时结果就为 True，否则结果为 False
Not	非	Not 表达式	表达式为 True 时结果为 False，表达式为 False 时结果为 True
Xor	异或	表达式 1 Xor 表达式 2	两表达式的返回结果不相同时结果为 True，否则结果为 False
AndAlso	短路与	表达式 1 AndAlso 表达式 2	与 And 类似，两表达式都为 True 时结果为 True，否则结果为 False。关键差异在于当表达式 1 为 False 时不进行表达式 2 的计算
OrElse	短路或	表达式 1 OrElse 表达式 2	与 Or 类似，只要有一个表达式为 True 时结果就为 True，否则结果为 False。关键差异在于当表达式 1 为 True 时不进行表达式 2 的计算

4. 三目运算符

三目运算符又称条件运算符，形式为"条件表达式？表达式 1: 表达式 2"。条件表达式的结果为 Boolean 型，执行时先对条件表达式的结果进行判断，当结果为 True 时，返回表达式 1 的结果；当结果为 False 时，返回表达式 2 的结果。

在实际项目中，我们可以使用 If(条件表达式，表达式 1，表达式 2) 的形式来完成同样的功能，以达到简化流程的目的。

【例 3.19】使用运算符完成判断奖学金金额的流程。获得奖学金的前提条件是没有不及格的科目，且平均成绩在 90 分以上。已知某同学语文成绩是 82 分，数学成绩是 67 分，英语成绩是 92 分，判断他是否会获得奖学金，并在 Output 面板输出。流程图如图 3-188 所示。

具体实现步骤如下所示。

1）进入 Studio 界面，点击 Process 创建一个新流程，命名为 3_19_Operator，如图 3-189 所示。

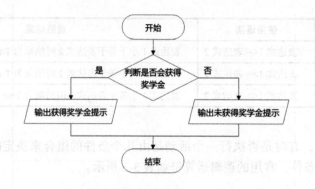

图 3-188　流程图

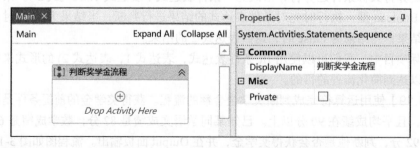

图 3-189　新建流程

2）拖入一个 Sequence 活动到设计器面板。在 Properties 面板中，将 Sequence 活动的 DisplayName 属性更改为判断奖学金流程，如图 3-190 所示。

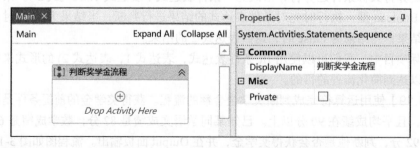

图 3-190　拖入 Sequence 活动并更改属性

3）在 Variables 面板中创建 Boolean 型变量 NotPassedExam，用于存储判断是否有不及格科目的值；创建 Int32 型变量 ChineseGrade、MathGrade 及 EnglishGrade，分别用于存

储语文成绩（设定默认值为 82）、数学成绩（设定默认值为 67）及英语成绩（设定默认值为 92）；创建 Double 型变量 AverageGrade，用于存储平均成绩，如图 3-191 所示。

Name	Variable type	Scope	Default
NotPassedExam	Boolean	判断奖学金流程	*Enter a VB expression*
ChineseGrade	Int32	判断奖学金流程	82
MathGrade	Int32	判断奖学金流程	67
EnglishGrade	Int32	判断奖学金流程	92
AverageGrade	Double	判断奖学金流程	*Enter a VB expression*

图 3-191　创建变量

4）拖入一个 Assign 活动到"判断奖学金流程"活动中。在 Properties 面板中将 DisplayName 属性更改为"判断是否存在不及格科目"，在 To 属性中输入变量 NotPassedExam，在 Value 属性中输入 ChineseGrade<60 Or MathGrade<60 Or EnglishGrade< 60，如图 3-192 所示。

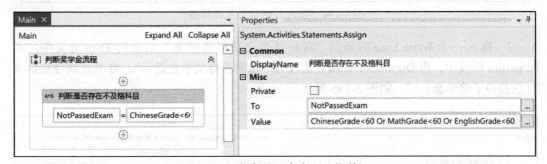

图 3-192　判断是否存在不及格科目

5）再拖入一个 Assign 活动到"判断奖学金流程"活动中。在 Properties 面板中将 DisplayName 属性更改为"求平均成绩"，在 To 属性中输入变量 AverageGrade，在 Value 属性中输入 (ChineseGrade+ MathGrade+EnglishGrade)/3，如图 3-193 所示。

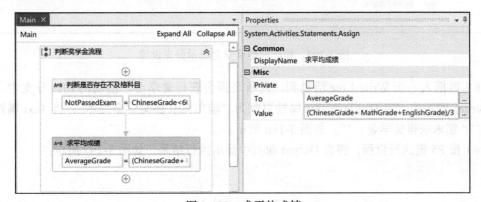

图 3-193　求平均成绩

6）拖入一个 If 活动到"判断奖学金流程"活动中。在 Properties 面板中，将 Display-Name 属性更改为"判断是否会获得奖学金"，在 Condition 条件中输入 NotPassedExam=True And AverageGrade>=90，如图 3-194 所示。

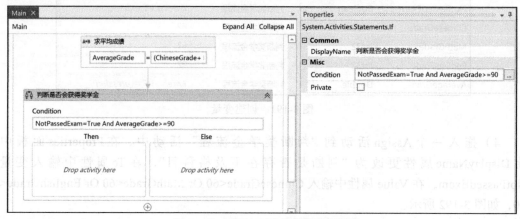

图 3-194　拖入 If 活动并更改属性

7）拖入一个 Write Line 活动到"判断是否会获得奖学金"活动的 Then 分支中。在 Properties 面板中，将 DisplayName 属性更改为"输出获得奖学金提示"，将 Text 属性更改为""您获得了奖学金。""，如图 3-195 所示。

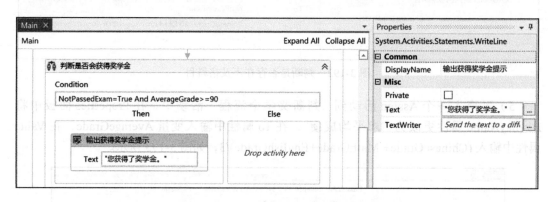

图 3-195　输出获得奖学金提示分支设置

8）再拖入一个 Write Line 活动到"判断是否会获得奖学金"活动的 Else 分支中。在 Properties 面板中，将 DisplayName 属性更改为"输出未获得奖学金提示"，将 Text 属性更改为""您未获得奖学金。""，如图 3-196 所示。

9）按 F5 键执行流程，将在 Output 面板中显示执行结果，如图 3-197 所示。

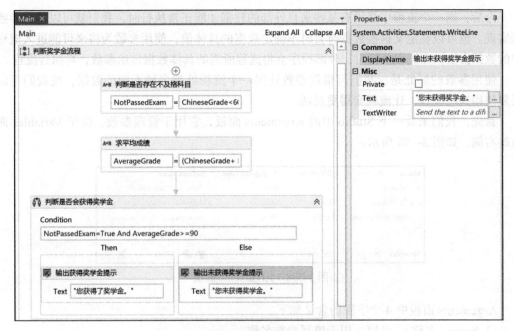

图 3-196　输出未获得奖学金提示分支设置

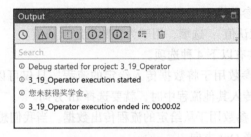

图 3-197　执行结果

3.4　UiPath 参数

通过之前的学习，我们对变量有了一定的理解。那么本节我们一起来看一下 UiPath 参数的概念及使用。

3.4.1　参数的概念

参数专门保存一个流程中必须的但是不确定的数据，可以将其看作是一种特殊的变量。与变量不同的是，变量在活动之间传递数据，而参数在流程之间传递数据。我们使用参数是由于流程中可能必须有某些数据才能正常执行，但这些数据又不是固定的，需要外界在流程执行时动态传入具体值。

今后，当一个流程中必须有某些来自外部的数据才能正常执行时，我们就可以使用参数来实现。也可以在定义这些数据时暂时不确定数据的具体值，使用参数为将来可能进入流程中的数据占位。在流程执行时，外部程序会将流程所需的具体数据传给参数，再执行流程。

使用参数的好处是，我们可借助参数让同一个流程处理多种不同的数据，使我们可以反复使用这些流程，让流程变得更灵活。

首先，我们来看一下 Studio 中的 Arguments 面板，它用于管理参数，位于 Variables 面板的右侧，如图 3-198 所示。

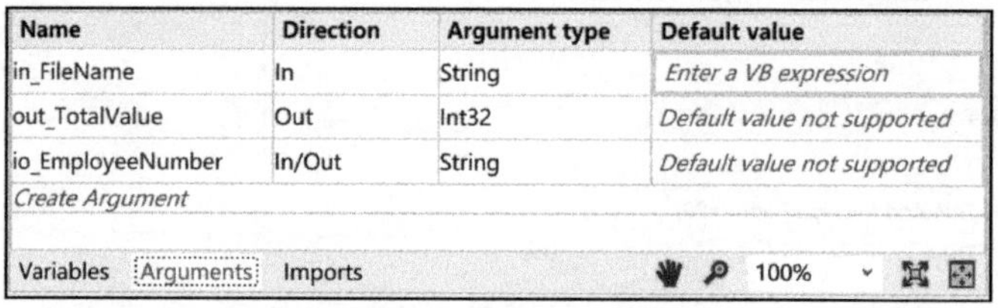

Name	Direction	Argument type	Default value
in_FileName	In	String	*Enter a VB expression*
out_TotalValue	Out	Int32	*Default value not supported*
io_EmployeeNumber	In/Out	String	*Default value not supported*
Create Argument			
Variables **Arguments** Imports		✋ 🔍 100% ⌄ 🖾 🖾	

图 3-198　Arguments 面板

Arguments 面板中 4 个字段的含义如下。

❏ Name（名称）：必填，用于填写参数名称。

❏ Direction（方向）：必填，用于填写参数传递的方向。

❏ Argument type（参数类型）：必填，用于填写变量的类型。

❏ Default value（默认值）：选填，用于为参数设定默认值。

其中，参数的方向共有以下 4 种选项。

❏ In：输入方向，参数用于将数据传入给定的流程，且仅可以在给定的流程中使用。当我们想把数据传入其他流程中时，就要选择 In 方向。

❏ Out：输出方向，参数用于从给定的流程传出数据。当我们想把数据从其他流程中传出来时，就要选择 Out 方向。

❏ In/Out：输入 / 输出方向，参数既可以用于将数据传入给定的流程，也可以用于从给定的流程传出数据。当我们想把数据传入其他流程中，经过处理再从该流程传出来时，就要选择 In/Out 方向。

❏ Property：目前没有被使用。

在 Studio 中，创建参数的方式共有 3 种。

第一种方式：通过活动主体创建参数，如例 3.20 所示。

【例 3.20】完成打印入学年份的流程。已知某学校学生的学号是由入学年份（4 位）+ 专业编号（2 位）+ 班级编号（2 位）+ 个人序号（2 位）组成的。创建一个项目，截取学号为 2011140322 的学生的入学年份，最后在 Output 面板中显示结果（要求：通过活动主体创建 In 方向参数）。流程图如图 3-199 所示。

具体实现步骤如下所示。

1）进入 Studio 界面，点击 Process 创建一个新流程，命名为 3_20_CreateArgument-

ByActivity，如图 3-200 所示。

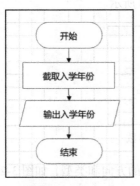

图 3-199　流程图

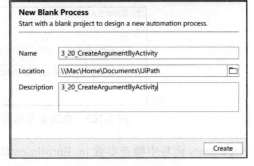

图 3-200　新建流程

2）拖入一个 Sequence 活动到设计器面板。在 Properties 面板中，将 Sequence 活动的 DisplayName 属性更改为"取得学生入学年份"，如图 3-201 所示。

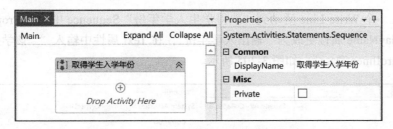

图 3-201　拖入 Sequence 活动并更改属性

3）拖入一个 Assign 活动到"取得学生入学年份"活动。在 Properties 面板中，将 Assign 活动的 DisplayName 属性更改为"截取入学年份"，在 Value 属性中输入 ""2011140322".Substring(0,4)"，如图 3-202 所示。

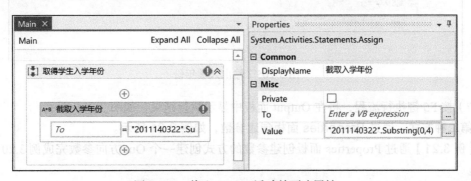

图 3-202　拖入 Assign 活动并更改属性

4）在"截取入学年份"活动主体的 To 输入框中右击，从弹出的菜单中选择 Create In

Argument（快捷键 Ctrl+M），系统随即会在输入框中显示"Set Arg："字样，输入想要创建的参数名称 in_EnrollmentDate 后按下回车键，如图 3-203 所示。

图 3-203　在活动主体创建参数

5）在 Arguments 面板中检查参数 in_EnrollmentDate 的方向和类型，如图 3-204 所示。

Name	Direction	Argument type	Default value
in_EnrollmentDate	In	String	*Enter a VB expression*

图 3-204　在 Arguments 面板检查参数方向和类型

6）拖入一个 Write Line 活动到"取得学生入学年份"Sequence 中。在 Properties 面板中，将 DisplayName 属性更改为"输出入学年份"，在 Text 属性中输入" "该学生入学年份为："+in_EnrollmentDate"，如图 3-205 所示。

图 3-205　输出入学年份

7）按 F5 键执行流程，将在 Output 面板中显示执行结果，如图 3-206 所示。

第二种方式：通过 Properties 面板创建参数，如例 3.21 所示。

【例 3.21】通过 Properties 面板创建参数的方式创建一个 Out 方向参数完成例 3.20 中的需求。

具体实现步骤如下所示。

1）进入 Studio 界面，点击 Process 创建一个新流程，命名为 3_21_CreateArgument-ByPropertiesPanel，如图 3-207 所示。

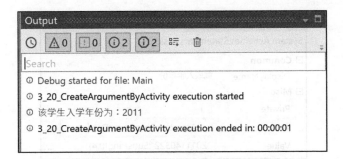

图 3-206　执行结果

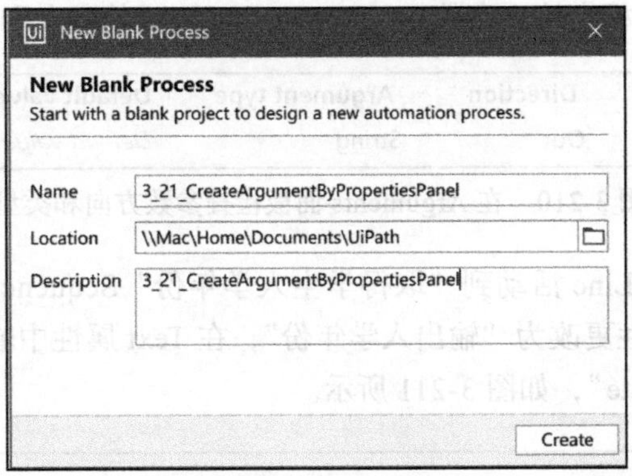

图 3-207　新建流程

2）参照例 3.20 中的第 2、3 步创建项目，完成后如图 3-208 所示。

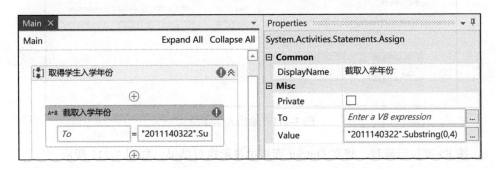

图 3-208　参照例 3.20 创建项目

3）在"截取入学年份"活动的 Properties 面板中，在 To 属性的输入框中右击，从弹出的菜单中选择 Create Out Argument（快捷键 Ctrl+Shift+M），系统随即会在输入框中显示"Set Arg："字样，填写想要创建的参数名称（out_EnrollmentDate）后按下回车键，如图 3-209 所示。

图 3-209 在 Properties 面板创建参数

4）在 Arguments 面板中检查参数 out_EnrollmentDate 的方向和类型，如图 3-210 所示。

Name	Direction	^	Argument type	Default value
out_EnrollmentDate	Out		String	*Default value not supported*

图 3-210 在 Arguments 面板检查参数方向和类型

5）拖入一个 Write Line 活动到"取得学生入学年份"Sequence 中。在 Properties 面板中，将 DisplayName 属性更改为"输出入学年份"，在 Text 属性中输入""该学生入学年份为："+out_EnrollmentDate"，如图 3-211 所示。

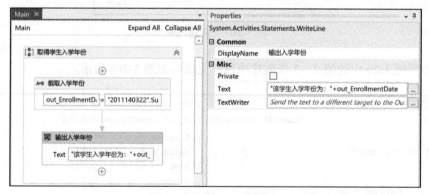

图 3-211 输出入学年份

6）按 F5 键执行流程，将在 Output 面板中显示执行结果，如图 3-212 所示。

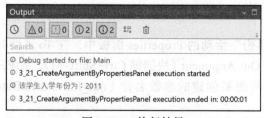

图 3-212 执行结果

第三种方式：通过 Arguments 面板创建参数，具体步骤如下：

【例 3.22】通过 Arguments 面板创建参数的方式创建一个 In/Out 方向参数完成例 3.20 中的需求。

具体实现步骤如下所示。

1）进入 Studio 界面，点击 Process 创建一个新流程，命名为 3_22_CreateArgumentBy-ArgumentsPanel，如图 3-213 所示。

2）参照例 3.20 中的第 2、3 步创建项目，完成后如图 3-214 所示。

3）在 Arguments 面板中，点击 Create Argument，系统将会自动生成一个参数，以此方式创建的参数默认方向为 In，默认类型为 String 型，如图 3-215 所示。

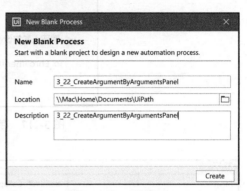

图 3-213　新建流程

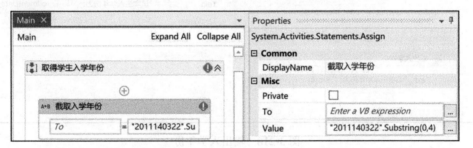

图 3-214　参照例 3.20 创建项目

Name	Direction	Argument type	Default value
argument1	In	String	*Enter a VB expression*

图 3-215　在 Arguments 面板创建参数

4）更改参数的 Name 字段为 io_EnrollmentDate，如图 3-216 所示。

Name	Direction	Argument type	Default value
io_EnrollmentDate	In/Out	String	*Enter a VB expression*

图 3-216　更改参数属性

5）创建参数后，在"截取入学年份"活动的 To 输入框中输入参数 io_EnrollmentDate，如图 3-217 所示。

6）拖入一个 Write Line 活动到"取得学生入学年份"Sequence 中。在 Properties 面板中，将 DisplayName 属性更改为"输出入学年份"，在 Text 属性中输入"" 该学生入学年份为："+io_EnrollmentDate"，如图 3-218 所示。

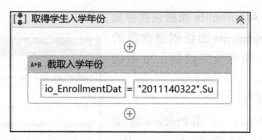

图 3-217　存储截取后的入学年份

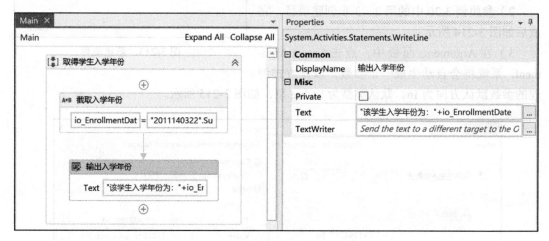

图 3-218　输出入学年份

7）按 F5 键执行流程，将在 Output 面板中显示执行结果，如图 3-219 所示。

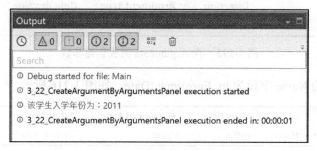

图 3-219　执行结果

如果需要删除一个参数，可以在 Arguments 面板中选中该参数右击，在弹出的菜单中选择 Delete 选项，或选中该参数后直接按下 Delete 键，如图 3-220 所示。

在 UiPath 中，参数的数据类型与变量的数据类型用法一致。

参数命名的注意事项也与变量基本一致，但建议用前缀来指明参数方向，如 in_FileName、out_TotalValue、io_EmployeeNumber 等。

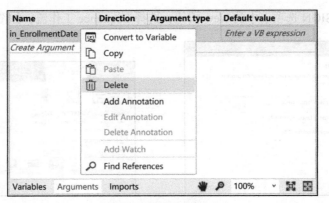

图 3-220　删除参数的方式

3.4.2　工作流文件之间的调用

鉴于 UiPath 参数可以在不同流程间传递数据的性质，本节将介绍在调用工作流文件（Invoke Workflow File）活动中使用参数的实例。

Invoke Workflow File 活动是 UiPath 提供的可以调用其他工作流程的活动，可以实现将一个或多个参数传递给调用的工作流程。使用时通过活动主体的浏览按钮选择希望调用的工作流程，通过点击 Import Argument 按钮来管理参数，还可以通过点击 Open Workflow 按钮来打开被调用的工作流，如图 3-221 所示。

当我们想要在当前的流程中调用其他流程来实现需求时，就可以使用 Invoke Workflow File 活动，具体使用方法如例 3.23 所示。

【例 3.23】使用 Invoke Workflow File 活动取得今天是星期几，并弹出窗口显示。我们会创建两个序列，第一个序列根据今天的日期判断今天是星期几，第二个序列使用 Invoke Workflow File 活动取得该值，并弹出窗口显示结果。流程图如图 3-222 所示。

图 3-221　Invoke Workflow File 活动　　　　图 3-222　流程图

具体实现步骤如下所示。

1）进入 Studio 界面，点击 Process 创建一个新流程，命名为 3_23_InvokeWorkflow-File，如图 3-223 所示。

2）点击 DESIGN 选项卡中的 New 按钮，选择 Sequence 工作流，如图 3-224 所示。

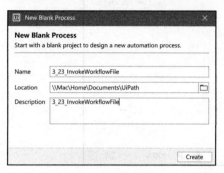 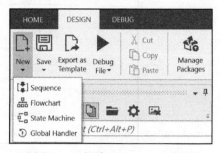

　　图 3-223　新建流程　　　　　　　　　　图 3-224　新建 Sequence 工作流

3）在弹出对话框中为新创建的 Sequence 工作流命名为"判断星期几处理"后点击 Create 按钮，如图 3-225 所示。

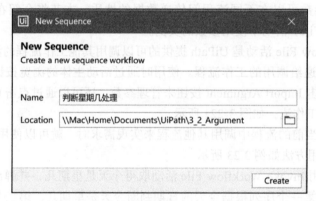

图 3-225　命名新创建的 Sequence 工作流

4）在 Arguments 面板中创建 Out 方向的字符型参数 out_Weekday，用于存储今天是星期几并传递给第二个序列，如图 3-226 所示。

Name	Direction	Argument type	Default value
out_Weekday	Out	String	*Default value not supported*

图 3-226　创建参数

5）拖入一个 Assign 活动到"判断星期几处理"Sequence 中。在 Properties 面板中，将 Assign 活动的 DisplayName 属性更改为"判断星期几"，在 To 属性中输入参数 out_Weekday，在 Value 属性中输入 Today.DayOfWeek.ToString，第一个序列完成，如图 3-227 所示。

6）点击 DESIGN 选项卡中的 New 按钮，选择 Sequence 工作流，创建第二个序列，如图 3-228 所示。

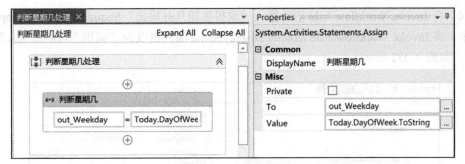

图 3-227　判断星期几

7）在弹出对话框中为新创建的 Sequence 工作流命名为"取得星期几并输出"后点击 Create 按钮，如图 3-229 所示。

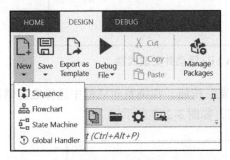　

图 3-228　新建第二个 Sequence 工作流　　图 3-229　命名第二个新创建的 Sequence 工作流

8）在 Variables 面板中创建字符型变量 FinalWeekday，用于存储从"判断星期几处理"序列取得的参数值，如图 3-230 所示。

Name	Variable type	Scope	Default
FinalWeekday	String	取得星期几并输出	Enter a VB expression

图 3-230　创建变量

9）在 Activities 面板的搜索框内输入 invoke workflow file，如图 3-231 所示。

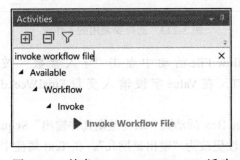

图 3-231　搜索 Invoke Workflow File 活动

10）将 Invoke Workflow File 活动拖入"取得星期几并输出"Sequence 中。在 Properties 面板中，将 Invoke Workflow File 活动的 DisplayName 属性更改为"调用"判断星期几处理"流程"，如图 3-232 所示。

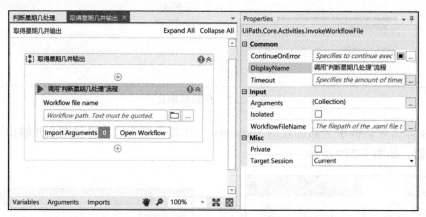

图 3-232　拖入 Invoke Workflow File 活动并更改属性

11）在 Invoke Workflow File 活动中点击"浏览"按钮，在浏览对话框中选择之前创建的"判断星期几处理"序列，并点击"打开"按钮，如图 3-233 所示。

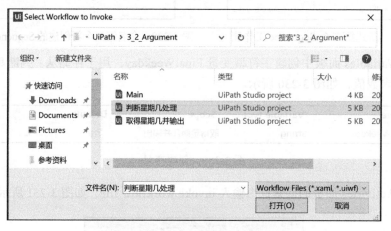

图 3-233　选择要调用的工作流

12）在 Invoke Workflow File 活动中点击"导入参数"按钮，将会弹出 Invoked workflow's arguments 窗口，在 Value 字段输入变量 FinalWeekday，点击 OK 按钮，如图 3-234 所示。

13）拖入一个 Message Box 活动到"取得星期几并输出"Sequence 中。在 Properties 面板中，将 DisplayName 属性更改为"输出星期几"，在 Text 属性中输入变量 FinalWeekday，如图 3-235 所示。

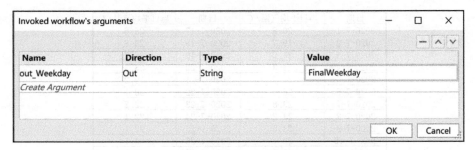

图 3-234 导入参数

图 3-235 输出星期几

14）按 F6 键执行当前文件，系统将弹出对话框显示执行结果，如图 3-236 所示。

3.5 项目实战——判断平均气温

某气象公司需要对各个城市的气温数据进行统计，并反馈结果。已知大连市 2020 年 7 月每日的平均气温如图 3-237 所示，需要统计平均气温在 25℃以上的日期，并将天数和具体日期输出在 Output 面板中。如果该月的每日平均气温既有高于 25℃的日期，也有低于 20℃的日期，还需要在 Output 面板中输出温差较大的提示。

图 3-236 执行结果

实现要求：

❑ 使用 Dictionary 变量存储每日的日期及平均气温；

❑ 使用 Boolean 型变量存储该月中是否存在高于 25℃和低于 20℃的日期的结果；

❑ 使用 List 变量存储高于 25℃的日期。

日期	当日平均气温/℃	日期	当日平均气温/℃
2020-7-1	20.8	2020-7-17	25.6
2020-7-2	19.7	2020-7-18	24.8
2020-7-3	21.2	2020-7-19	25.7
2020-7-4	24.3	2020-7-20	23.3
2020-7-5	24.9	2020-7-21	19.2
2020-7-6	25.9	2020-7-22	20.1
2020-7-7	23.8	2020-7-23	22.2
2020-7-8	23.2	2020-7-24	22.1
2020-7-9	23.5	2020-7-25	22.4
2020-7-10	22.1	2020-7-26	23.1
2020-7-11	22.5	2020-7-27	23.9
2020-7-12	23.2	2020-7-28	22.7
2020-7-13	24.9	2020-7-29	24.1
2020-7-14	25.1	2020-7-30	26.4
2020-7-15	23.4	2020-7-31	25.8
2020-7-16	23.3		

图 3-237　大连市 2020 年 7 月每日的平均气温

流程图如图 3-238 所示。

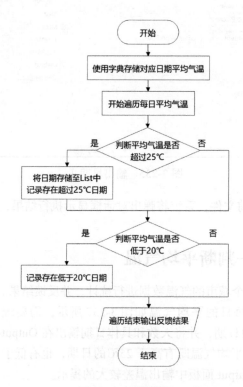

图 3-238　流程图

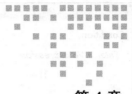

第 4 章　Chapter 4

UiPath 控制语句

本章开始重点学习 UiPath 中常用的控制语句活动，比如分支结构活动 If、Switch，以及循环结构活动 While、For Each 等。结合上一章 UiPath 中常用的数据类型、常用函数的知识，我们就可以解决日常工作常见的业务逻辑。

4.1　分支结构活动

在工作中，我们经常会遇到一些决策性质的事件，比如周一需要做周报，月末需要做月报。再比如做月报时需要在销售系统中的某个界面重复执行下载每个分公司的销售数据，每个分公司就是一个分支。本节我们开始学习 UiPath 提供的常用分支结构活动，来处理类似的业务逻辑。

4.1.1　If

条件判断活动 If 专门用于根据不同的条件执行不同的逻辑。当流程中需要根据不同条件执行不同逻辑时，都可以选用 If 活动。If 活动既可用于流程图中，又可用于序列中。

该活动包含三个区域：Condition、Then、Else，如图 4-1 所示。使用 If 活动时，首先应该在 Condition 区域添加判断条件。UiPath 规定，If 活动的 Condition 区域不能为空，否则会有蓝色叹号 ❶ 报错。

在流程执行过程中，If 先判断 Condition 中的条件，如果判断结果为 True，则执行 Then 中的操作；如果判断结果为 False，则执行 Else 中的操作。

实际开发中，如果不满足条件时不需要执行任何操作，Else 可以不填写。

下面通过一个简单的案例来学习 If 活动的用法。

【例 4.1】用 If 判断成绩是否合格，成绩大于等于 60 为合格，否则不合格。

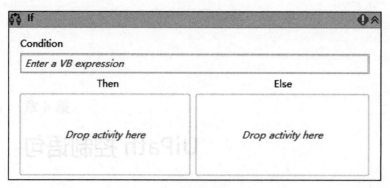

图 4-1　If 活动

1）进入 Studio 界面，点击 Process 创建一个流程，命名为 4_1_IF，如图 4-2 所示。

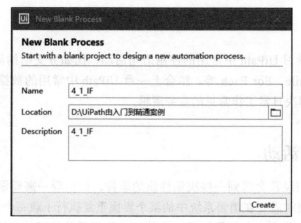

图 4-2　新建流程

2）打开 Main，在序列里面拖入一个 If 活动，如图 4-3 所示。

图 4-3　If 活动

3）新建一个变量 grade，类型为 Int32，并把 Default 值设置为 80，如图 4-4 所示。

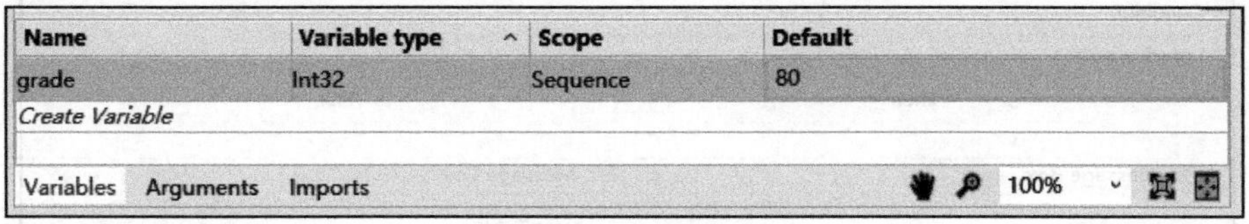

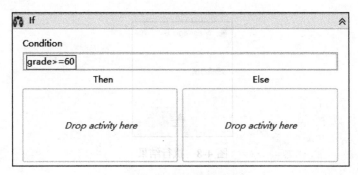

图 4-4　新建变量

4）将 If 的 Condition 条件改为 grade>=60，如图 4-5 所示。

图 4-5　If 控制条件

5）在 Then 区域拖入 Message Box，并将其 Text 属性改为 " " 成绩合格 " "，如图 4-6 所示。

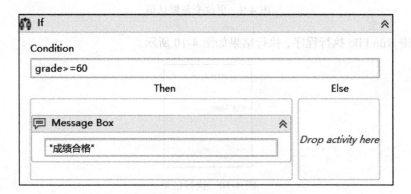

图 4-6　True 分支消息框设置

6）在 Else 区域拖入 Message box，并将其 Text 属性改为 " " 成绩不合格 " "，如图 4-7 所示。

7）点击 Run File 执行程序，执行结果如图 4-8 所示。

图 4-7　False 分支消息框设置

图 4-8　执行结果

8）在 Variables 面板中将变量 grade 默认值改为 55，如图 4-9 所示。

Name	Variable type	Scope	Default
grade	Int32	Sequence	55

图 4-9　更改变量默认值

9）点击 Run File 执行程序，执行结果如图 4-10 所示。

图 4-10　执行结果

4.1.2　Flow Decision

Flow Decision 也是 UiPath 提供的分支结构活动之一。和 If 活动一样，Flow Decision 也是根据 Condition 中布尔表达式返回的结果不同，选择执行不同的逻辑。与 If 活动不同的是，If 活动既可用于序列，又可用于流程图中，而 Flow Decision 只能用于流程图中。Flow Decision 活动在流程图中以连线的方式连接两个不同条件的分支活动，如图 4-11 所示。

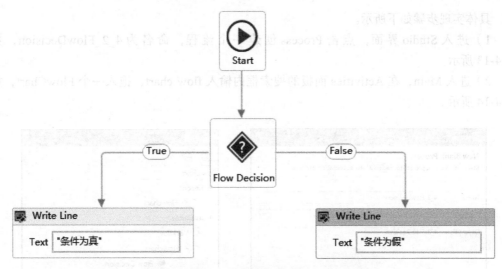

图 4-11　Flow Decision 活动条件分支示意图

Flow Decision 属性可以通过其属性面板查看与设置，如图 4-12 所示。详细属性说明如表 4-1 所示。

图 4-12　Flow Decision 属性面板

表 4-1　具体属性说明

属　性	意　义	值 的 类 型
Condition	控制条件	布尔表达式，例如 1>2
DisplayName	标识改活动的名字	字符串，根据实际情况更改，例如判断
FalseLable	False 分支标签名	字符串，根据实际情况更改，例如否
TrueLable	True 分支标签名	字符串，根据实际情况更改，例如是

【例 4.2】请用户输入一个年份，然后系统判断用户输入的年份是否为闰年。具体判断条件如下：

  ❑ 普通年能被 4 整除且不能被 100 整除为闰年，如 2004 年是闰年，1901 年不是闰年；

  ❑ 世纪年能被 400 整除的是闰年，如 2000 年是闰年，1900 年不是闰年。

具体实现步骤如下所示。

1）进入 Studio 界面，点击 Process 创建一个流程，命名为 4_2_FlowDecision，如图 4-13 所示。

2）进入 Main，在 Activities 面板的搜索框内输入 flow chart，拖入一个 FlowChart，如图 4-14 所示。

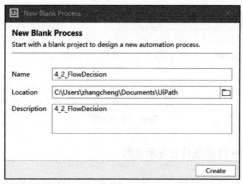

图 4-13　新建流程

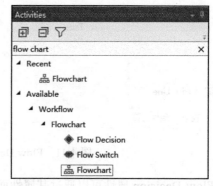

图 4-14　活动面板搜索 FlowChart

3）选中第 2 步拖入的 FlowChart，然后在 Variables 面板内新建一个变量 inputYear，类型为 Int32，如图 4-15 所示。

Name	Variable type	Scope	Default	
inputYear	Int32	Flowchart	*Enter a VB expression*	▲
Create Variable				▼
Variables　Arguments　Imports			🖐 🔍 100% ˅ 🔳 🔲	

图 4-15　新建 inputYear 变量

4）双击第 2 步拖入的 FlowChart，进入 FlowChart 视图内，按第 2 步的搜索方式在 Activities 面板的搜索框内输入 input dialog，并将 Input Dialog 活动拖入 FlowChart 内，然后由 Start 连线至 Input Dialog 活动，如图 4-16 所示。

5）点击 Input Dialog，查看其属性面板。将 Label 属性值改为 " 请输入年份 "，Title 属性值改为 " 录入框 "，Result 属性值选择第 3 步建立的变量 inputYear，如图 4-17 所示。请留意，只要是已经申明过的变量，一定是能选择出来的，否则有可能是由于在建立变量时没有选择合适的作用范围 Scope。

6）拖入一个 Flow Decision，并由 Input Dialog 连线至 Flow Decision，如图 4-18 所示。

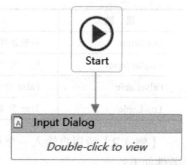

图 4-16　拖入 Input Dialog 活动

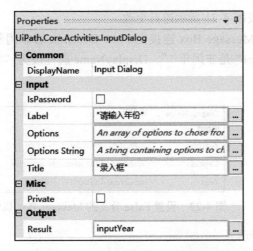

图 4-17 设置 Input Dialog 活动属性

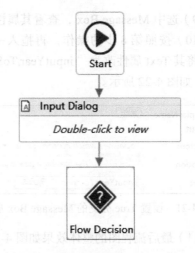

图 4-18 拖入 Flow Decision 活动

7）点击 Flow Decision，查看其属性，按图 4-19 所示进行更改。

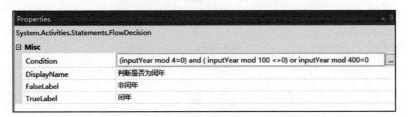

图 4-19 设置 Flow Decision 属性

8）拖入一个 Message Box，并将其连接到 Flow Decision 的闰年分支，如图 4-20 所示。

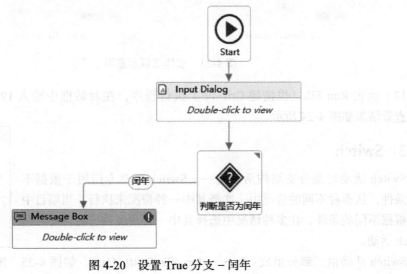

图 4-20 设置 True 分支 – 闰年

9）选中 Message Box，查看其属性并按图 4-21 所示进行更改。

10）按照第 8 步的操作，再拖入一个 Message Box 连接至 Flow Decision 的非闰年分支，将其 Text 属性改为 "inputYear.ToString+" 是非闰年 ""，DisplayName 属性改为 "非闰年"，如图 4-22 所示。

DisplayName	闰年
Input	
Buttons	*Specifies which buttons to be*
Caption	*The title of the message box dial*
Text	inputYear.ToString+" 是闰年"

DisplayName	非闰年
Input	
Buttons	*Specifies which buttons to be*
Caption	*The title of the message box dial*
Text	inputYear.ToString+" 不是闰年"

图 4-21　设置 True 分支的 Message Box 属性　　图 4-22　设置 False 分支的 Message Box 属性

11）最后流程图的整体效果如图 4-23 所示。

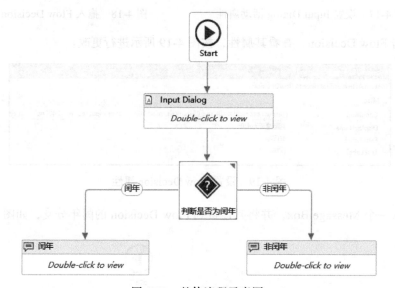

图 4-23　整体流程示意图

12）点击 Run File（快捷键 Ctrl+F6）执行程序，在对话框中输入 1900，点击 OK 按钮，查看结果如图 4-24 所示。

4.1.3　Switch

Switch 活动也是分支结构活动之一。Switch 活动专门用于根据不同的条件，从多种不同的情况中，选择其中一种情况来执行。当项目中需要根据不同的条件，在多种情况中选择其中一种情况执行时，都可用 Switch 活动。

Switch 活动由三部分组成：Expression、Default、Case，如图 4-25

图 4-24　执行结果

所示。其中，Expression 用于编写条件表达式，为必填项；Case 用于符合某一种情况要执行的一个或一组活动；Default 用于包含在所有情况都不满足时才执行的默认活动。

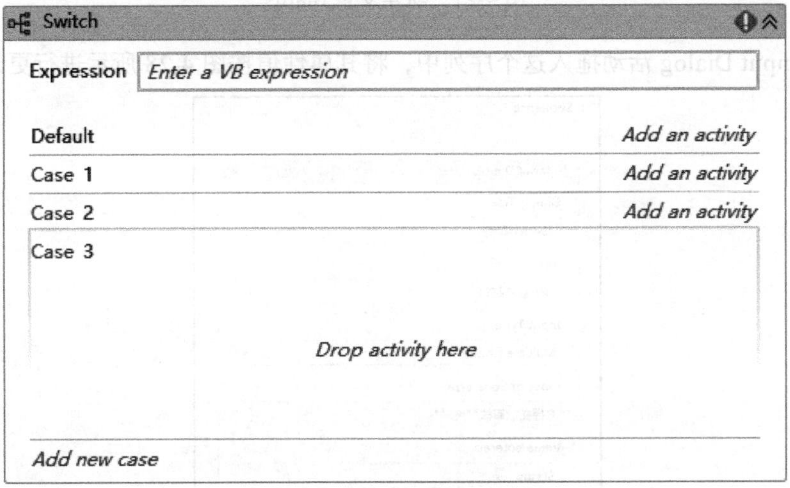

图 4-25　Switch 活动示意图

下面通过一个案例学习 Switch 活动的具体使用方法。

【例 4.3】用户根据弹出的对话框选择"提交""审核""完成"状态名，流程根据不同的状态打印不同的内容。

1）进入 Studio 界面，点击 Process 创建一个流程，命名为 4_3_Switch，如图 4-26 所示。

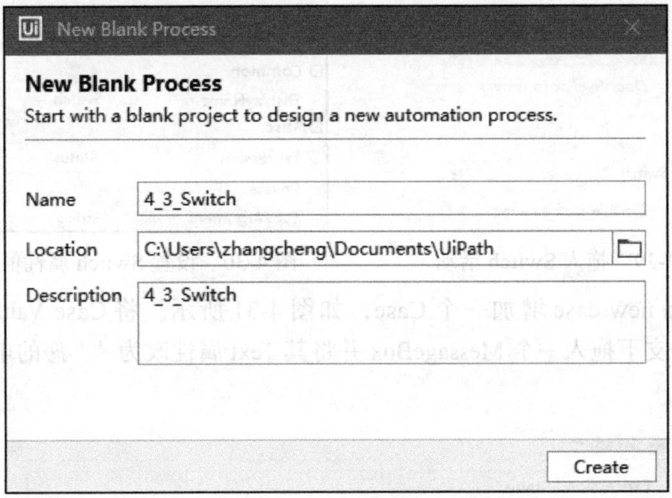

图 4-26　新建流程

2）打开 Main，拖入一个序列，新建一个 String 类型的变量 Status，如图 4-27 所示。

Name		Variable type	Scope	Default
Status		String	Sequence	*Enter a VB exp*

图 4-27　新建变量 Status

3）将 Input Dialog 活动拖入这个序列中，将其属性值按图 4-28 所示进行更改。

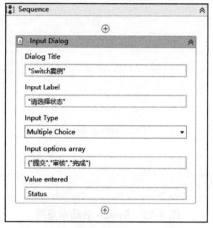

图 4-28　设置 Input Dialog 属性值

4）在 Input Dialog 活动下面拖入一个 Switch 活动，如图 4-29 所示。

5）选择 Switch 活动并查看其属性面板，将其 Expression 属性值选择为变量 Status，TypeArgument 的属性值改为 String，如图 4-30 所示。

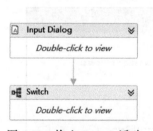

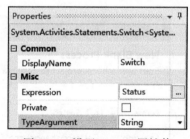

图 4-29　拖入 Switch 活动　　　　图 4-30　设置 Switch 属性值

6）点击 Add new case 增加一个 Case，如图 4-31 所示。将 Case Value 的值改为"提交"，然后在该分支下拖入一个 MessageBox 并将其 Text 属性改为""您的申请已经提交""，如图 4-32 所示。

图 4-31　新增 Case

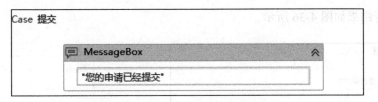

图 4-32　设置"提交"状态分支活动

7）按第 6 步操作再增加一个 Case，并将 Case Value 的值改为"审核"，然后在该分支下拖入一个 MessageBox 并将其 Text 属性改为""您的申请正在审核""，如图 4-33 所示。

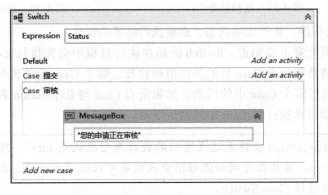

图 4-33　设置"审核"状态分支活动

8）按第 6 步操作再增加一个 Case，并将 Case Value 的值改为"完成"，然后在该分支下拖入一个 MessageBox 并将其 Text 属性改为""您的申请已经完成""，如图 4-34 所示。

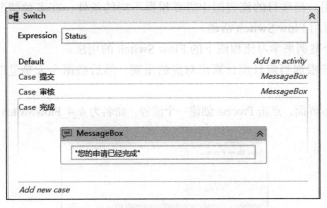

图 4-34　设置"完成"状态分支活动

9）点击 Run File 按钮（快捷键 Ctrl+F5）执行，UiPath 将弹出一个对话框，如图 4-35 所示，选择"审核"并点击 OK 按钮。

10）执行结果如图 4-36 所示。

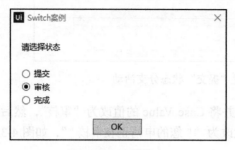

图 4-35　选择状态

图 4-36　执行结果

11）重新执行程序，更改选项状态，观察执行结果的变化。

通过这个案例大家可以知道，Switch 活动在执行过程中会先执行 Expression 表达式，然后用表达式的结果和每个 Case 后的条件值做比较。哪个 Case 后的值与 Expression 表达式的值相等，就执行哪个 Case 中的活动。如果所有 Case 与 Expression 表达式的值都不相等，则 Switch 活动自动执行 Default 中的默认活动。

　注意　Switch 的 Expression 条件表达式返回的数据类型默认是 Int32，可以根据实际需要更改为 String。虽然在序列和流程图中我们都可以使用 Switch，但通常情况下在流程图中建议选择 Flow Switch。

4.1.4　Flow Switch

Flow Switch 也是分支结构活动之一，功能等同于 Switch。不同的是，Flow Switch 只能在流程图中使用。当项目的流程图中需要根据不同的条件，在多种情况中选择其中一种情况执行时，都可用 Flow Switch 活动。

下面通过一个案例来学习流程图下的 Flow Switch 的用法。

【例 4.4】系统根据当前日期计算出对应的星期，然后根据今天是星期几，打印不同的日程安排。

1）进入 Studio 界面，点击 Process 创建一个流程，命名为 4_4_FlowSwitch，如图 4-37 所示。

图 4-37　新建流程

2）进入 Main，拖入一个流程图 Flow Chart，并在此流程图内拖入一个 Flow Switch 活动，然后将 Flow Switch 连接至 Start，如图 4-38 所示。

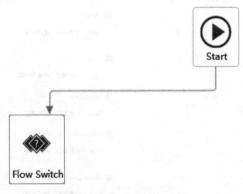

图 4-38　拖入 Flow Switch

3）选中 Flow Switch 并查看其属性，将 Expression 属性值改为 Today.DayOfWeek，如图 4-39 所示。

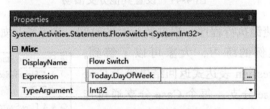

图 4-39　修改 Flow Switch 属性值

4）拖入一个 Write Line 活动，连接到 Flow Switch，并将其 Text 属性改为 " " 今天周末，大家好好放松下 " "，如图 4-40 所示。

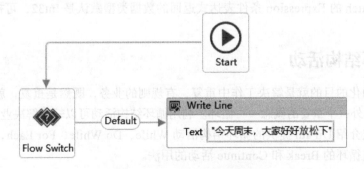

图 4-40　设置 Default 分支活动

5）按第 4 步一次拖入 6 个 Write Line 活动，分别按图 4-41 所示的内容更改 Write Line 的 Text 属性，并更改与之对应的 Flow Switch 的 Case 属性值。

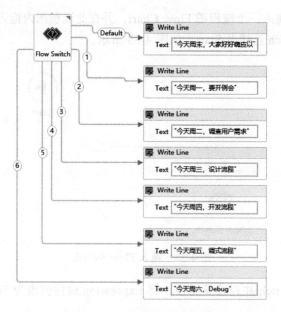

图 4-41 设置其他分支活动

6）按 Ctrl+F6 快捷键执行程序，根据执行时的时间，参考结果如图 4-42 所示。

通过这个实际案例的练习，大家可以了解到，Flow Switch 根据 Expression 表达式返回结果等于 Case 的值时，执行对应 Case 分支，每个 Case 分支通过连线方式连接流程序列或活动。关联的分支会自动编号，其中第一个是默认情况。可以通过单击相应的箭头线条并更改 Case 字段的值，或通过改变分支属性 IsDefaultCase 复选框的值来更改 Case 编号或分配其他默认 Case。如果所有情况都不与表达式匹配，则执行默认情况。

```
ⓘ Execution started for file: Main
ⓘ 4_4_FlowSwitch execution started
ⓘ 今天周五，调式流程
ⓘ 4_4_FlowSwitch execution ended in: 00:00:01
```

图 4-42 执行结果

Flow Switch 的 Expression 条件表达式返回的数据类型默认是 Int32，可按需更改。

4.2 循环结构活动

流程自动化的目的就是解决工作中重复、有规则的业务，既然是重复，就不得不提到自动化编程中另外一个重要的概念——循环。利用循环结构活动可以轻松解决业务中重复动作。

本节重点介绍 UiPath 提供的循环结构活动 While、Do While、For Each，以及满足指定条件可以退出循环的 Break 和 Continue 活动的用法。

4.2.1 While

While 是条件循环活动，当流程中需要满足某种条件就循环执行某件事务时，就可以使用 While 活动。

While 活动由 Condition 和 Body 两部分组成，如图 4-43 所示。其中 Condition 为必填项，为布尔表达式，Body 里面是满足条件时循环执行的活动。

当流程执行到 While 活动时程序先执行 Condition 布尔表达式，如果等于 True 则执行循环执行循环体 Body 里面的流程或活动。执行完毕程序将返回到 Condition 布尔表达式，如果等于 True 则继续执行循环体 Body 里面的流程或活动，循环往复，直到 Condition 布尔表达值等于 False 时退出循环体，执行 While 活动之后的流程。

下面通过一个简单的案例来理解下 While 的用法。

【例 4.5】计算 1 到 100 所有整数的和。

1）进入 Studio 界面，点击 Process 创建一个流程，命名为 4_5_While，如图 4-44 所示。

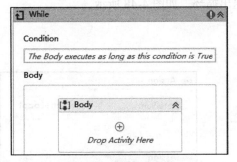

图 4-43　While 活动

图 4-44　新建流程

2）进入 Main，在 Activities 面板搜索 While，并将其拖入主窗口如图 4-45 所示。

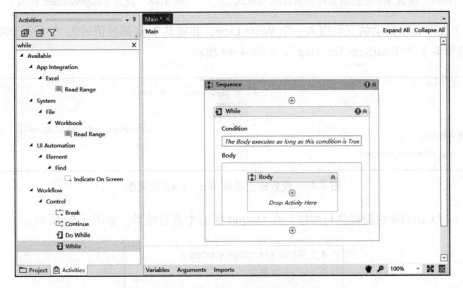

图 4-45　拖入 While 活动

3）选中 While 活动，在 Variables 面板中新建两个 Int32 类型的变量，LoopNumber 初

始值为 1 用于计数，TotalSum 初始值为 0 用于求和，如图 4-46 所示。

Name	Variable type	Scope	Default
LoopNumber	Int32	Sequence	1
TotalSum	Int32	Sequence	0

图 4-46　新建变量，并设置初始值

4）在 While 循环体内拖入一个 Assign 活动，设置 TotalSum=TotalSum+LoopNumber，用于累计求和，然后将 While 的 Condition 条件改为 LoopNumber<=100，如图 4-47 所示。

5）在第 4 步的 Assign 的下面再拖入一个 Assign，设置 LoopNumber=LoopNumber+1 用于累计循环次数，当循环次数大于 100 时退出循环，如图 4-48 所示。

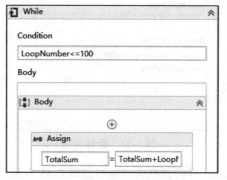

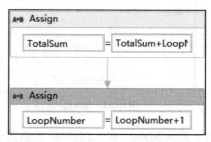

图 4-47　设置 While 控制条件和累计求和算式　　　图 4-48　设置 LoopNumber 自加 1

6）在 While 活动的下面拖入一个 Write Line，并将其 Text 属性值改为 ""1 到 100 所有整数的和等于 "+TotalSum.ToString"，如图 4-49 所示。

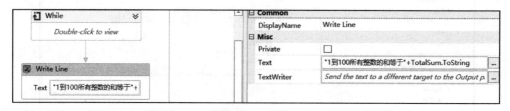

图 4-49　设置输出活动 Write Line 的属性

7）按 Ctrl+F6 快捷键执行程序，在 Output 面板中查看结果，如图 4-50 所示。

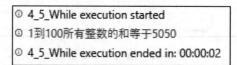

图 4-50　执行结果

注意　通常情况下 While 的循环体内应该包含能改变 Condition 条件表达式的语句，例如 LoopNumber=LoopNumber+1，以控制 While 循环次数，否则容易造成死循环。

4.2.2　Do While

Do While 与 While 的功能类似，也是条件循环语句，通常情况在同场景下两者可以相互转化。不同的是，While 是先执行循环判断条件，条件为 True 才执行循环，Do While 则是先执行循环体再判断循环条件，条件为 True 继续循环。因此 Do While 循环不管条件如何，至少会执行一遍循环体。

下面通过一个简单的案例来理解下 Do While 的用法。

【例 4.6】打印 1 到 5 的值。

1）进入 Studio 界面，点击 Process 创建一个流程，命名为 4_6_DoWhile，如图 4-51 所示。

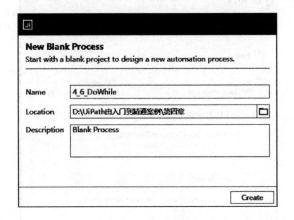

图 4-51　新建流程

2）进入 Main，拖入一个 Sequence，并新建一个变量 LoopNumber，类型为 Int32，设置 Default 值为 1，如图 4-52 所示。

Name	Variable type	Scope	Default
LoopNumber	Int32	Sequence	1
Create Variable			

图 4-52　新建变量

3）在 Sequence 中拖入一个 Do While 活动，并将其 Condition 属性改为 LoopNumber<=5，然后在 Do While 的 Body 里面拖入一个 Log Message 活动，并将其 Message 属性改为 LoopNumber.ToString，LogLevel 属性改为 LogLevel.Info，如图 4-53 所示。

4）在 Log Message 活动下面拖入一个 Assign，将 LoopNumber 变量进行自加 1，用于累积 LoopNumber，以便达到既定条件退出 Do While 循环，如图 4-54 所示。

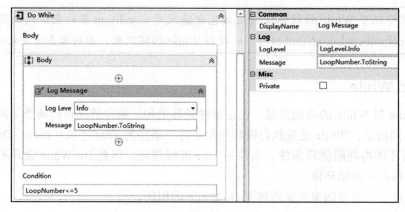

图 4-53 设置 Do While 和 Log Message 的属性值

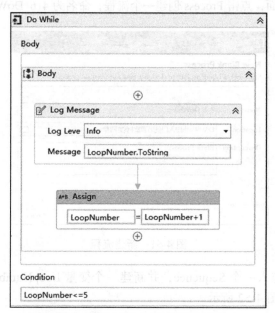

图 4-54 设置变量 LoopNumber 自加 1

5）点击 Run File 执行程序，查看结果如图 4-55 所示。

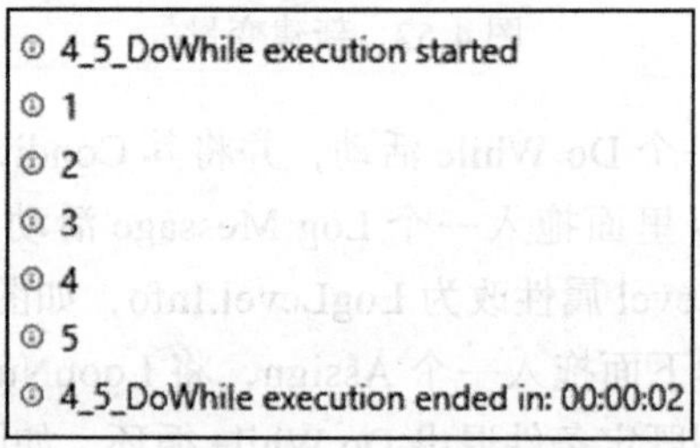

```
⊙ 4_5_DoWhile execution started
⊙ 1
⊙ 2
⊙ 3
⊙ 4
⊙ 5
⊙ 4_5_DoWhile execution ended in: 00:00:02
```

图 4-55 执行结果

4.2.3　For Each

For Each 用于循环遍历集合中每个元素。当我们需要对一个集合中每个元素值执行相同的操作时，就可用 For Each 活动。

For Each 自动遍历集合中每个元素值，保存在如图 4-56 所示的 in 前的变量 item 中。然后，将要对遍历出的每个元素执行的相同操作写入 Body 循环体中。

需要留意的是 item 变量无须声明，其只在 For Each 内的活动中有效，并且 item 可以根据项目实际需要自定义名称，如 Age、Name 等。

接下来我们了解下 For Each 的属性面板。如图 4-57 所示，Type Argument 就是循环元素 item 的变量类型，默认类型是 Object，可根据实际情况更改变量类型。Values 就是被循环的数组或集合，Index 属性用于输出当前集合遍历时的索引值，可以建一个 Int32 类型的变量记录，索引值从 0 开始。

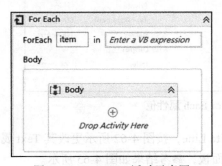

图 4-56　For Each 活动示意图

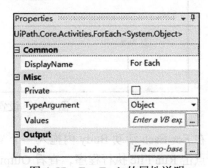

图 4-57　For Each 的属性说明

下面通过一个简单的案例来理解下 For Each 的用法。

【例 4.7】打印一组员工的姓名。

1）进入 Studio 界面，点击 Process 创建一个流程，命名为 4_7_ForEach，如图 4-58 所示。

2）进入 Main，在活动面板中拖入一个 For Each 活动到主界面，如图 4-59 所示。

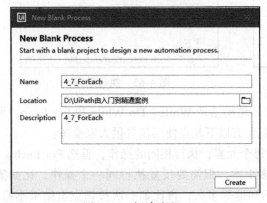

图 4-58　新建流程

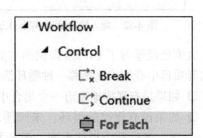

图 4-59　拖入 For Each 活动

3）选中第 2 步生成的 For Each 活动，在 Variables 面板中新建一个 String 类型的数组变量，命名为 NameArr，并将其初始值设置为 "{"张三","李四","王五"}"，如图 4-60 所示。

Name	Variable type	Scope	Default
NameArr	String[]	Sequence	{"张三","李四","王五"}

图 4-60 新建变量

4）选中第 2 步生成的 For Each 活动，查看其属性，然后将 Type Argument 更改为 String，Values 属性改为变量 NameArr，item 改为 name，如图 4-61 所示。

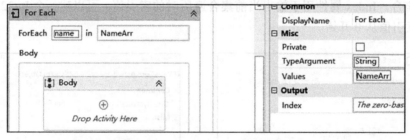

图 4-61 设置 For Each 属性值

5）在 For Each 活动 Body 内拖入一个 Write Line，按图 4-62 所示更改其 Text 属性。

6）点击 Run File 执行程序，查看 Output 面板，参考结果如图 4-63 所示。

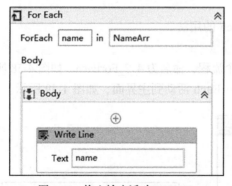

图 4-62 拖入输出活动 Write Line

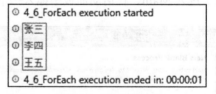

图 4-63 执行结果

大家已经学习了 UiPath 提供的主要循环结构活动 While、Do While 和 For Each，那么在实际项目中我们该选择哪一种循环活动呢？有以下几点使用场景供大家参考：

❑ 如果是有规律地遍历一个集合中的每个元素，执行相同的操作，首选 For Each。

❑ 如果没有规律的循环，未知循环多少次，但需要反复执行同一个操作，比如猜数字、等待某个控件出现，但是并不知道等多久，再比如一次按钮点击结果不稳定，需要多次尝试点击的，就首选 While 循环或 Do While 循环。

❑ 如果希望条件不满足时，循环体一次都不执行，就选择 While 循环。

❑ 如果希望即使条件不满足，循环体也至少能执行一次，就选择 Do While 循环。

> **注意** UiPath 提供的 For Each 循环有两种，一种就是本章所学的用来遍历数组集合类型的 For Each 循环，另外一种是 For Each Row，专门用于遍历 DataTable，大家不要混淆了。关于 For Each Row 的用法本书会在第 5 章 Excel 自动化操作中详细解读。

4.2.4　Break

Break 是一种中断活动，只能用于循环体中。如果在循环过程中满足一定条件需要终止当前循环时，就需要用到 Break。

例如，某一个表有 100 行数据，现在需要循环某一列的值，当满足指定条件时，就退出循环。假如满足条件是第 45 行，如果程序不及时退出循环，会导致程序多执行 55 次，首先是浪费资源，其次有可能导致输出结果不正确。

Break 用于结束当前循环，执行循环活动后面的流程或活动，另外请注意，对于嵌套循环，Break 只中断内层循环，外层循环仍会继续。

Break 在 Do While、While、For Each 中都可使用。

【例 4.8】已知整型数组 NumList={1, 2, 3, 4, 5, 6, 7, 8, 9, 10}，使用 For Each 和 Break 活动，输出 1 + 2 + 3 + 4 + 5 的和。

1）进入 Studio 界面，点击 Process 创建一个流程，命名为 4_8_Break，如图 4-64 所示。

2）打开 Main，拖入一个 Sequence，然后在 Sequence 内拖入一个 For Each，如图 4-65 所示。

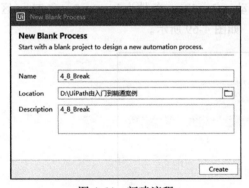

图 4-64　新建流程

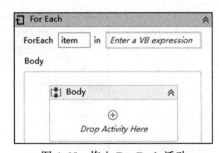

图 4-65　拖入 For Each 活动

3）点击 For Each 活动，查看其属性，将 TypeArgument 属性改为 Int32，Values 属性值改为 {1, 2, 3, 4, 5, 6, 7, 8, 9, 10}，如图 4-66 所示。

4）新建一个变量 TotalSum，类型为 Int32，用于累计求和，如图 4-67 所示。

5）在 For Each 的 Body 内拖入一个 Assign，将 TotalSum 赋值为 TotalSum+item，如图 4-68 所示。

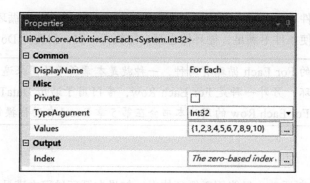

图 4-66　设置 For Each 的属性值

Name	Variable type	Scope	Default
TotalSum	Int32	Sequence	*Enter a VB expression*

图 4-67　新建变量 TotalSum

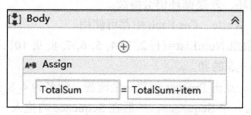

图 4-68　对 TotalSum 重新赋值

6）在 Assign 活动的下面，拖入一个 If 活动，Condition 条件为 item>=5，在 Then 区域拖入一个 Break，用于在满足条件时跳出循环，如图 4-69 所示。

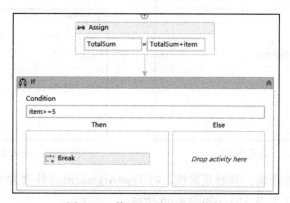

图 4-69　拖入 If 和 Break 控件

7）在 For Each 活动的下面，拖入一个 Message Box，并将其 Text 属性改为 "\"1~5 的和 =\"+TotalSum.ToString"，如图 4-70 所示。

8）点击 Run File 执行程序，结果如图 4-71 所示。

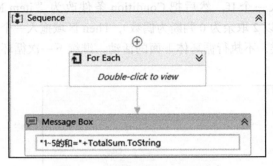

图 4-70　拖入 Message Box 活动

图 4-71　执行结果

4.2.5　Continue

Continue 也是循环中的中断活动。与 Break 不同的是，Continue 只中断当次循环，整个循环并不会结束。

因此在实际自动化项目中，如果循环动作有 5 个步骤，在满足一定条件时，某次循环只需要执行 2 步，后 3 步不再执行，并且继续进行下一次迭代循环，此时就需要用到 Continue。

对于嵌套循环，嵌套内循环中的 Continue 只作用于内层循环，外层循环不受影响。

Continue 在 Do While、While、For Each 中都可使用。

下面通过一个简单的案例来理解下 Continue 的用法。

【例 4.9】计算 10 以内的奇数的和。

1）进入 Studio 界面，点击 Process 创建一个流程，命名为 4_9_Continue，如图 4-72 所示。

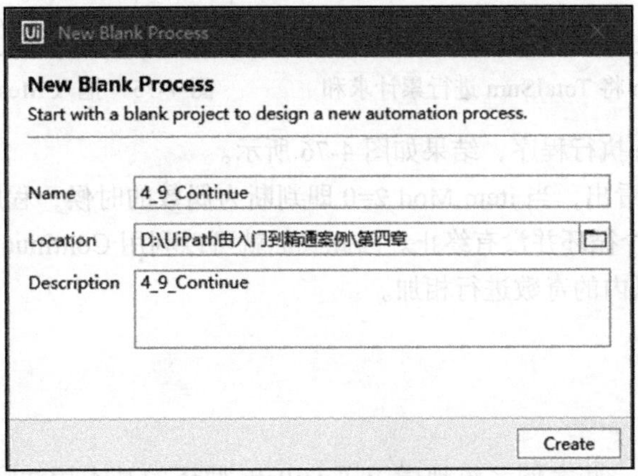

图 4-72　新建流程

2）按照例 4.8 的第 2~4 步操作执行一遍。

3）在 For Each 循环体内拖入一个 If，然后把 Condition 条件改为 "item Mod 2=0"（Mod 是取余函数，意思是 item 除以 2 取余为 0 判断为偶数），Then 区域拖入一个 Continue 活动，用于判断 item 为偶数的时候，不执行循环体下面的活动，继续下一次循环迭代，如图 4-73 所示。

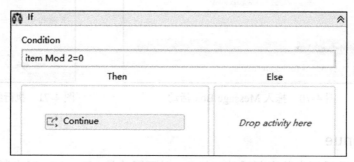

图 4-73　拖入 If 和 Continue 活动

4）在 If 活动的下面拖入一个 Assign，将 TotalSum 赋值为 TotalSum+item，如图 4-74 所示。注意整个活动都在循环体 Body 内。

5）在 For Each 活动的下面，拖入一个 Message Box，并将其 Text 属性改为 ""10 以内奇数的和 ="+TotalSum.ToString"，如图 4-75 所示。

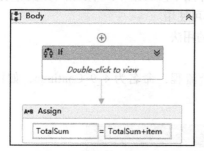

图 4-74　拖入 Assign 将 TotalSum 进行累计求和 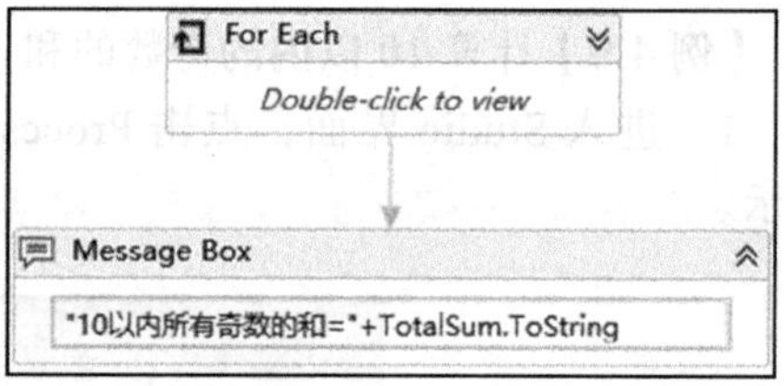　　　　图 4-75　拖入 Message Box 展示结果

6）点击 Run File 执行程序，结果如图 4-76 所示。

从这个案例可以看出，当 item Mod 2=0 即判断为偶数的时候，程序会执行 Continue 并跳出当次循环，但整个循环并没有终止。因此我们就可以利用 Continue 这样的功能挑出 10 以内的奇数进行相加。

4.3　循环嵌套

上一节我们通过一些案例系统地学习了 UiPath 循环的基本用法，但是它们都是单层循环，而实际项目中面对复杂的逻辑场景，单层的

图 4-76　执行结果

循环往往是不够的，这时候就需要掌握循环嵌套的用法。这一节重点介绍循环嵌套的用法。

4.3.1　循环嵌套的应用

什么是循环嵌套呢？很简单，就是在循环活动的循环体 Body 内再拖入一个循环活动，来解决某些复杂的逻辑。

例如，某公司有 5 个生产部门，每个部门都需要循环导出财务数据和库存报表数据。这样就需要在循环生产部门里面再嵌套一层循环财务系统和库存系统的动作，才能顺利实现流程自动化。

本节我们利用输出九九乘法口诀的经典嵌套案例来进行讲解。

首先进行案例分析。九九乘法口诀表如图 4-77 所示，横向是 9 个单元格，纵向也是 9 格单元格，把单元格全部填充就需要 9×9=81 次的写入动作。这里如果我们做一个嵌套循环，外层控制写入行，内层控制写入列，是不是很容易实现写入 81 个单元格相对应的内容呢？如果只让程序输出灰色区域的内容呢？具体实现过程见例 4.10。

	1	2	3	4	5	6	7	8	9
1	1×1=1	1×2=2	1×3=3	1×4=4	1×5=5	1×6=6	1×7=7	1×8=8	1×9=9
2	2×1=2	2×2=4	2×3=6	2×4=8	2×5=10	2×6=12	2×7=14	2×8=16	2×9=18
3	3×1=3	3×2=6	3×3=9	3×4=12	3×5=15	3×6=18	3×7=21	3×8=24	3×9=27
4	4×1=4	4×2=8	4×3=12	4×4=16	4×5=20	4×6=24	4×7=28	4×8=32	4×9=36
5	5×1=5	5×2=10	5×3=15	5×4=20	5×5=25	5×6=30	5×7=35	5×8=40	5×9=45
6	6×1=6	6×2=12	6×3=18	6×4=24	6×5=30	6×6=36	6×7=42	6×8=48	6×9=54
7	7×1=7	7×2=14	7×3=21	7×4=28	7×5=35	7×6=42	7×7=49	7×8=56	7×9=63
8	8×1=8	8×2=16	8×3=24	8×4=32	8×5=40	8×6=48	8×7=56	8×8=64	8×9=72
9	9×1=9	9×2=18	9×3=27	9×4=36	9×5=45	9×6=54	9×7=63	9×8=72	9×9=81

图 4-77　乘法口诀表

【例 4.10】输出九九乘法口诀。

1）进入 Studio 界面，点击 Process 创建一个流程，命名为"4_10_ 九九乘法口诀"，如图 4-78 所示。

图 4-78　新建流程

2）打开 Main，拖入一个 For Each 活动，按如图 4-79 所示更改其属性值。

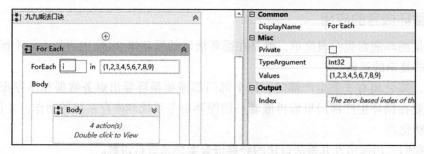

图 4-79　拖入 For Each 活动并设置属性值

3）选中 For Each 控件，新建一个 Int32 类型的变量 j，Default 值为 1，用于控制每行的输入次数。新建一个 String 类型的变量 Result，用于存储乘法口诀字符串，如图 4-80 所示。

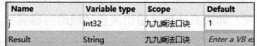

4）在 For Each 的 Body 内 拖 入 一 个 Assgin，每次外层循环执行时对 j 的值初始化

图 4-80　新建变量

为 1，然后在其下面拖入一个 While 活动，Condition 的条件设置为 j<=9，如图 4-81 所示。

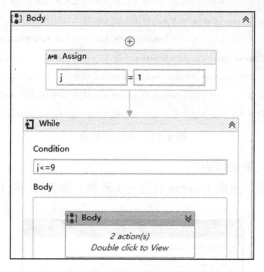

图 4-81　拖入内层循环 While 活动

5）在内层循环 While 的 Body 中拖入两个 Assign，按图 4-82 进行赋值，设置 j=j+1，用于控制层循次数，设置 Result=Result+j.ToString+"*"+i.ToString+"="+(i*j).ToString+"　"，用于累计乘法口诀表。

6）在内层循环 While 的下面，拖入一个 Assign，设置 Result=Result+Environment. NewLine，用于乘法口诀的换行，如图 4-83 所示。

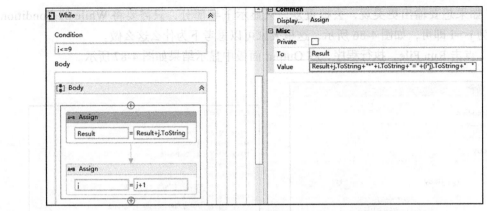

图 4-82　在内层循环中对变量 Result 和 j 进行赋值

7）在 For Each 的下面拖入一个 Write Line 将 Result 结果进行输出，如图 4-84 所示。

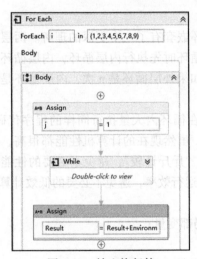

图 4-83　输入换行符　　　　　　图 4-84　在外层循环 For Each 的下面拖入 Write Line

8）点击 Run File 执行程序，在 Output 面板中显示结果如图 4-85 所示。

```
⊙ 4_10_九九乘法口诀 execution started
⊙ 1*1=1  2*1=2  3*1=3  4*1=4  5*1=5  6*1=6  7*1=7  8*1=8  9*1=9
   1*2=2  2*2=4  3*2=6  4*2=8  5*2=10  6*2=12  7*2=14  8*2=16  9*2=18
   1*3=3  2*3=6  3*3=9  4*3=12  5*3=15  6*3=18  7*3=21  8*3=24  9*3=27
   1*4=4  2*4=8  3*4=12  4*4=16  5*4=20  6*4=24  7*4=28  8*4=32  9*4=36
   1*5=5  2*5=10  3*5=15  4*5=20  5*5=25  6*5=30  7*5=35  8*5=40  9*5=45
   1*6=6  2*6=12  3*6=18  4*6=24  5*6=30  6*6=36  7*6=42  8*6=48  9*6=54
   1*7=7  2*7=14  3*7=21  4*7=28  5*7=35  6*7=42  7*7=49  8*7=56  9*7=63
   1*8=8  2*8=16  3*8=24  4*8=32  5*8=40  6*8=48  7*8=56  8*8=64  9*8=72
   1*9=9  2*9=18  3*9=27  4*9=36  5*9=45  6*9=54  7*9=63  8*9=72  9*9=81
⊙ 4_10_九九乘法口诀 execution ended in: 00:00:01
```

图 4-85　执行结果

9）如果想要输出更美观，去掉重复，只显示下半部分，只需要将 While 的 Condition 条件改为 j<=i 即可，如图 4-86 所示，这里大家可以思考下为什么这么做。

10）点击 Run File，执行程序，在 Output 面板中显示结果如图 4-87 所示。

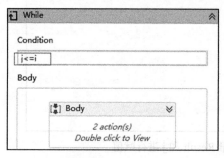

图 4-86　修改内层循环 While 的条件

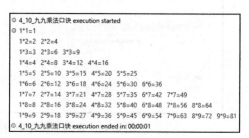

图 4-87　优化输出结果

4.3.2　循环嵌套总结

通过上一节九九乘法口诀的练习，相信大家对循环嵌套有了一个更深的理解。两层循环嵌套，循环的执行顺序是，当外层循环执行到内层循环时先执行内层循环，内层循环执行完毕后才进入外层的第二次循环，以此类推。因此如果外层循环是 n 次，内层循环是 m 次，那么整个的循环次数将是 n×m 次。

因此只要用到了循环嵌套，就意味着计算机需要在循环内大量执行同样的程序代码，随着循环次数的增大，计算机被占用的资源也将变大，虽然现在的计算机性能都很高，但是 RPA 程序开发者要养成良好的编程习惯，要对代码"斤斤计较"，避免不必要的性能浪费。编写循环代码时，注意以下几个方面可以大大提高运行效率，避免不必要的低效计算：

❑ 嵌套循环尽量减少内层循环不必要的计算；

❑ 嵌套循环中尽量使用 Scope 范围小的变量，即局部变量；

❑ 嵌套循环尽量不要超过 3 层；

❑ 循环中尽量少用 Write Line、Log Message 之类的输出控件；

❑ 大量数据进行循环时，非必要时，尽量不使用 F5 键执行完整程序，而是直接选择 Ctrl+F6 快捷键执行当前程序。

对于任何一门编程语言，控制语句、循环都是最基础的编程知识，UiPath 流程自动化开发也不例外。因此熟练掌握控制语句和循环的综合用法，并且能够举一反三地运用到实际项目中，是 RPA 开发工程师提供自动化解决方案的基本能力，要加强练习。

4.4　项目实战——自动删除过期文件

在实际 RPA 项目中，机器人经常会产出一些临时文件，其作用是方便流程使用人员或者维护人员排查错误，或者记录一些流程自动化过程中的关键节点的数据。如果不及时删除临时文件，那么 Temp 文件夹中的数据就会特别庞大，占用计算机资源。

本章的实战案例将教大家利用本章所学的循环和条件判断知识，实现一个指定天数自动删除指定文件夹过期文件的自动化流程。

实现要求如下：

❑ 用 For Each 控件遍历 directory.GetFiles 获取指定文件夹所有文件的集合；
❑ 利用 directory.GetCreationTime 函数获得指定文件的创建时间，与指定时间对比，作为删除条件；
❑ 指定路径和指定天数作为参数传入流程，便于其他流程灵活调用。

具体流程设计如图 4-88 所示。

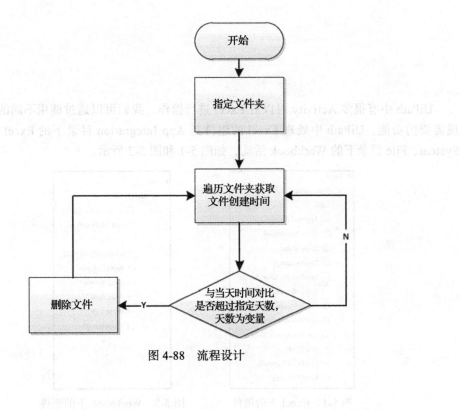

图 4-88　流程设计

Chapter 5 第 5 章

Excel 自动化操作

UiPath 中有很多 Activity 可以对 Excel 进行操作。我们可以通过调用不同的 Activity 实现需要的功能。UiPath 中处理 Excel 的组件是 App Integration 目录下的 Excel 活动，以及 System、File 目录下的 Workbook 活动，如图 5-1 和图 5-2 所示。

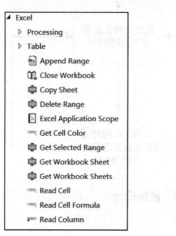

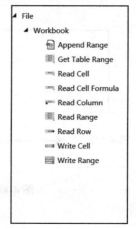

图 5-1 Excel 下的组件 　　图 5-2 Workbook 下的组件

本章我们一起来看看 UiPath 中的一些有关 Excel 的操作。

5.1 Excel 和 Workbook 的区别

Excel 和 Workbook 都能对 Excel 进行处理，但是它们之间存在着许多不同点，如表 5-1 所示。

表 5-1　Excel 活动与 Workbook 活动的区别

	Excel 活动	Workbook 活动
工作簿路径	对 Excel 的操作必须包含在 Excel Application Scope 活动里面，工作路径统一在此设置	工作簿写在每个单独活动里面，需要分别设置工作簿路径
是否需要安装 Excel	需要安装 Excel	不需要安装 Excel
是否会打开 Excel	一定会打开 Excel，而且完成之后会自动关闭 Excel 进程	不会创建 Excel 进程，不存在 Excel 进程残留的问题。对工作簿连续操作时无须频繁打开和关闭工作簿，理论运行速度更快

5.2　Excel Application Scope

Excel Application Scope 位于 Activity 中的 Available >App Integration >Excel 下，其作用是指定对应的 Excel 文件，如图 5-3 所示。

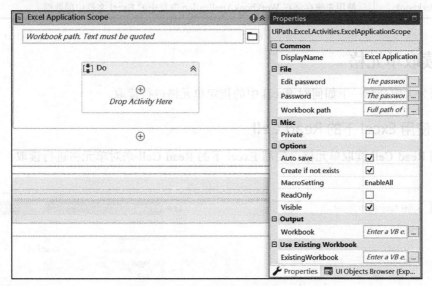

图 5-3　Excel Application Scope

Excel Application Scope 的属性如表 5-2 所示。

表 5-2　Excel Application Scope 属性介绍

属性名	用　　途
EditPassword	编辑受密码保护的 Excel 工作簿所需的密码，仅支持字符串变量和字符串
Password	打开受密码保护的 Excel 工作簿所需的密码，仅支持字符串变量和字符串
WorkbookPath	Excel 表格的路径。如果要使用的 Excel 文件位于项目文件夹中，则可以使用其相对路径，也可以使用其在磁盘中的绝对路径。路径参数仅支持字符串变量和字符串

（续）

属性名	用　途
Private	如果勾选，则参数和变量的值不会出现在繁冗的日志中
AutoSave	在活动引起更改时自动保存工作簿。如果禁用，则在 Excel Application Scope 执行结束时将不保存更改
CreateNewFile	选中后，如果在指定路径下找不到工作簿，则将使用在 WorkbookPath 属性字段中指定的名称来创建一个新的 Excel 工作簿；如果未选中，且在指定路径下找不到工作簿，则会引发异常
MacroSetting	当前指定 Excel 文件的宏级别，三种类型的值：EnableAll、DisableAll、ReadFrom-ExcelSettings
ReadOnly	以只读模式打开指定的工作簿
Visible	如果选中，Excel 文件将在前台执行操作时打开；否则，所有操作均在后台完成
Workbook	将 Excel 电子表格的全部信息存储在 WorkbookApplication 变量中，可以在另一个 Excel Application Scope 活动中使用此变量
ExistingWorkbook	使用先前存储在 WorkbookApplication 变量中的 Excel 文件中的数据

5.3　读取单元格

下面为大家介绍一下如何对 Excel 中的指定单元格进行读取。

5.3.1　使用 Excel 下的 Read Cell

调用 Read Cell 读取单元格，使用 Excel 下的 Read Cell 来对单元格进行读取，如图 5-4 所示。

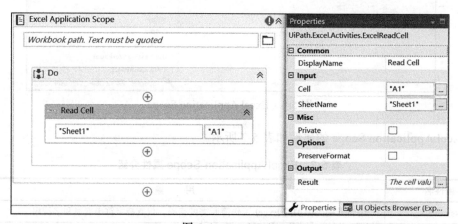

图 5-4　Read Cell

Excel 下的 Read Cell 的属性如表 5-3 所示。

表 5-3　Read Cell 属性介绍

属性名	用　　途
Cell	指定读取的单元格，这里需要填写一个 String 类型的数据。可以直接填入字符串，如 "A1"，也可以填入一个字符串变量，如先定义一个 String CellName="B2"，就可以直接填入 CellName
SheetName	读取的 Sheet 名称，这里需要填写一个 String 类型的数据。可以直接填入字符串，如 "Sheet1"，也可以填入一个字符串变量，如先定义一个 String SheetName="Sheet2"，就可以直接填入 SheetName
Private	如果勾选，则参数和变量的值不会出现在繁冗的日志中
PreserveFormat	如果选中，将保留你要读取的单元格的格式
Result	读取到的结果。这里的结果是以输出参数（OutArgument）的形式传出，因此参数的类型为 Object。我们在设置参数类型时，需要根据表中的存储类型来设置，如表中数据为时间类型，我们可以设置 DateTime 类型的变量或参数来接收，也可以是以 Object 类型接收

【例 5.1】用 Excel 下的 Read Cell 读取指定单元格。

创建一个项目，它可以对 5-1-rpazj.xlsx 中的 Sheet1 中的指定单元格进行读取，并将读取结果打印到控制台上，详细步骤如下所示。

1）在 Studio 界面，点击 Process 创建名为 5_1_Excel_ReadCell 的流程，如图 5-5 所示。

2）从 https://www.rpazj.com/user/homepage?customerId=150 中下载 5-1-rpazj.xlsx 文件，保存到当前项目根目录中，如图 5-6 所示。5-1-rpazj.xlsx 的部分内容如图 5-7 所示。

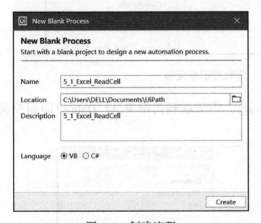

图 5-5　创建流程

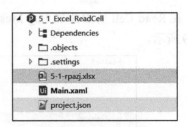

图 5-6　项目结构图

3）向 Main.xaml 中添加一个序列，在序列里添加 Excel Application Scope，并在其下面添加 Read Cell。在 Excel Application Scope 的输入栏中输入将要操作的 Excel 路径。由于是在同一目录下，所以其路径参数 Workbook path 为 5-1-rpazj.xlsx。在 Read Cell 中，指定读取的单元格为 A1，读取的 Sheet 为 Sheet1。在 Result 后面的框中使用快捷键 Ctrl+K 设置输出结果为 A1_Data，其类型为 String，如图 5-8 所示。

	A	B	C
1	机器人名称	RPA产品名称	使用说明
2	UiPath贝壳租房信息抓取机器人	UiPath	下载说明：压缩文件中包含xx.nupkg包 环境准备：Microsoft offic
3	UiPath身份证识别机器人	UiPath	【下载说明】自行下载组件.nupkg包【环境准备】无【使用步
4	UiPath行驶证识别机器人	UiPath	【下载说明】自行下载组件.nupkg包【环境准备】无【使用步
5	UiPath驾驶证识别机器人	UiPath	【下载说明】自行下载组件.nupkg包【环境准备】无【使用步
6	UiPath营业执照识别机器人	UiPath	【下载说明】自行下载组件.nupkg包【环境准备】无【使用步
7	UiPath工资条自动发送机器人	UiPath	下载说明：压缩文件中包含xx.nupkg包和Excel模板文件，txt配置
8	UiPath员工生日慰问机器人	UiPath	下载说明：压缩文件中包含xx.nupkg包和Excel模板文件 环境准备
9	UiPath发送面试邀请函机器人	UiPath	下载说明：压缩文件中包含xx.nupkg包和Excel模板文件 环境准备
10	UiPath超级鹰验证码识别机器人	UiPath	下载说明：自行下载组件.nupkg包【环境准备】1、自行创建
11	UiPath发票识别机器人	UiPath	下载说明：压缩文件中包含xx.nupkg包和依赖程序包 环境准备：
12	UiPath批量发送邮件机器人	UiPath	下载说明：压缩文件中包含xx.nupkg包和Excel模板文件 环境准备
13	UiPath股票信息自动查询储存机器人	UiPath	下载说明：压缩文件中包含xx.nupkg包 环境准备：Microsoft offic
14	UiPath微信自动发送天气机器人	UiPath	下载说明：压缩文件中包含xx.nupkg包和Excel模板文件 环境准备
15	UiPath微信自动群发机器人	UiPath	下载说明：压缩文件中包含xx.nupkg包和Excel模板文件 环境准备
16	UiPath人行汇率自动查询筛选机器人	UiPath	下载说明：压缩文件中包含xx.nupkg包 环境准备：Google Chror
17	法院失信信息查询机器人	BluePrism	法院失信信息查询机器人...
18	PDF自动生成机器人	BluePrism	PDF自动生成机器人...
19	拉勾网招聘信息抓取机器人	商城	打开拉勾网站 输入查询信息 抓取数据 插入Excel...
20			

图 5-7　5-1-rpazj.xlsx

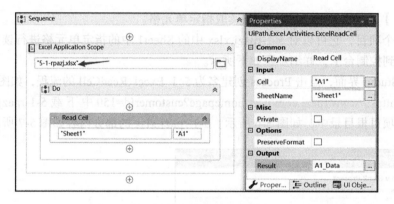

图 5-8　读取指定单元格

4）在 Read Cell 后面添加 Log Message，将读取到的结果 A1_Data 打印到控制台上，如图 5-9 所示。

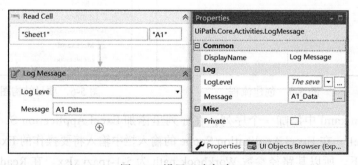

图 5-9　设置日志打印

5）打印结果如图 5-10 所示。

```
⊙ 5_1_Excel_ReadCell execution started
⊙ 机器人名称
⊙ 5_1_Excel_ReadCell execution ended in: 00:00:02
```

图 5-10　执行结果

5.3.2　使用 Workbook 下的 Read Cell

使用 Workbook 下的 Read Cell 来对单元格进行读取，如图 5-11 所示。

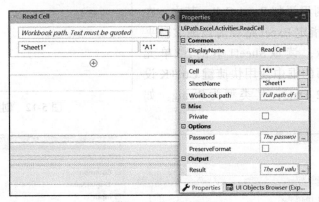

图 5-11　Read Cell

Workbook 下的 Read Cell 的属性如表 5-4 所示。

表 5-4　Read Cell 属性介绍

属性名	用　　途
Cell	指定读取的单元格，这里需要填写一个 String 类型的数据。可以直接填入字符串，如 "A1"，也可以填入一个字符串变量，如先定义一个 String CellName="B2"，就可以直接填入 CellName
SheetName	读取的 Sheet 名称，这里需要填写一个 String 类型的数据。可以直接填入字符串，如 "Sheet1"，也可以填入一个字符串变量，如先定义一个 String SheetName="Sheet2"，就可以直接填入 SheetName
Workbook path	指定操作的 Excel 路径。如果要使用的 Excel 文件位于项目文件夹中，则可以使用其相对路径；也可以使用其在磁盘中的绝对路径。这里需要填写一个 String 类型的数据。可以填入字符串，如 "F:\rpazj\rpazj.xlsx"；也可以填入字符串变量，如先定义 String path="F:\rpazj\rpazj.xlsx"，这里直接填入 path
Private	如果勾选，则参数和变量的值不会出现在繁冗的日志中
Password	打开受密码保护的 Excel 工作簿所需的密码，仅支持字符串变量和字符串
PreserveFormat	如果选中，将保留你要读取的单元格的格式
Result	读取到的结果

【例 5.2】用 Workbook 下的 Read Cell 读取指定单元格。

创建一个项目，它可以对 Excel 中指定单元格进行读取，并将读取结果打印到控制台上，详细步骤如下所示。

1）在 Studio 界面，点击 Process 创建一个名为 5_2_Workbook_ReadCell 的流程，如图 5-12 所示。

2）将例 5.1 下载的 5-1-rpazj.xlsx 文件复制到当前文件夹继续使用。向 Main.xaml 中添加一个序列，在序列里添加 Read Cell。其中，在 Workbook path 中指定 Excel 路径为当前文件夹下的 5-1-rpazj.xlsx，读取 Sheet1 中的 A2 单元格。在 Result 后面的框中使用快捷键 Ctrl+K 设置输出结果为 A2_Data，其类型为 String。如图 5-13 所示。

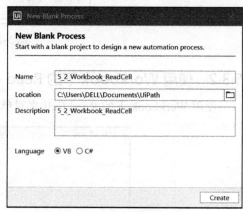

图 5-12　创建流程

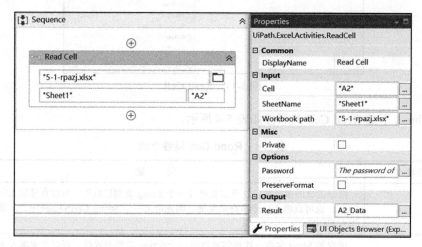

图 5-13　读取指定单元格

3）在 Read Cell 后面添加 Log Message 将结果 A2_Data 打印到控制台，如图 5-14 所示。

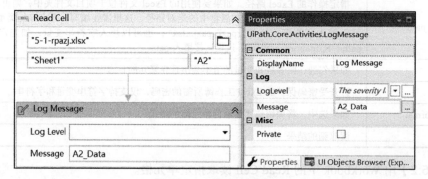

图 5-14　设置日志打印

4）打印结果如图 5-15 所示。

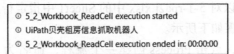

图 5-15　执行结果

5.4　读取行

下面为大家介绍一下如何对 Excel 中的指定行进行读取。

5.4.1　使用 Excel 下的 Read Row

调用 Read Row 读取行，使用 Excel 下的 Read Row 来对行进行读取，如图 5-16 所示。

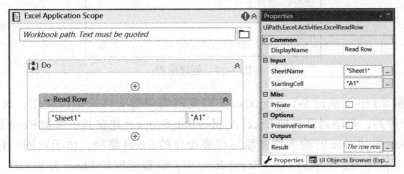

图 5-16　Read Row

Excel 下的 Read Row 的属性如表 5-5 所示。

表 5-5　Read Row 的属性介绍

属性名	用　途
SheetName	读取的 Sheet 名称，这里需要填写一个 String 类型的数据。可以直接填入字符串，如 "Sheet1"，也可以填入一个字符串变量，如先定义一个 String SheetName="Sheet2"，就可以直接填入 SheetName
StartingCell	指定读取的起始单元格，这里需要填写一个 String 类型的数据。可以直接填入字符串，如 "A1"，也可以填入一个字符串变量，如先定义一个 String CellName="B2"，就可以直接填入 CellName
Private	如果勾选，则参数和变量的值不会出现在繁冗的日志中
PreserveFormat	如果选中，将保留你要读取的单元格的格式
Result	读取到的结果（类型：IEnumerable<Object>）

【例5.3】用 Excel 下的 Read Row 读取指定行。

创建一个项目，它可以对 5-1-rpazj.xlsx 中的 Sheet1 中指定行进行读取，并将读取结果打印到控制台上，详细步骤如下所示。

1）进入 Studio 界面，点击 Process 创建一个流程，命名为 5_3_Excel_ReadRow，如图 5-17 所示。

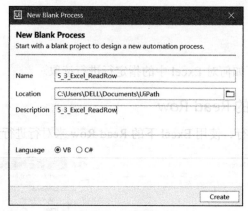

图 5-17　创建流程

2）将例 5.1 中下载的 5-1-rpazj.xlsx 文件复制到当前文件夹继续使用。向 Main.xaml 中添加一个序列，在序列里添加 Excel Application Scope，并在其中添加 Read Row。其中 Excel Application Scope 的输入栏中填写将要操作的 Excel 路径，由于在同一目录下，所以 Workbook path 为 5-1-rpazj.xlsx。Read Row 中，设置读取的 Sheet 为 Sheet1，读取的起始单元格为 A1。Result 后面的框中使用快捷键 Ctrl+K 设置输出结果为 dtRow，其类型为 IEnumerable <Object>，如图 5-18 所示。

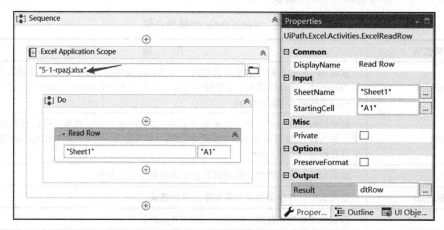

图 5-18　读取指定行

3）在 Read Row 后添加 For Each 来遍历结果。由于前面得到的 dtRow 的类型为 IEnumerable

<Object>，因此这里的参数类型，也就是 item 的类型为 Object，如图 5-19 所示。

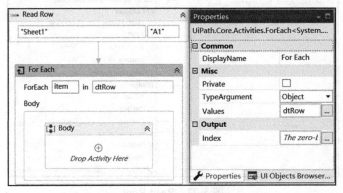

图 5-19　遍历读取结果

4）在 For Each 中添加 Log Message，将遍历结果打印到控制台，如图 5-20 所示。

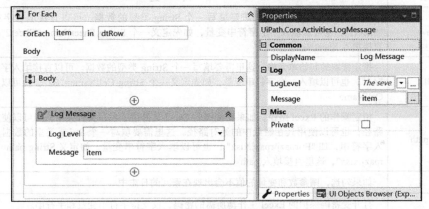

图 5-20　设置日志打印

5）打印结果如图 5-21 所示。

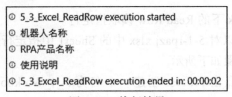

图 5-21　执行结果

5.4.2　使用 Workbook 下的 Read Row

使用 Workbook 下的 Read Row 来读取行，如图 5-22 所示。

Workbook 下的 Read Row 的属性如表 5-6 所示。

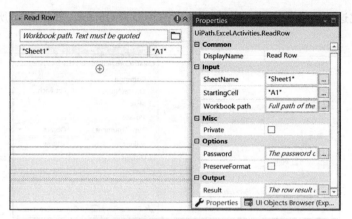

图 5-22　Read Row

表 5-6　Read Row 的属性介绍

属性名	用　途
SheetName	读取的 Sheet 名称，这里需要填写一个 String 类型的数据。可以直接填入字符串，如 "Sheet1"，也可以填入一个字符串变量，如先定义一个 String SheetName="Sheet2"，就可以直接填入 SheetName
StartingCell	指定读取的起始单元格，这里需要填写一个 String 类型的数据。可以直接填入字符串，如 "A1"，也可以填入一个字符串变量，如先定义一个 String CellName="B2"，就可以直接填入 CellName
Workbook path	指定操作的 Excel 路径。如果要使用的 Excel 文件位于项目文件夹中，则可以使用其相对路径；也可以使用其在磁盘中的绝对路径。这里需要填写一个 String 类型的数据。可以填入字符串，如 "F:\rpazj\rpazj.xlsx"；也可以填入字符串变量，如定义 String path="F:\rpazj\rpazj.xlsx"，这里直接填入 path
Private	如果勾选，则参数和变量的值不会出现在繁冗的日志中
Password	打开受密码保护的 Excel 工作簿所需的密码，仅支持字符串变量和字符串
PreserveFormat	如果选中，将保留你要读取的单元格的格式
Result	读取到的结果（类型：IEnumerable<Object>）

【例 5.4】用 Workbook 下的 Read Row 读取指定行。

创建一个项目，它可以对 5-1-rpazj.xlsx 中的 Sheet1 中指定行进行读取，并将读取结果打印到控制台上，详细步骤如下所示。

1）在 Studio 界面，点击 Process 创建一个名为 5_4_Workbook_ReadRow 的流程，如图 5-23 所示。

2）将例 5.1 中下载的 5-1-rpazj.xlsx 文件复制到当前文件夹继续使用。向 Main.xaml 中添加一个序列，在序列中添加 Read Row。其中 Workbook path 为 5-1-rpazj.xlsx，指向同一目录下的 5-1-rpazj.xlsx 文件，读取的 Sheet 为 Sheet1，读取的起始单元格为 A1。Result 后面的框中使用快捷键 Ctrl+K 设置输出结果为 dtRow，其类型为 IEnumerable<Object>。如图 5-24 所示。

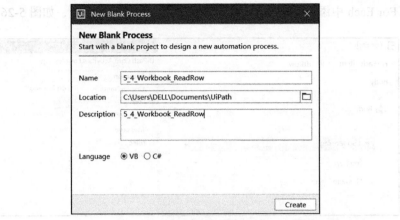

图 5-23　创建流程

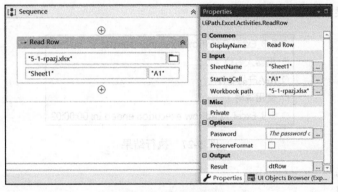

图 5-24　读取指定行

3）在 Read Row 后 面 添 加 For Each， 遍 历 dtRow， 由 于 dtRow 的 类 型 为 IEnumerable<Object>，因此参数类型为 Object，即 item 的类型为 Object，如图 5-25 所示。

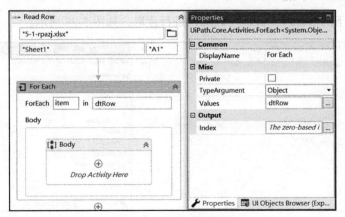

图 5-25　遍历读取结果

4）在 For Each 中添加 Log Message，将遍历结果打印到控制台，如图 5-26 所示。

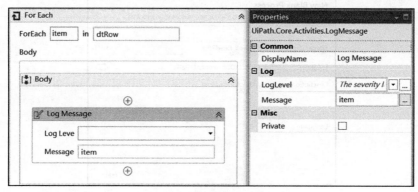

图 5-26　设置日志打印

5）运行结果如图 5-27 所示。

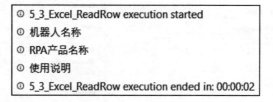

图 5-27　执行结果

5.5　读取列

下面为大家介绍一下如何对 Excel 中的指定列进行读取。

5.5.1　使用 Excel 下的 Read Column

使用 Excel 下的 Read Column 可以对列进行读取，如图 5-28 所示。

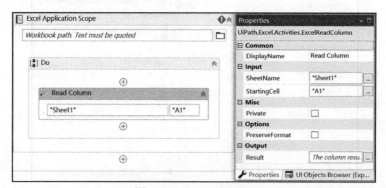

图 5-28　Read Column

Excel 下的 Read Column 的属性如表 5-7 所示。

表 5-7　Read Column 属性介绍

属性名	用　途
SheetName	读取的 Sheet 名称，这里需要填写一个 String 类型的数据。可以直接填入字符串，如 "Sheet1"，也可以填入一个字符串变量，如先定义一个 String SheetName="Sheet2"，就可以直接填入 SheetName
StartingCell	指定读取的起始单元格，这里需要填写一个 String 类型的数据。可以直接填入字符串，如 "A1"，也可以填入一个字符串变量，如先定义一个 String CellName="B2"，就可以直接填入 CellName
Private	如果勾选，则参数和变量的值不会出现在繁冗的日志中
PreserveFormat	如果选中，将保留你要读取的单元格的格式
Result	读取到的结果（类型：IEnumerable<Object>）

【例 5.5】用 Excel 下的 Read Column 读取指定列。

创建一个项目，它可以对 5-1-rpazj.xlsx 中 Sheet1 指定列进行读取，并将读取结果打印到控制台上，详细步骤如下所示。

1）进入 Studio 界面，点击 Process 创建一个名为 5_5_Excel_ReadColumn 的流程，如图 5-29 所示。

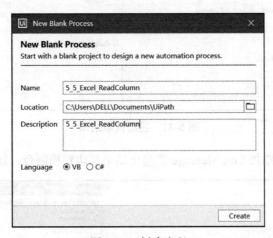

图 5-29　创建流程

2）将例 5.1 中下载的 5-1-rpazj.xlsx 文件复制到当前文件夹继续使用。向 Main.xaml 中添加一个序列，在序列里添加 Excel Application Scope，并在其中添加 Read Column。其中 Excel Application Scope 的 Workbook path 为 5-1-rpazj.xlsx，指向同一目录下的 5-1-rpazj.xlsx 文件。Read Column 中指定读取的 Sheet 为 Sheet1，读取的起始单元格为 A1。Result 后面的框中使用快捷键 Ctrl+K 设置输出结果为 dtColumn，其类型为 IEnumerable<Object>，如图 5-30 所示。

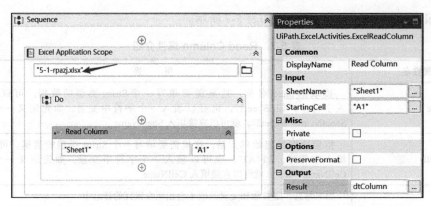

图 5-30　读取指定列

3）在 Read Column 后面添加 For Each 遍历读取结果，如图 5-31 所示。由于 dtColumn 的类型为 IEnumerable\<Object\>，因此参数类型为 Object，即 item 的类型为 Object。

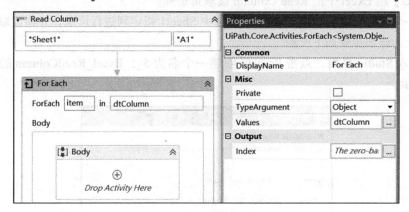

图 5-31　遍历读取结果

4）在 For Each 中添加 Log Message 将遍历结果打印到控制台，如图 5-32 所示。

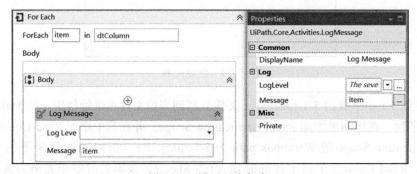

图 5-32　设置日志打印

5）打印结果如图 5-33 所示。

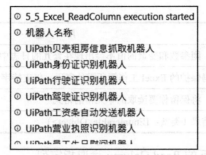

图 5-33　执行结果

5.5.2　使用 Workbook 下的 Read Column

使用 Workbook 下的 Read Column 来读取列，如图 5-34 所示。

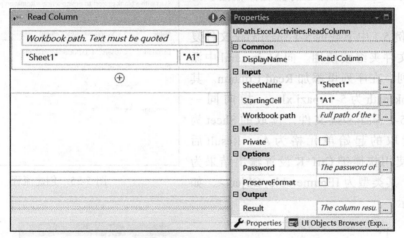

图 5-34　Read Column

Workbook 下的 Read Column 的属性如表 5-8 所示。

表 5-8　Read Column 属性介绍

属性名	用　途
SheetName	读取的 Sheet 名称，这里需要填写一个 String 类型的数据。可以直接填入字符串，如 "Sheet1"，也可以填入一个字符串变量，如先定义一个 String SheetName="Sheet2"，就可以直接填入 SheetName
StartingCell	指定读取的起始单元格，这里需要填写一个 String 类型的数据。可以直接填入字符串，如 "A1"，也可以填入一个字符串变量，如先定义一个 String CellName="B2"，就可以直接填入 CellName
Workbook path	指定操作的 Excel 路径。如果要使用的 Excel 文件位于项目文件夹中，则可以使用其相对路径；也可以使用其在磁盘中的绝对路径。这里需要填写一个 String 类型的数据。可以填入字符串，如 "F:\rpazj\rpazj.xlsx"；也可以填入字符串变量，如定义 String path="F:\rpazj\rpazj.xlsx"，这里直接填入 path

（续）

属性名	用　途
Private	如果勾选，则参数和变量的值不会出现在繁冗的日志中
Password	打开受密码保护的 Excel 工作簿所需的密码，仅支持字符串变量和字符串
PreserveFormat	如果选中，将保留你要读取的单元格的格式
Result	读取到的结果（类型：IEnumerable<Object>）

【例 5.6】用 Workbook 下的 Read Column 读取指定列。

创建一个项目，它可以对 5-1-rpazj.xlsx 中 Sheet1 指定列进行读取，并将读取结果打印到控制台上，详细步骤如下所示。

1）在 Studio 界面，点击 Process 创建名为 5_6_Workbook_ReadColumn 的流程，如图 5-35 所示。

2）将例 5.1 中下载的 5-1-rpazj.xlsx 文件复制到当前文件夹继续使用。向 Main.xaml 中添加一个序列，在序列里添加 Read Column。其中 Workbook path 为 5-1-rpazj.xlsx，指向同一目录下的 5-1-rpazj.xlsx 文件，读取的 Sheet 为 Sheet1，读取的起始单元格为 A1。Result 后面的框中使用快捷键 Ctrl+K 设置输出结果为 dtColumn，其类型为 IEnumerable<Object>，如图 5-36 所示。

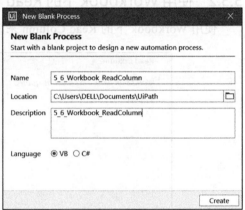

图 5-35　创建流程

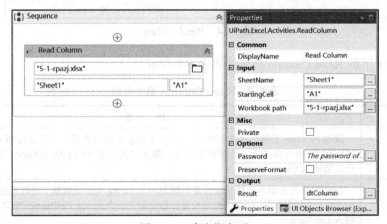

图 5-36　读取指定列

3）在 Read Column 后面添加 For Each 来遍历读取结果。由于 dtColumn 的类型为 IEnumerable<Object>，因此参数类型为 Object，即 item 类型为 Object，如图 5-37 所示。

NNN

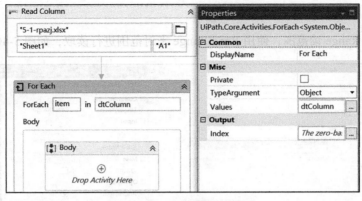

图 5-37　遍历读取结果

4）在 For Each 中添加 Log Message，将结果打印到控制台，如图 5-38 所示。

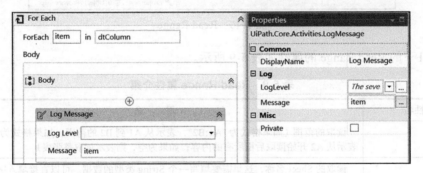

图 5-38　设置日志打印

5）打印的结果如图 5-39 所示。

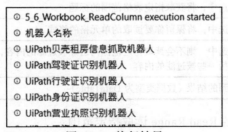

图 5-39　执行结果

5.6　读取范围

下面为大家介绍一下如何对 Excel 中的指定范围进行读取。

5.6.1 使用 Excel 下的 Read Range

调用 Read Range 读范围，使用 Read Range 来对范围进行读取，如图 5-40 所示。

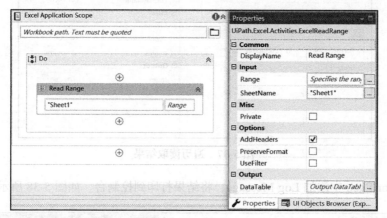

图 5-40 Read Range

Excel 下的 Read Range 的属性如表 5-9 所示。

表 5-9 Read Range 属性介绍

属性名	用　途
Range	读取的范围（如果格式为 "A1:B2"，表示从 A1 到 B2 的范围；如果格式为 "A2"，则表示从 A2 开始读取后面所有的内容；如果为空，则表示读取整张表）
SheetName	读取的 Sheet 名称，这里需要填写一个 String 类型的数据。可以直接填入字符串，如 "Sheet1"，也可以填入一个字符串变量，如先定义一个 String SheetName="Sheet2"，就可以直接填入 SheetName
Private	如果勾选，则参数和变量的值不会出现在繁冗的日志中
AddHeaders	如果选中，将获取指定表格范围的标题
PreserveFormat	如果选中，将保留你要读取的单元格的格式
UseFilter	如果选中，则不会读取特定范围内已经被过滤的内容，默认没有选中，会读取整个范围，包括一些被过滤的内容
DataTable	读取到的结果（数据类型为 DataTable）

【例 5.7】用 Excel 下的 Read Range 读取指定范围。

创建一个项目，它可以对 5-1-rpazj.xlsx 中 Sheet1 指定范围进行读取，并将读取结果打印到控制台上，详细步骤如下所示。

1）进入 Studio 界面，点击 Process 创建一个流程，命名为 5_7_Excel_ReadRange，如图 5-41 所示。

2）将例 5.1 中下载的 5-1-rpazj.xlsx 文件复制到当前文件夹继续使用。向 Main.xaml 中添加一个序列，在序列里添加 Excel Application Scope，并在其中添加 Read Range。其中

Excel Application Scope 的 Workbook path 为 5-1-rpazj.xlsx，指向同一目录下的 5-1-rpazj.xlsx 文件。Read Range 中指定读取的 Sheet 为 Sheet1，指定读取的范围 Range 为 A1:C5，勾选 AddHeaders，表示读取表头。DataTable 后面的框中使用快捷键 Ctrl+K 设置输出结果为 dt，其类型为 DataTable。如图 5-42 所示。

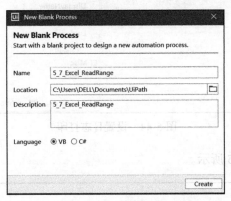

图 5-41　创建流程

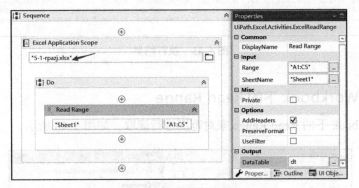

图 5-42　读取指定范围

3）在 Read Range 后面添加 Output Data Table 将 DataTable 类型的 dt 转换为 String 类型的变量 str，如图 5-43 所示。

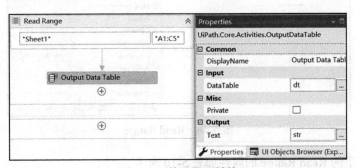

图 5-43　结果类型转换

4）在 Output Data Table 后添加 Log Message 将结果打印到控制台，如图 5-44 所示。

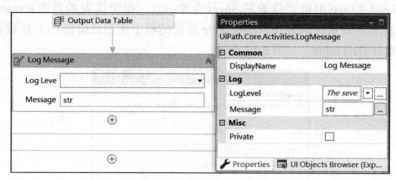

图 5-44　设置日志打印

5）打印结果如图 5-45 所示。

图 5-45　执行结果

5.6.2　使用 Workbook 下的 Read Range

使用 Workbook 下的 Read Range 来对范围进行读取，如图 5-46 所示。

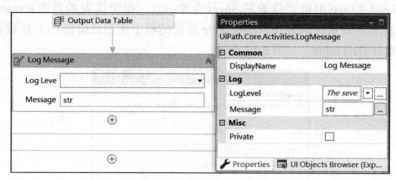

图 5-46　Read Range

Workbook 下的 Read Range 的属性如表 5-10 所示。

表 5-10　Read Range 属性介绍

属性名	用　　途
Range	读取的范围（如果格式为 "A1:B2"，表示从 A1 到 B2 的范围；如果格式为 "A2"，则表示从 A2 开始读取后面所有的内容；如果为空，则表示读取整张表）
SheetName	读取的 Sheet 名称，这里需要填写一个 String 类型的数据。可以直接填入字符串，如 "Sheet1"，也可以填入一个字符串变量，如先定义一个 String sheetName="Sheet2"，就可以直接填入 sheetName
Workbook path	指定操作的 Excel 路径。如果要使用的 Excel 文件位于项目文件夹中，则可以使用其相对路径；也可以使用其在磁盘中的绝对路径。这里需要填写一个 String 类型的数据。可以填入字符串，如 "F:\rpazj\rpazj.xlsx"；也可以填入字符串变量，如定义 String path="F:\rpazj\rpazj.xlsx"，这里直接填入 path
Private	如果勾选，则参数和变量的值不会出现在繁冗的日志中
AddHeaders	如果选中，将获取指定表格范围的标题
Password	打开受密码保护的 Excel 工作簿所需的密码，仅支持字符串变量和字符串
PreserveFormat	如果选中，将保留你要读取的单元格的格式
DataTable	读取到的结果（类型：DataTable）

【例 5.8】用 Workbook 下的 Read Range 读取指定范围。

创建一个项目，它可以对 5-1-rpazj.xlsx 中 Sheet1 指定范围进行读取，并把读取结果打印到控制台上，详细步骤如下所示。

1）进入 Studio 界面，点击 Process 创建名为 5_8_Workbook_ReadRange 的流程，如图 5-47 所示。

2）将例 5.1 中下载的 5-1-rpazj.xlsx 文件复制到当前文件夹继续使用。向 Main.xaml 中添加一个序列，在序列里添加 Read Range，其中 Workbook path 为 5-1-rpazj.xlsx，指向同一目录下的 5-1-rpazj.xlsx 文件，指定读取的 Sheet 为 Sheet1，指定读取的范围 Range 为空，表示读取整张表。在这里不选中 AddHeaders，表示不读取表头。DataTable 后面的框中使用

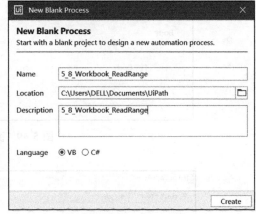

图 5-47　创建流程

快捷键 Ctrl+K 设置输出结果为 dt，其类型为 DataTable，如图 5-48 所示。

3）在 Read Range 后面添加 For Each Row 来遍历得到 DataTable，如图 5-49 所示。

4）在 For Each Row 中添加 Log Message 打印结果到控制台。其中，数据通过 row(列名).ToString 的格式提取，如图 5-50 所示。

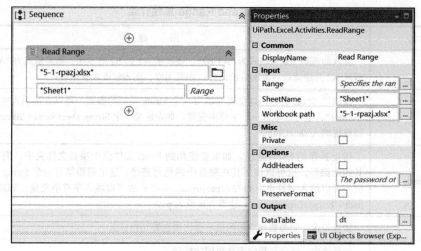

图 5-48 读取指定范围

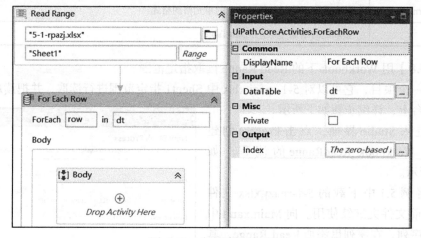

图 5-49 变量读取结果

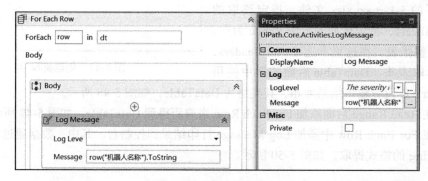

图 5-50 设置日志打印

5）打印结果如图 5-51 所示。

5.7　DataTable 操作

DataTable 是一种矩阵类型的数据结构，其行列均为 n（n 为大于 0 的整数）。该数据结构适用于 Excel 中表格数据的存储。因此在进行 Excel 操作时，我们经常会用到 DataTable。例如，当需要向 Excel 表中写入一个数据表格时，我们可以通过创建一个 DataTable，并给其赋值来实现数据表的写入。此

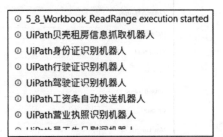

图 5-51　执行结果

外，在进行 Excel 读取时，经常会将读取的结果放在一个 DataTable 中。而在实际开发中，DataTable 往往并不满足条件，因此我们会对 DataTable 进行一系列的增删改查操作，从而得到符合条件的 DataTable，再将其传递下去。

5.7.1　新建 DataTable

在 UiPath 中使用 Build Data Table 创建一个 DataTable，如图 5-52 所示。

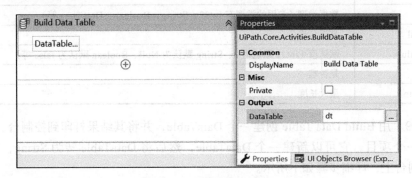

图 5-52　Build Data Table

Build Data Table 的属性如表 5-11 所示。

表 5-11　Build Data Table 属性介绍

属性名	用　途
Private	如果勾选，则参数和变量的值不会出现在繁冗的日志中
DataTable	输出的结果，类型为 DataTable

在 Build Data Table 中可以通过点击"+"来新增列，如图 5-53 所示。

在 Build Data Table 中也可以通过点击"编辑"按钮 ✐ 来对已有列进行编辑，如图 5-54 所示。

图 5-53　新增列　　　　　　　　　　　　　图 5-54　编辑列

New Column 的参数如表 5-12 所示。

表 5-12　New Column 参数介绍

属性名	用　　途
Column Name	列名
Data Type	数据类型（常用的类型有 Int32、String、Boolean、DataTime 等）
Allow Null	是否允许为空
Default Value	默认值（Int32 默认为 0、String 默认为 Null、Boolean 默认为 false 等）
Unique	是否唯一
Max Length	最大长度

【例 5.9】用 Build Data Table 创建一个 DataTable，并将其结果打印到控制台。

创建一个项目，它可以新建一个 DataTable，然后将 DataTable 转为 String，并将结果打印到控制台上，详细步骤如下所示。

1）进入 Studio 界面，点击 Process 创建一个流程，命名为 5_9_BuildDataTable，如图 5-55 所示。

2）向 Main.xaml 中添加一个序列，在序列里添加 Build Data Table。在 DataTable 后面的框中使用快捷键 Ctrl+K 设置输出结果为 dt，其类型为 DataTable，如图 5-56 所示。

3）点击 DataTable… 在其中创建 4 个列，分别命名为"姓名 (String)""年龄 (Int32)""地址 (String)""工作 (String)"，并为每列添加值，如图 5-57 所示。

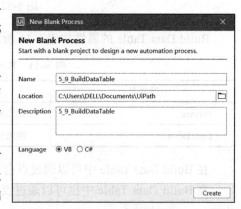

图 5-55　创建流程

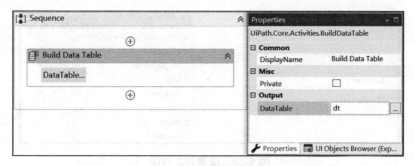

图 5-56　新建数据表

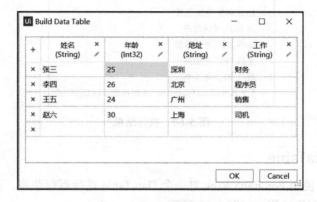

图 5-57　设置数据表内容

4）在 Build Data Table 后添加 Output Data Table，将 DataTable 类型的 dt 转为 String 的 str，如图 5-58 所示。

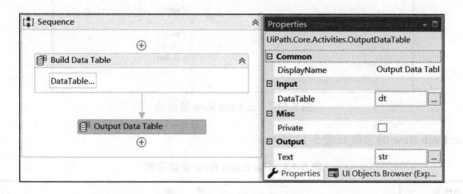

图 5-58　数据类型转换

5）在 Output Data Table 后添加 Log Message 将 str 的值打印到控制台，如图 5-59 所示。

6）打印结果如图 5-60 所示。

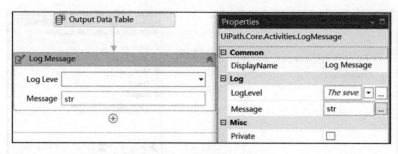

图 5-59　设置日志打印

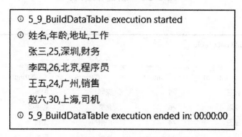

图 5-60　执行结果

5.7.2　遍历 DataTable

在 UiPath 中，使用 For Each Row 对一个 DataTable 进行逐行获取，通过字段名称可以获取到每一行每个字段的值，如图 5-61 所示。

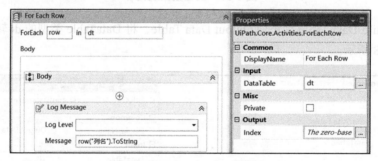

图 5-61　For Each Row 遍历 dt

For Each Row 的参数如表 5-13 所示。

表 5-13　For Each Row 参数介绍

属性名	用　　途
DataTable	输入的 DataTable
Private	如果勾选，则参数和变量的值不会出现在繁冗的日志中
Index	从 0 开始的索引，指定遍历当前集合的哪个元素

【例 5.10】使用 For Each Row 对 DataTable 进行遍历。

创建一个项目，用 Build Data Table 创建一个 DataTable，然后使用 For Each Row 对 DataTable 进行遍历，并将列名为"姓名"的列中的值打印到控制台，详细步骤如下所示。

1）进入 Studio 界面，点击 Process 创建一个流程，命名为 5_10_ForEachRow，如图 5-62 所示。

2）在设计面板中，向 Main.xaml 中添加一个序列，在序列里添加 Build Data Table。在 DataTable 后面的框中使用快捷键 Ctrl+K 设置输出结果为 dt，其类型为 DataTable，如图 5-63 所示。

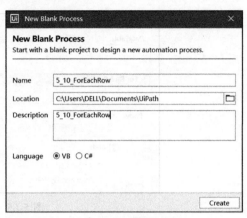

图 5-62　创建流程

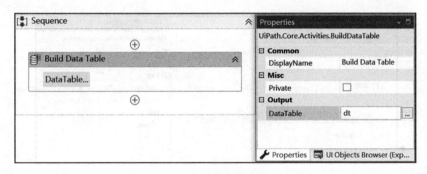

图 5-63　创建数据表

3）在其中创建 4 个列，分别命名为"姓名（String）""年龄（Int32）""地址（String）""工作（String）"，并为每列添加值，如图 5-64 所示。

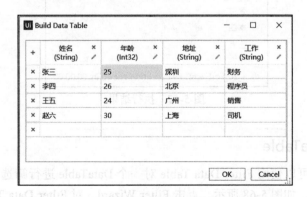

图 5-64　设置数据表内容

4）添加 For Each Row 来遍历 DataTable 类型的数据 dt，如图 5-65 所示。

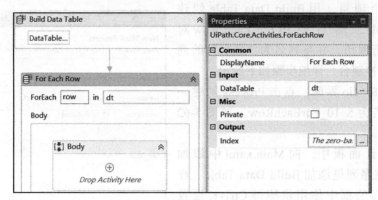

图 5-65　遍历 DataTable

5）在 For Each Row 中添加 Log Message 来将结果打印到控制台，如图 5-66 所示。

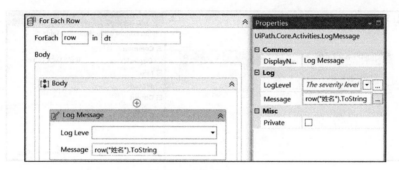

图 5-66　设置日志打印

6）打印结果如图 5-67 所示。

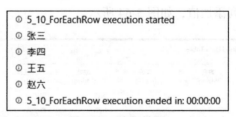

图 5-67　执行结果

5.7.3　筛选 DataTable

在 UiPath 中，可以使用 Filter Data Table 对一个 DataTable 进行筛选，从而得到一个满足条件的 DataTable，如图 5-68 所示。点击 Filter Wizard... 对 Filter Data Table 进行参数设置（包括筛选条件和想要得到那些具体的数据），从而得到一个满足要求的 DataTable，并输出。

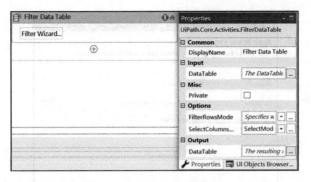

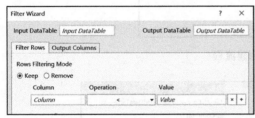 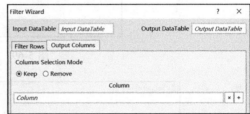

图 5-68　筛选数据表

Filter Data Table 的参数如表 5-14 所示。

表 5-14　Filter Data Table 参数介绍

属性名	用　途
Input DataTable	输入的 DataTable
Output DataTable	筛选后得到的 DataTable
Filter Rows>Keep	输出满足下面条件的数据
Filter Rows>Remove	输出不满足下面条件的数据
Output Columns>Keep	Column 中如果不填入任何值，则默认得到所有的 Column；如果填入值，则只输出该列
Output Columns>Remove	输出的结果中不存在该列

【例 5.11】使用 Filter Data Table 对 DataTable 进行筛选。

创建一个项目，用 Build Data Table 创建一个 DataTable，然后使用 Filter Data Table 对 DataTable 进行筛选（筛选条件为 " 地址 "=" 深圳 "），将筛选后的 DataTable 转为 String 类型的数据打印到控制台，详细步骤如下所示。

1）进入 Studio 界面，点击 Process 创建一个流程，命名为 5_11_FilterDataTable，如图 5-69 所示。

2）在设计面板中，向 Main.xaml 中添加一个序列，在序列里添加 Build Data Table。在 DataTable 后面的框中使用快捷键 Ctrl+K 设置输出结果为 dt，其类型为 DataTable，如图 5-70 所示。

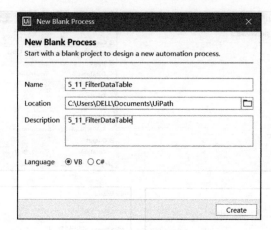

图 5-69　创建流程

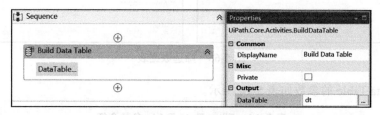

图 5-70　新建数据表

3）点击 DataTable... 创建 4 个列，分别命名为"姓名（String）""年龄（Int32）""地址（String）""工作（String）"，并为每列添加值，如图 5-71 所示。

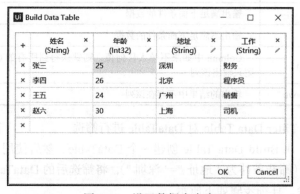

图 5-71　设置数据表内容

4）在 Build Data Table 后面添加 Filter Data Table 来筛选出 " 地址 "=" 深圳 " 的数据，只输出列名为"姓名"和"工作"的列，如图 5-72 所示。

5）点击 Filter Wizard... 设置筛选条件，在 Input DataTable 中填入上一步创建的 dt，在 Output DataTable 中设置一个类型为 DataTable 的变量，命名为 resultDT。点击 Filter Rows，

设置筛选条件为列名 " 地址 "=" 深圳 "，如图 5-73 所示。

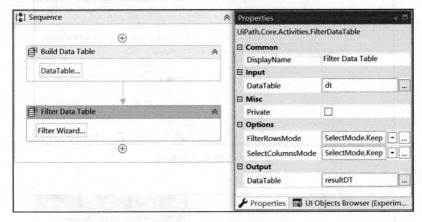

图 5-72　筛选数据表

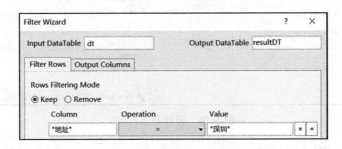

图 5-73　设置筛选条件

6）点击 Output Columns，设置输出列名为"姓名"和"工作"的列，如图 5-74 所示。

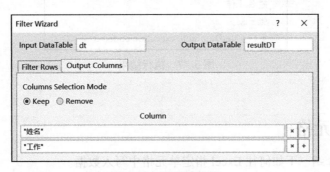

图 5-74　设置输出列

7）在 Filter Data Table 后面添加 Output Data Table，并将筛选后得到的 resultDT 转为 String 类型，如图 5-75 所示。

8）添加 Log Message，将输出结果 str 打印到控制台，如图 5-76 所示。

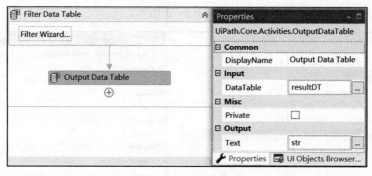

图 5-75　数据类型转换

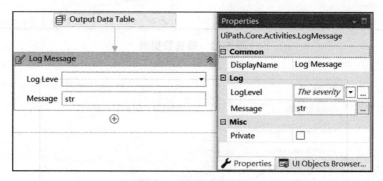

图 5-76　设置日志打印

9）打印结果如图 5-77 所示。

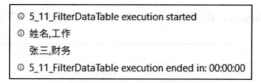

图 5-77　执行结果

5.8　写入单元格

下面为大家介绍一下如何往 Excel 指定单元格中写入数据。

5.8.1　Excel 下的 Write Cell

使用 Excel 下的 Write Cell 可以向 Excel 单元格中写入数据，如图 5-78 所示。

Excel 下的 Write Cell 的属性如表 5-15 所示。

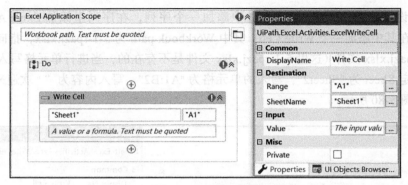

图 5-78　Write Cell

表 5-15　Write Cell 属性介绍

属性名	用　途
Range	指定写入的范围。这里需要填入一个 String 类型的数据，既可以是一个单元格，如 "A1"，也可以是写入多个单元格，如 "A1:B3"
SheetName	指定写入的 Sheet 的名称。这里需要填入一个 String 类型的数据，如果 SheetName 不存在，则会自动创建
Value	写入的内容。这里需要填写一个 String 类型的数据
Private	如果勾选，则参数和变量的值不会出现在繁冗的日志中

【例 5.12】用 Excel 下的 Write Cell 向指定单元格中写入数据。

创建一个项目，它可以向 5-1-rpazj.xlsx（其中 5-1-rpazj.xlsx 可以不存在，在写入数据时会自动创建）中的 Sheet2 中的指定单元格中写入数据，详细步骤如下所示。

1）进入 Studio 界面，点击 Process 创建一个流程，命名为 5_12_Excel_WriteCell，如图 5-79 所示。

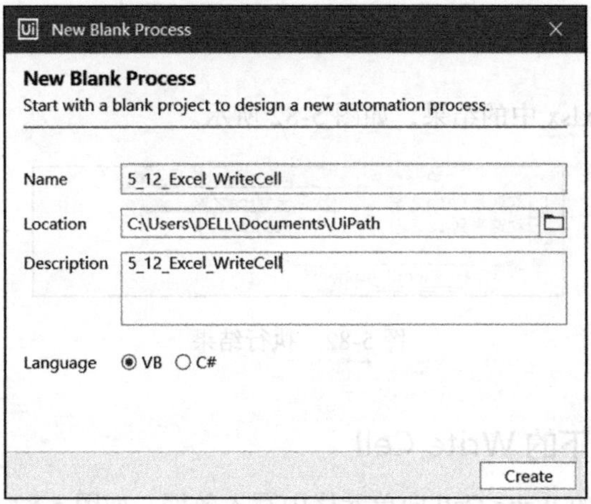

图 5-79　创建流程

2）在设计面板中，向 Main.xaml 中添加一个序列，在序列里添加 Excel Application Scope，并在其中添加一个 Write Cell。其中 Workbook path 为 5-1-rpazj.xlsx，指向同一目录下的 5-1-rpazj.xlsx 文件（这里 5-1-rpazj.xlsx 文件是不存在的，当进行单元格写入前会自动创建），指定 Sheet 为 "Sheet2"，写入的单元格为 "A1:B2"，写入内容为 "" 欢迎来到 rpa 之家 ""。如图 5-80 所示。

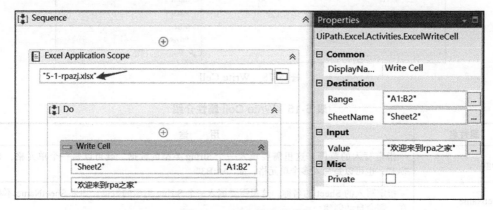

图 5-80　写入指定单元格

3）流程运行后，可以看到面板左侧如图 5-81 所示。

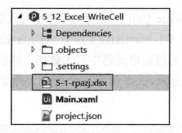

图 5-81　执行结果目录

4）查看 5-1-rpazj.xlsx 中的结果，如图 5-82 所示。

图 5-82　执行结果

5.8.2　Workbook 下的 Write Cell

使用 Workbook 下的 Write Cell 向单元格中写入数据，如图 5-83 所示。

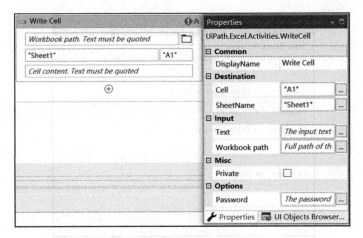

图 5-83　Write Cell

Workbook 下的 Write Cell 的属性如表 5-16 所示。

表 5-16　Write Cell 属性介绍

属性名	用　　途
Cell	指定写入的单元格。这里需要填入一个 String 类型的数据，可以直接填入字符串，如 "A1"，也可以填入一个字符串变量，如先定义一个 String CellName="B2"，就可以直接填入 CellName
SheetName	指定写入的 Sheet 的名称。这里需要填入一个 String 类型的数据，如果 SheetName 不存在，则会自动创建
Text	写入的内容。这里需要填写一个 String 类型的数据
Workbook path	这里需要填入一个 String 类型的数据，作为将要写入的 Excel 路径，该 Excel 可以不存在。该路径可以是相对路径，如要使 Excel 位于本项目文件夹中，则可以设置成文件名称，如 rpazj.xlsx。如果要使用绝对路径，则需要填写其在磁盘中的完整路径，如 F:\rpazj\rpazj.xlsx
Private	如果勾选，则参数和变量的值不会出现在繁冗的日志中。
Password	打开受密码保护的 Excel 工作簿所需的密码。仅支持字符串变量和字符串。

【例 5.13】用 Workbook 下的 Write Cell 向指定单元格中写入数据。

创建一个项目，它可以向 5-1-rpazj.xlsx（这里 5-1-rpazj.xlsx 不存在，在写入数据时会自动创建）中的 Sheet2 中的指定单元格中写入数据，详细步骤如下所示。

1）在 Studio 界面，点击 Process 创建名为 5_13_Workbook_WriteCell 的流程，如图 5-84 所示。

2）在设计面板中，向 Main.xaml 中添加一个序列，在序列里添加 Write Cell。其中 Workbook path 为 5-1-rpazj.xlsx，指向同一目录下的 5-1-rpazj.xlsx 文件，指定 Sheet 为 "Sheet2"，写入的单元格为 "A1"，写入内容为 ""欢迎来到 rpa 之家""，如图 5-85 所示。

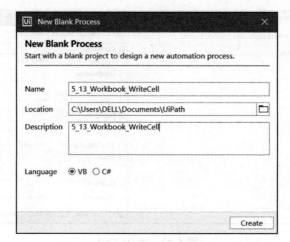

图 5-84　创建流程

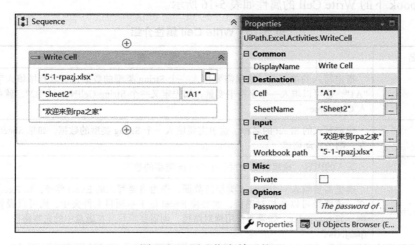

图 5-85　写入指定单元格

3）流程运行后，可以看到面板左侧如图 5-86 所示。

4）查看 5-1-rpazj.xlsx 中的结果，如图 5-87 所示。

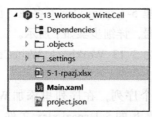

图 5-86　执行结果目录

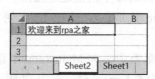

图 5-87　执行结果

5.9　写入范围

下面为大家介绍一下如何往 Excel 指定范围中写入数据。

5.9.1　Excel 下的 Write Range

调用 Write Range 读取范围，使用 Excel 下的 Write Range 向 Excel 中写入多行多列数据，如图 5-88 所示。

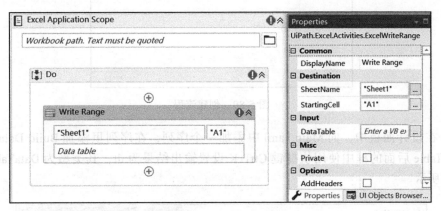

图 5-88　Write Range

Excel 下的 Write Range 的属性如表 5-17 所示。

表 5-17　Write Range 属性介绍

属性名	用　　途
SheetName	将要写入的 Sheet 的名称，这里需要填写一个 String 类型的数据。可以直接填入字符串，如 "Sheet1"，也可以填入一个字符串变量，如先定义一个 String SheetName="Sheet2"，就可以直接填入 SheetName。如果该 Sheet 不存在，则在执行写入前会自动创建
StartingCell	指定写入的起始单元格，这里需要填写一个 String 类型的数据。可以直接填入字符串，如 "A1"，也可以填入一个字符串变量，如先定义一个 String CellName="B2"，就可以直接填入 CellName
DataTable	将写入 Excel 中的数据，类型为 DataTable
Private	如果勾选，则参数和变量的值不会出现在繁冗的日志中
AddHeaders	如勾选，则表示会连同列名一起写入

【例 5.14】用 Excel 下的 Write Range 向指定范围中写入数据。

创建一个项目，它可以向 5-1-rpazj.xlsx（这里 5-1-rpazj.xlsx 不存在，在写入数据时会自动创建）中的 Sheet3 中的指定范围中写入数据，详细步骤如下所示。

1）进入 Studio 界面，点击 Process 创建名为 5_14_Excel_WriteRange 的流程，如图 5-89 所示。

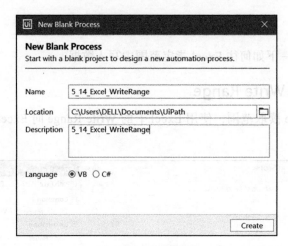

图 5-89　创建流程

2）在设计面板中，向 Main.xaml 中添加一个序列，在序列里添加 Build Data Table，在 DataTable 后面的框中使用快捷键 Ctrl+K 设置输出结果为 dt，其类型为 DataTable，如图 5-90 所示。

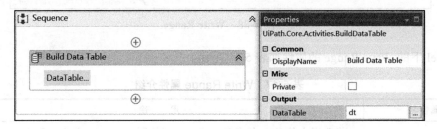

图 5-90　创建数据表

3）点击 DataTable...，在其中创建 4 个列，分别命名为"姓名（String）""年龄（Int32）""地址（String）""工作（String）"，并为每列添加值，如图 5-91 所示。

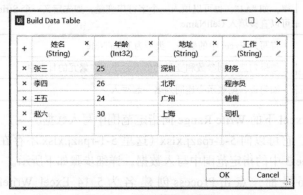

图 5-91　设置数据表内容

4）在其 Build Data Table 后面添加一个 Excel Application Scope，在 Excel Application Scope 中添加一个 Write Range。在 Excel Application Scope 中，Workbook path 为 5-1-rpazj.xlsx，表示当前目录下的 5-1-rpazj.xlsx 文件（如果 5-1-rpazj.xlsx 不存在，则会自动创建），要写入的 Sheet 为 "Sheet2"，写入的起始单元格为 "A1"，写入内容为 dt，勾选 AddHeaders，说明需要写入表头。如图 5-92 所示。

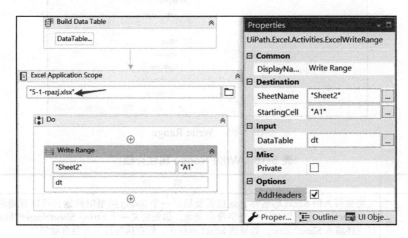

图 5-92　写入指定范围

5）运行后，可以看到面板左侧如图 5-93 所示。

6）查看 5-1-rpazj.xlsx 结果如图 5-94 所示。

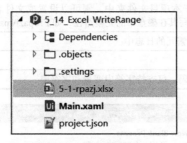

图 5-93　执行结果目录

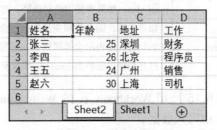

图 5-94　执行结果

5.9.2　Workbook 下的 Write Range

使用 Workbook 下的 Write Range 来向 Excel 中写入数据，如图 5-95 所示。

Workbook 下的 Write Range 的属性如表 5-18 所示。

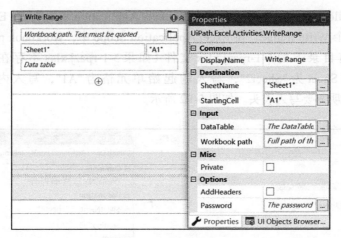

图 5-95 Write Range

表 5-18 Write Range 属性介绍

属性名	用 途
SheetName	将要写入的 Sheet 的名称，这里需要填写一个 String 类型的数据。可以直接填入字符串，如 "Sheet1"，也可以填入一个字符串变量，如先定义一个 String SheetName="Sheet2"，就可以直接填入 SheetName。如果该 Sheet 不存在，则在执行写入前会自动创建
StartingCell	指定写入的起始单元格，这里需要填写一个 String 类型的数据。可以直接填入字符串，如 "A1"，也可以填入一个字符串变量，如先定义一个 String CellName="B2"，就可以直接填入 CellName
DataTable	将写入 Excel 中的数据，类型为 DataTable
Workbook path	这里需要填入一个 String 类型的数据，作为将要写入的 Excel 路径，该 Excel 可以不存在。该路径可以是相对路径，如要使 Excel 位于本项目文件夹中，则可以设置成文件名称，如 rpazj.xlsx；如果要使用绝对路径，则需要填写其在磁盘中的完整路径，如 F:\rpazj\rpazj.xlsx
Private	如果勾选，则参数和变量的值不会出现在繁冗的日志中
AddHeaders	如勾选，则表示会连同列名一起写入
Password	打开受密码保护的 Excel 工作簿所需的密码。仅支持字符串变量和字符串

【例 5.15】用 Workbook 下 的 Write Range 向 Excel 中写入数据。

创建一个项目，它可以向 5-1-rpazj.xlsx（这里 5-1-rpazj.xlsx 不存在，在执行写入前会自动创建）中的 Sheet2 中的指定单元格中写入数据，详细步骤如下所示。

1）进入 Studio 界面，点击 Process 创建名为 5_15_Workbook_WriteRange 的 流 程，如 图 5-96 所示。

2）在设计面板中，向 Main.xaml 中添加一个序列，在序列里添加 Build Data Table，在 DataTable

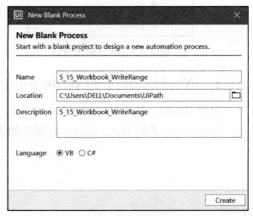

图 5-96 创建流程

后面的框中使用快捷键 Ctrl+K 设置输出结果为 dt，类型为 DataTable，如图 5-97 所示。

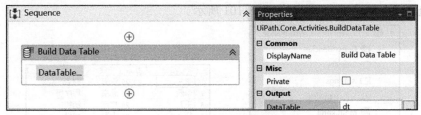

图 5-97　创建数据表

3）点击 DataTable… 在其中创建 4 个列，分别命名为"姓名（String）""年龄（Int32）""地址（String）""工作（String）"，并为每列添加值，如图 5-98 所示。

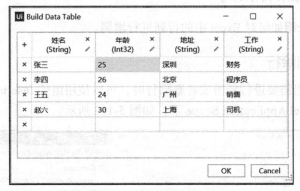

图 5-98　设置数据表内容

4）在 Build Data Table 后面添加一个 Write Range。其中，在 Write Range 中，Workbook path 为 5-1-rpazj.xlsx，表示当前目录下的 5-1-rpazj.xlsx 文件。将要写入的 Sheet 为 "Sheet2"，写入的起始单元格为 "A1"，写入内容为 dt，不勾选 AddHeaders 说明不写入表头，如图 5-99 所示。

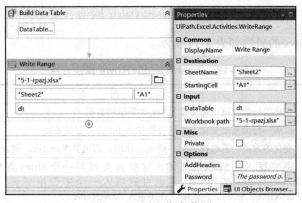

图 5-99　写入指定范围

5）运行后可以看到左侧面板如图 5-100 所示。

6）查看 5-1-rpazj.xlsx，结果如图 5-101 所示。

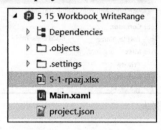

图 5-100　执行结果目录　　　　　　　　图 5-101　执行结果

5.10　添加 / 删除行和列

接下来为大家介绍如何对 Excel 中的行列进行增删。

5.10.1　添加 / 删除行

在 UiPath 中，当需要进行新增或者删除行时，可以使用组件 Insert/Delete Rows，该组件操作必须位于 Excel Application Scope 下，如图 5-102 所示。

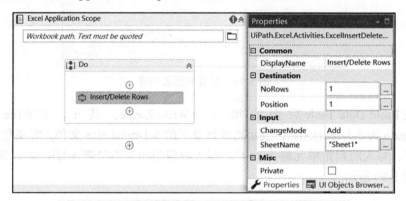

图 5-102　Insert/Delete Rows

Insert/Delete Rows 的属性如表 5-19 所示。

表 5-19　Insert/Delete Rows 属性介绍

属性名	用　途
NoRows	变化的行数，这里需要填入 Int32 类型的数据
Position	以哪一行为基准变化，这里需要填入 Int32 类型的数据
ChangeMode	变化的方式。若选择 Add，则表示新增；若选择 Remove，则表示移除
SheetName	将要写入的 Sheet 的名称，这里需要填写一个 String 类型的数据。可以直接填入字符串，如 "Sheet1"，也可以填入一个字符串变量，如先定义一个 String SheetName="Sheet2"，就可以直接填入 SheetName
Private	如果勾选，则参数和变量的值不会出现在繁冗的日志中

【例 5.16】用 Insert/Delete Rows 在 Excel 中新增行。

创建一个项目，向 5-1-rpazj.xlsx 中的 Sheet3 中第 3 行的前面添加 2 行，详细步骤如下所示。

1）在 Studio 界面，点击 Process 创建名为 5_16_Insert_Delete_Rows 的流程，如图 5-103 所示。

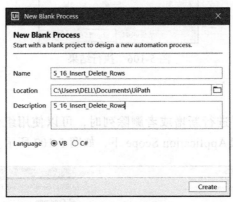

图 5-103　创建流程

2）复制例 5.1 中的 5-1-rpazj.xlsx 文件到当前目录。5-1-rpazj.xlsx 的 Sheet3 的内容如图 5-104 所示。

3）在设计面板中，向 Main.xaml 中添加一个序列，在序列里添加 Excel Application Scope，在其中添加 Insert/Delete Rows。设置 Workbook path 为 5-1-rpazj.xlsx，表示同一目录下的 5-1-rpazj.xlsx 文件，设置操作的 Sheet 为 "Sheet3"，NoRows 为 2，Position 为 3，ChangeMode 为 Add，表示在第 3 行的前面添加 2 行，如图 5-105 所示。

图 5-104　5-1-rpazj.xlsx 的 Sheet3

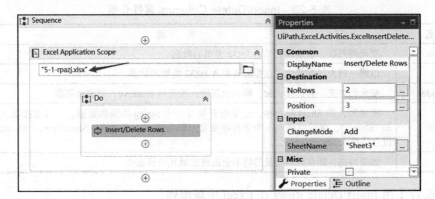

图 5-105　指定插入行

4）运行流程后，查看 5-1-rpaz.xlsx 中的结果如图 5-106 所示。

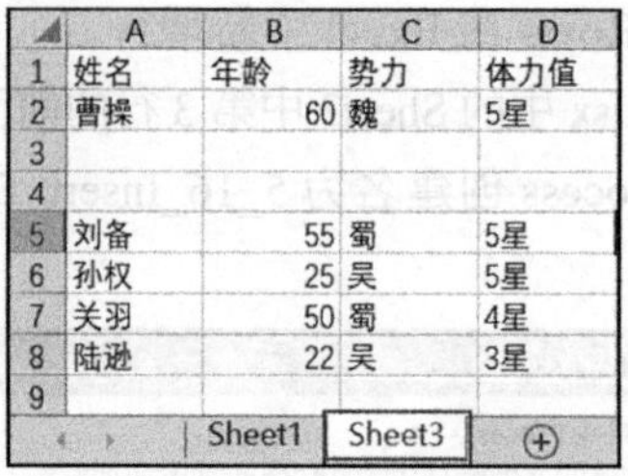

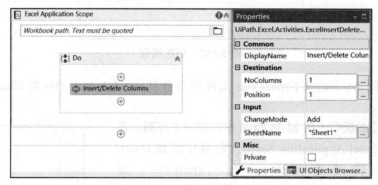

图 5-106　执行结果

5.10.2　添加 / 删除列

在 UiPath 中，当需要进行新增或者删除列时，可以使用组件 Insert/Delete Columns，该组件操作必须位于 Excel Application Scope 下，如图 5-107 所示。

图 5-107　Insert/Delete Columns

Insert/Delete Columns 的属性如表 5-20 所示。

表 5-20　Insert/Delete Columns 属性介绍

属性名	用　　途
NoColumns	变化的列数，这里需要填入 Int32 类型的数据
Position	以哪一列为基准变化，这里需要填入 Int32 类型的数据
ChangeMode	变化的方式。若选择 Add，则表示新增；若选择 Remove，则表示移除
SheetName	将要写入的 Sheet 的名称，这里需要填写一个 String 类型的数据。可以直接填入字符串，如 "Sheet1"，也可以填入一个字符串变量，如先定义一个 String SheetName="Sheet2"，就可以直接填入 SheetName
Private	如果勾选，则参数和变量的值不会出现在繁冗的日志中

【例 5.17】用 Insert/Delete Rows 在 Excel 中新增列。

创建一个项目，它可以向 5-1-rpazj.xlsx 中的 Sheet3 中第 3 列的前面插入 2 列，详细步骤如下所示。

1）进入 Studio 界面，点击 Process 创建名为名为 5_17_Insert_Delete_Columns 的流程，

如图 5-108 所示。

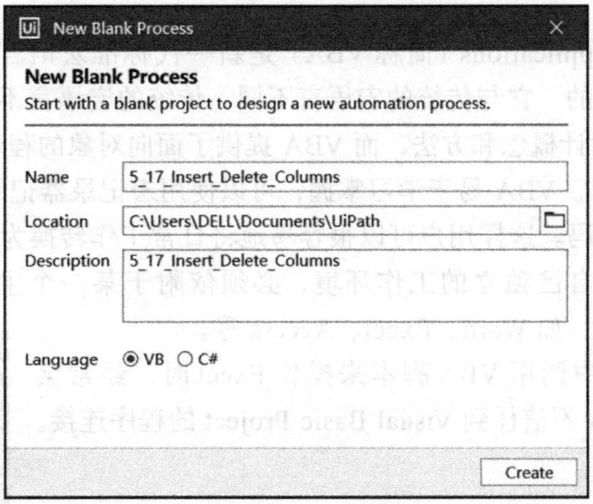

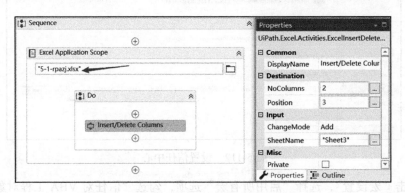

图 5-108　创建流程

2）在设计面板中，向 Main.xaml 中添加一个序列，复制例 5.1 中 5-1-rpazj.xlsx 文件到当前文件夹。在序列里添加 Excel Application Scope，在其中添加 Insert/Delete Columns，设置 Workbook path 为 5-1-rpazj.xlsx，设置操作的 Sheet 为 "Sheet3"，设置 NoColumns 为 2，Position 为 3，ChangeMode 为 Add，表示在第 3 列的前面添加 2 列，如图 5-109 所示。

图 5-109　指定插入列

3）查看 5-1-rpazj.xlsx 中 Sheet3 的结果，如图 5-110 所示。

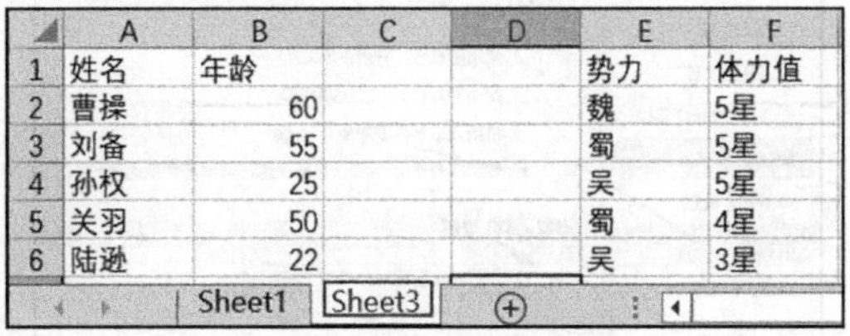

	A	B	C	D	E	F
1	姓名	年龄			势力	体力值
2	曹操	60			魏	5星
3	刘备	55			蜀	5星
4	孙权	25			吴	5星
5	关羽	50			蜀	4星
6	陆逊	22			吴	3星

图 5-110　执行结果

5.11 调用 VBA 处理 Excel

Visual Basic for Applications（简称 VBA）是新一代标准宏语言，是基于 Visual Basic for Windows 发展而来的。它与传统的宏语言不同，传统的宏语言不具有高级语言的特征，没有面向对象的程序设计概念和方法，而 VBA 提供了面向对象的程序设计方法，提供了相当完整的程序设计语言。VBA 易于学习掌握，可以使用宏记录器记录用户的各种操作并将其转换为 VBA 程序代码。这样用户可以很容易地将日常工作转换为 VBA 程序代码，使工作自动化。VBA 没有自己独立的工作环境，必须依附于某一个主应用程序，专门用于 Office 的各应用程序中，如 Word、Excel、Access 等。

当我们在 UiPath 中调用 VBA 脚本来操作 Excel 时，经常会遇到以下的报错：VBA 不信任到 Visual Basic Project 的程序连接。这时我们需要先设置宏。

图 5-111　选项

详细步骤如下所示。

1）如图 5-111 所示，打开 Excel 选项。

2）先点击"信任中心"，然后点击"信任中心设置"按钮，如图 5-112 所示。

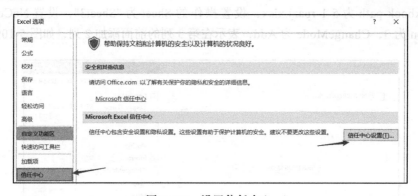

图 5-112　设置信任中心

3）点击"宏设置"，选择"启用所有宏"选项，勾选"信任对 VBA 工程对象模型的访问"复选框，然后点击"确定"按钮，如图 5-113 所示。

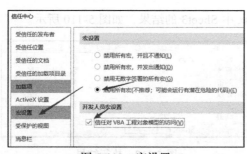

图 5-113　宏设置

在 UiPath 中使用组件 Invoke VBA 可以调用 VBA 脚本对 Excel 进行操作，该组件必须放置于 Excel Application Scope 中，如图 5-114 所示。

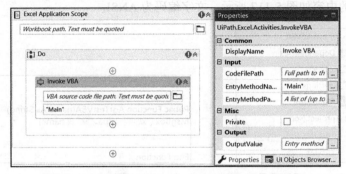

图 5-114　Invoke VBA

Invoke VBA 的属性如表 5-21 所示。

表 5-21　Invoke VBA 属性介绍

属性名	用　　途
CodeFilePath	指定脚本文件
EntryMethodName	指定脚本中的运行方法
EntryMethodParameters	设置传入脚本中的参数
Private	如果勾选，则参数和变量的值不会出现在繁冗的日志中
OutputValue	脚本运行结果

【例 5.18】使用 Invoke VBA 调用 VBA 脚本操作来获取 Excel 中的 Sheet 名称。

创建一个项目，它可以调用 Invoke VBA 脚本操作 Excel，详细步骤如下所示。

1）进入 Studio 界面，点击 Process 创建一个流程，命名为 5_18_InvokeVBA，如图 5-115 所示。

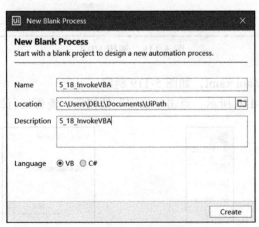

图 5-115　创建流程

2）从 https://www.rpazj.com/user/homepage?customerId=150 中下载 VBA.txt 文件，保存到当前项目根目录中。在当前目录下新建一个 Excel 文件，命名为 Test.xlsx，如图 5-116 所示。VBA.txt 的内容如图 5-117 所示，文字编码为 ANSI。

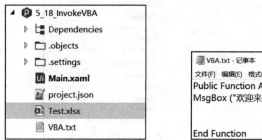
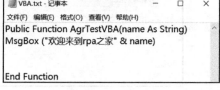

图 5-116　项目目录　　　　　图 5-117　VBA.txt

3）在设计面板中，向 Main.xaml 中添加一个序列，在序列里添加 Excel Application Scope，并在其中添加 Invoke VBA。设置 Workbook path 为 Test.xlsx，表示同一目录下的 Test.xlsx 文件，CodeFilePath 指定运行的脚本为 VBA.txt，表示同一目录下的 VBA.txt 文件。EntryMethodName 为脚本中执行的方法，从图 5-117 中可以知道，该方法名为 AgrTestVBA。EntryMethodParameters 为传入参数，在 Invoke VBA 中的参数类型为 IEnumerable<Object>。参数个数为 1，类型为 String。具体设置如图 5-118 所示。

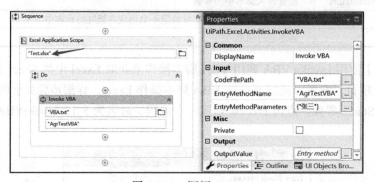

图 5-118　调用 VBA

4）点击 Run 运行 Main.xaml，如图 5-119 所示。

5）运行结果如图 5-120 所示。点击"确定"按钮后，流程运行结束。

图 5-119　运行主流程　　　　图 5-120　执行结果

5.12　Excel 中宏函数使用

　　宏是 Excel 内置的一门编程语言，又称为 VBA，可以完成 Excel 中很多的数据处理。Excel 中的任何动作都可以用 VBA 代码实现，其应用场景非常广泛，如批量取消工作表隐藏、禁止打开 Excel、禁止插入等。在 Excel 中可使用组件 Execute Macro 调用宏函数直接操作 Excel，该组件必须位于 Excel Application Scope 中，如图 5-121 所示。

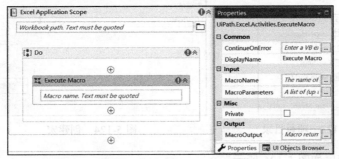

图 5-121　Execute Macro

Execute Macro 的属性如表 5-22 所示。

表 5-22　Execute Macro 属性介绍

属性名	用　途
MacroName	调用的函数方法名
MacroParameters	传入参数
Private	如果勾选，则参数和变量的值不会出现在繁冗的日志中
MacroOutput	执行函数得到的结果

　　【例 5.19】使用 Execute Macro 调用宏函数操作 Excel。

　　创建一个项目，它可以调用 Execute Macro，执行宏函数，详细步骤如下所示。

　　1）进入 Studio 界面，点击 Process 创建一个流程，命名为 5_19_ExecuteMacro，如图 5-122 所示。

图 5-122　创建流程

2）从 https://www.rpazj.com/user/homepage?customerId=150 中下载 Run_Macro.xlsm 文件，保存到当前项目根目录中，如图 5-123 所示。

3）打开 Run_Macro.xlsm，点击"视图"，然后点击"宏"，选择"查看宏"。创建宏 TestMacro，如图 5-124 所示。

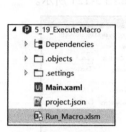

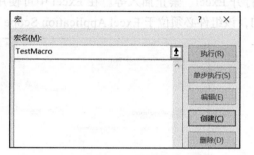

图 5-123　项目目录　　　　　　　　　　图 5-124　创建宏

4）设置宏程序如图 5-125 所示。

5）在设计面板中，向 Main.xaml 中添加一个序列，在序列里添加一个 Excel Application Scope，在其中添加一个 Execute Macro，如图 5-126 所示。Workbook path 为"Run_Macro.xlsm"，表示同一目录下的 Run_Macro.xlsm 文件，MacroName 表示宏的名称，与图 5-125 中相同，MacroParameters 为传入参数，其规定的类型为 IEnumerable<Object>。在宏代码中传入的参数类型为 String，因此这里的参数格式为 {String}。

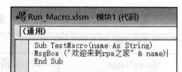

图 5-125　设置宏程序

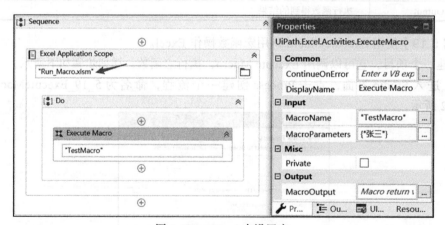

图 5-126　Excel 中设置宏

6）点击 Run，执行 Main.xaml，如图 5-127 所示。

7）执行结果如图 5-128 所示。

图 5-127 运行主流程 图 5-128 执行结果

5.13 查找数据所在的单元格

使用 UiPath 中的 LookUp Range 可以查找指定数据所在单元格，该组件必须放置于 Excel Application Scope 中，如图 5-129 所示。

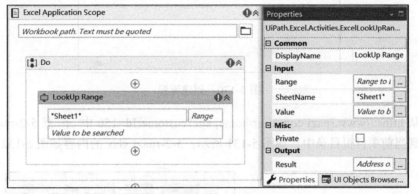

图 5-129 LookUp Range

LookUp Range 的属性如表 5-23 所示。

表 5-23 LookUp Range 属性介绍

属性名	用　　途
Range	指定查找的范围。这里需要填入一个 String 类型的数据，如 "A1:F10"
SheetName	指定查找的 Sheet 的名称。这里需要填写一个 String 类型的数据，可以直接填入字符串，如 "Sheet1"；也可以填入一个字符串变量，如先定义一个 String SheetName="Sheet2"，就可以直接填入 SheetName
Value	指定查找的内容。这里需要填写一个 String 类型的数据，可以直接填入字符串，如 "zhangsan"；也可以填入一个字符串变量，如先定义一个 String Value=" 张三 "，就可以直接填入 Value
Private	如果勾选，则参数和变量的值不会出现在繁冗的日志中
Result	查到的结果。如果查到，则返回其所在单元格名称，如 A5；如果查不到，则返回 Null

【例 5.20】使用 LookUp Range 查找指定内容所在的单元格。

创建一个项目，使用 LookUp Range 来查找字段 needle 在文件 Example.xlsx 的 Example

表中所在的位置，详细步骤如下所示。

1）进入 Studio 界面，点击 Process 创建一个流程，命名为 5_20_LookUpRange，如图 5-130 所示。

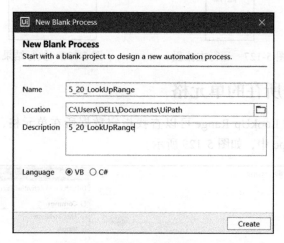

图 5-130　创建流程

2）从 https://www.rpazj.com/user/homepage?customerId=150 中下载 5-2-rpazj.xlsx 文件，保存到当前项目根目录中，如图 5-131 所示。5-2-rpazj.xlsx 的内容如图 5-132 所示。

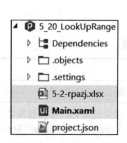

图 5-131　项目目录

	A	B	C	D
1	Item	Value	Tax Rate	Value W
2	mirror	250	15.00%	287.5
3	chocolate	425	20.00%	510
4	window	500	5.00%	525
5	pens	25	5.00%	26.25
6	hair tie	100	15.00%	115
7	cork	200	15.00%	230
8	sailboat	250	10.00%	275
9	towel	450	20.00%	540
10	soap	400	15.00%	460
11	scotch tape	475	10.00%	522.5
12	tv	400	20.00%	480
13	camera	250	15.00%	287.5
14	needle	100	20.00%	120
15				

图 5-132　5-2-rpazj.xlsx

3）在设计面板中，向 Main.xaml 中添加一个序列，在序列里添加 Excel Application Scope，然后在其中添加 LookUp Range。在 Workbook path 中输入测试文件 Example 所在的路径。对设置 LookUp Range 查找范围为 "A1:D14"，查找的表格为 "Example"，查找内容为 "needle"。Result 后的框中使用快捷键 Ctrl+K 设置输出结果为 firstAddress，其类型为 String，如图 5-133 所示。

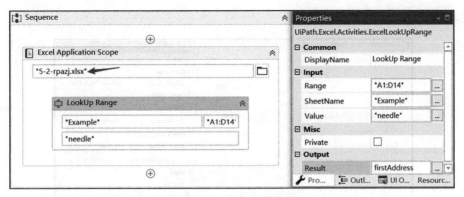

图 5-133　指定查询范围

4）在 LookUp Range 后面添加 Log Message 将查找结果打印到控制台，如图 5-134 所示。

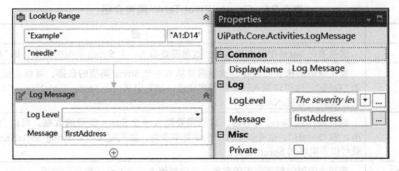

图 5-134　设置日志打印

5）查询结果如图 5-135 所示。

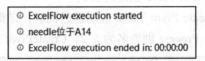

图 5-135　执行结果

5.14　透视表操作

数据透视表是一种对大量数据快速汇总和建立交叉列表的交互表格，利用透视表可以很快地从不同角度对数据进行分类汇总。如果是直接要在 Excel 中创建透视表，则需要先打开工作簿，然后点击上方的"插入"选项，选择其中的"数据透视表"或者"数据透视图"，然后在弹出的对话框中进行数据透视表或者数据透视图的新建。而在 UiPath 中，可以直接使用活动 Create Rivot Table 创建透视表，该组件必须放置于 Excel Application Scope 中，如图 5-136 所示。

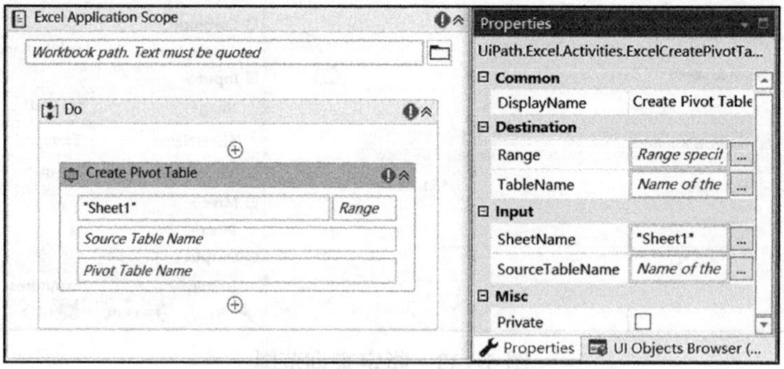

图 5-136 Create Pivot Table

Create Pivot Table 的属性如表 5-24 所示。

表 5-24 Create Pivot Table 属性介绍

属性名	用途
Range	透视表在 Sheet 中存在的范围。这里需要填入一个 String 类型的数据，如 "A1:F10"
TableName	要生成的透视表的名称。这里需要填入一个 String 类型的数据，可以直接填入字符串，如 "Table"，也可以填入一个字符串变量，如先定义一个 String TableName="Table2"，就可以直接填入 TableName
SheetName	执行操作的 Sheet 表名称。这里需要填入一个 String 类型的数据，可以直接填入字符串，如 "Sheet1"，也可以填入一个字符串变量，如先定义一个 String SheetName="Sheet2"，就可以直接填入 SheetName
SourceTableName	透视表的源数据所在表的名称。这里要填入一个 String 类型的数据
Private	如果勾选，则参数和变量的值不会出现在繁冗的日志中

【例 5.21】使用 Create Pivot Table 创建透视表。

创建一个项目，使用 Create Pivot Table 来创建透视表，详细步骤如下所示。

1）在 Studio 界面，点击 Process 创建名为 5_21_CreatePivotTable 流程，如图 5-137 所示。

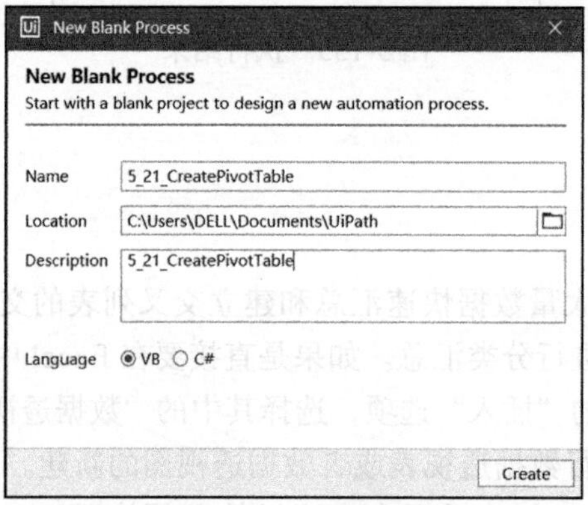

图 5-137 创建流程

2）从 https://www.rpazj.com/user/homepage?customerId=150 中 下 载 5-3-rpazj.xlsx 文件，保存到当前项目根目录中，如图 5-138 所示。5-3-rpazj.xlsx 文件的内容如图 5-139 所示。

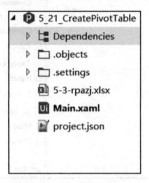

图 5-138　项目目录

	A	B	C
1	Name	Age	Adress
2	Inge Reinbold	35	817 Selby Court
3	Nicholas Mora	32	Westbury, NY 11590
4	Jan Asberry	78	24 W. Military St.
5	Lauralee Kreider	39	Hamilton, OH 45011
6	Nereida Reading	57	9652 Jefferson Ave.
7	Juliette Baize	30	Basking Ridge, NJ 07920
8	Glady Buch	30	60 Bohemia Drive
9	Karen Zeck	45	Venice, FL 34293
10	Chi Prochnow	40	9128 E. Wintergreen Rd.
11	Amie Mahi	18	Garden City, NY 11530
12	Elizabet Portera	76	8191 Peg Shop St.
13	Adelaida Motter	71	Tualatin, OR 97062
14	Torie Xavier	50	381 Union Ave.
15	Dominica Yant	47	Mount Pleasant, SC 29464
16	Brianne Lejeune	58	94 Amerige Street
17	Harlan Fansler	25	San Jose, CA 95127
18	Margherita Blomgren	57	35 Constitution Lane
19	Isiah Cosper	76	Massillon, OH 44646
20	Willian Mccallum	16	458 S. Glen Ridge Street
21	Breann Hiltz	17	Hampton, VA 23666
22			

图 5-139　5-3-rpazj.xlsx 文件内容

3）在设计面板中，向 Main.xaml 中添加一个序列，在序列里添加 Excel Application Scope，在其中添加 Create Pivot Table。在 Workbook path 中输入测试文件 5-3-rpazj.xlsx 所在的路径。透视表所在的范围是表中从 E1 开始的所有位置，透视表名称为 ExamplePivot，输入的 Sheet 为 Example，数据来源的 Table 为 ExampleTable，如图 5-140 所示。

4）执行结果如图 5-141 所示。

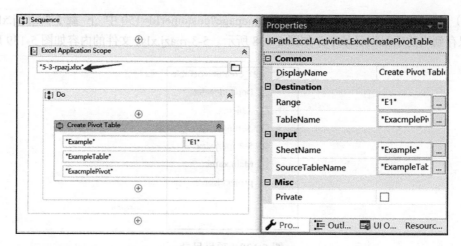

图 5-140　创建透视表

图 5-141　执行结果

5.15　项目实战——信息批量录入

根据本章学习的知识，结合图 5-142 中的业务流程完成用户信息批量录入。其中 RPA 之家云实验室的地址为 https://cloudlab.rpazj.com/。

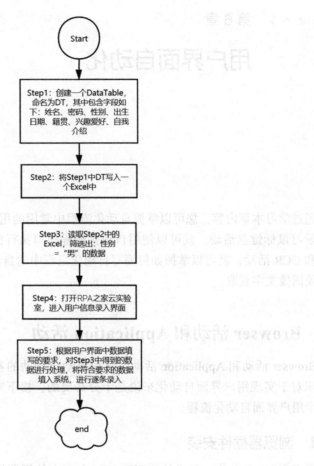

图 5-142　项目实战流程图

Chapter 6　第 6 章

用户界面自动化

通过学习本章内容，您可以掌握自动化流程中常用的用户界面（UI）自动化活动，例如通过学习鼠标键盘活动，就可以使用自动化流程模拟执行鼠标和键盘命令；通过学习文本活动和 OCR 活动，就可以掌握如何编写自动化流程中的自动键入和提取文本，图像文字识别以及图像文字获取。

6.1　Browser 活动和 Application 活动

Browser 活动和 Application 活动是界面自动化活动的容器，也是前提条件。掌握这部分知识对于实现用户界面自动化来说是十分必要的。接下来将手把手教您如何从零开始实现一个用户界面自动化流程。

6.1.1　浏览器插件安装

要实现 UI 自动化，就必须要安装 UiPath 官方的浏览器插件。浏览器插件是浏览器自动化的基础，如果不安装浏览器插件，UiPath 活动将无法精准识别浏览器中的元素。不同的浏览器需要安装不同的插件，安装方式相同，本节以安装 Chrome 插件为例详细介绍，安装步骤如下。

1）打开 UiPath Studio，点击 Tool 工具栏，如图 6-1 所示。

2）点击 Chrome 图标，如果当前没有正在运行的 Chrome 进程，则出现如图 6-2 所示的提示。

3）如果当前有 Chrome 浏览器没有关闭，则出现如图 6-3 所示的提示。点击 OK 按钮，显示如图 6-4 所示。继续点击 OK 按钮，显示如图 6-5 所示。

4）打开 Chrome 浏览器，在地址栏中输入 chrome://extensions，打开插件如图 6-6 所示。

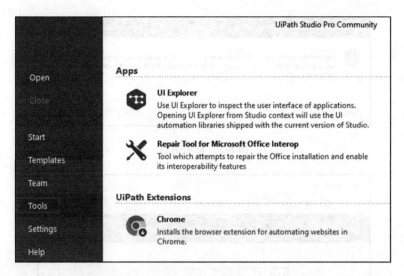

图 6-1 工具栏

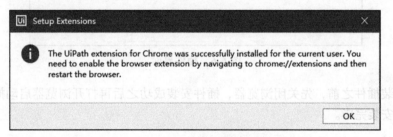

图 6-2 提示信息

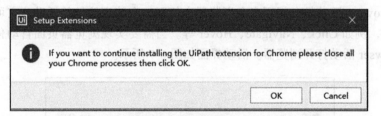

图 6-3 提示界面

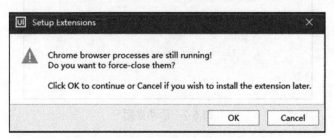

图 6-4 提示界面

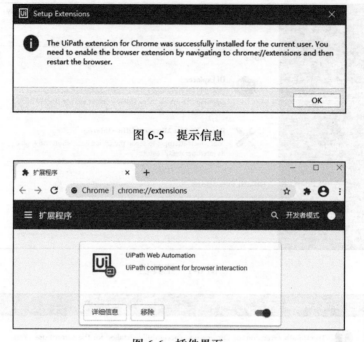

图 6-5 提示信息

图 6-6 插件界面

建议安装插件之前，先关闭浏览器，插件安装成功之后再打开浏览器启动插件。至此，浏览器插件安装完毕。

6.1.2 Open Browser

Open Browser 活动是专门用来在浏览器中打开一个特定地址的活动。它可以包含多个 UI 界面活动，例如 Click、Navigate、Hover 等。当需要实现浏览器页面自动化时，就要使用 Open Browser 活动打开浏览器。活动界面如图 6-7 所示。

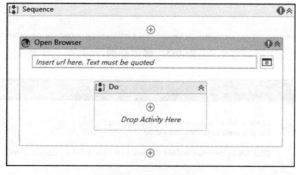

图 6-7 活动界面

Open Browser 的必须属性是 URL 地址和浏览器类型，其他属性如图 6-8 所示。

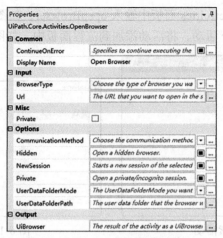

图 6-8 属性界面

Open Browser 的常用属性如表 6-1 所示。

表 6-1 Open Browser 属性表

属 性 名	意 义	值 的 类 型
ContinueOnError	出错时，是否继续	Boolean 类型
BrowserType	浏览器类型	可选值：IE、Chrome、Edge、Firefox
Url	要打开的地址	String 类型
NewSession	新建一个会话	Boolean 类型
UiBrowser	返回的浏览器变量	Browser 类型

在真实的业务场景中，根据业务场景的不同，会按需选择几个必要的属性。常用的属性有 Browser Type、Url、UiBrowser 等。接下来，我们通过一个简单地演示案例，熟悉一下常用属性的使用方法。

【例 6.1】使用 Open Browser 打开 RPA 之家官网，等待 3 秒后，关闭网页。

详细步骤如下所示。

1）进入 Studio 界面，点击 Process 创建一个流程，命名为 6-1OpenBrowser，如图 6-9 所示。

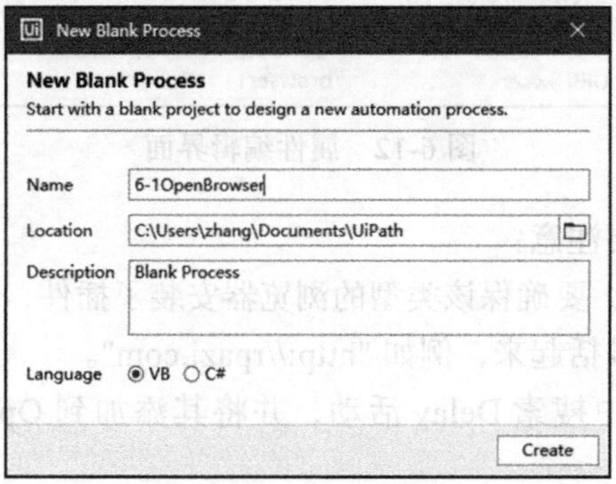

图 6-9 新建流程

2）流程打开后，在 Activities 面板中输入 openBrowser，如图 6-10 所示。

3）双击 Open Browser 活动，将活动添加到流程面板中，如图 6-11 所示。

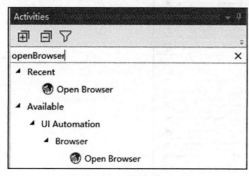

图 6-10　搜索活动

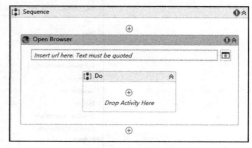

图 6-11　活动界面

4）在编辑面板中选中 Open Browser 活动，在 Open Browser 活动的 Properties 面板中，选择 Browser Type，并填写 Url 和输出变量，如图 6-12 所示。

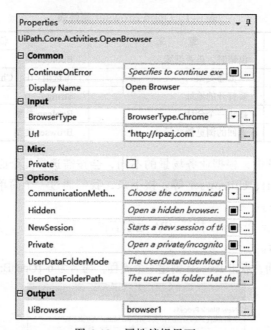

图 6-12　属性编辑界面

在这一步中，我们需要注意：

❏ 选择浏览器类型前，要确保该类型的浏览器安装了插件，否则会导致执行失败；

❏ Url 地址要用双引号括起来，例如 "http://rpazj.com"。

5）在 Activities 面板中搜索 Delay 活动，并将其添加到 Open Browser 内部的 Do 中，如图 6-13 所示。

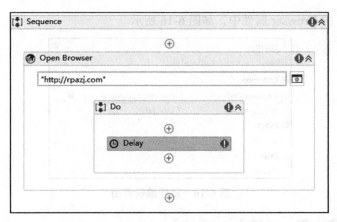

图 6-13　活动界面

6）在编辑面板中选中 Delay 活动，在 Properties 面板中将 Delay 活动的 Duration 属性设置时间为 3 秒，如图 6-14 所示。

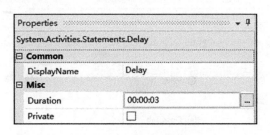

图 6-14　属性编辑界面

7）在 Activities 面板中搜索 Close Tab 活动，将其添加到流程中，如图 6-15 所示。

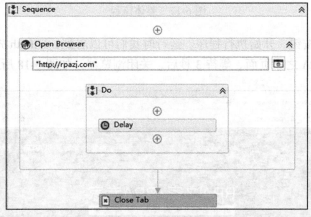

图 6-15　活动界面

8）在编辑面板中选中 Close Tab 活动，在属性面板中，将第 4 步中浏览器的输出变量填写到 Close Tab 的 Browser 属性中，如图 6-16 所示。

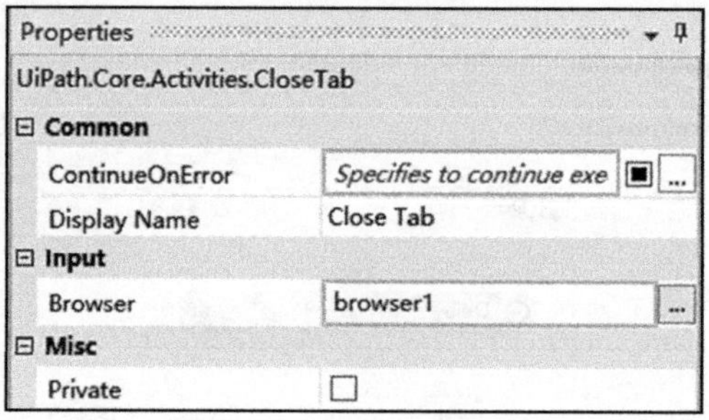

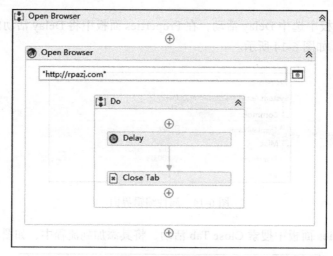

图 6-16　属性编辑界面

9）整体流程图如图 6-17 所示。

图 6-17　整体流程

10）点击运行按钮，开始执行程序。运行时我们可以看到，UiPath 先自动打开 Chrome 浏览器并打开了 RPA 之家页面，等待 3 秒后，关闭浏览器，如图 6-18 所示。

图 6-18　执行结果

6.1.3　Attach Browser

　　Attach Browser 是专门用来附加在已经打开的浏览器窗口上的活动。当我们要在一个已经打开了的浏览器上执行界面自动化时，就可以使用 Attach Browser。附加在浏览器窗口上后，就和 Open Browser 一样可以在当前窗口执行包含在 Do 中的多个活动。界面如图 6-19 所示。

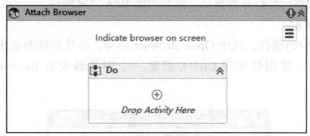

图 6-19　活动界面

　　在 Attach Browser 活动中，必须填写 Browser 和 Selector 其中一个属性，否则 Attach Browser 找不到要附加的浏览器对象。所有属性详见图 6-20。

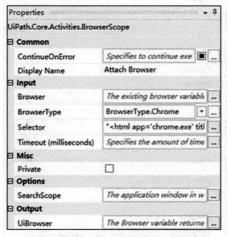

图 6-20　属性界面

　　Attach Browser 常用属性如表 6-2 所示。

表 6-2　AttachBrowser 活动属性表

属性名	意　　义	值 的 类 型
ContinueOnError	出错时，是否继续	Boolean 类型
Browser	要附加到的现有浏览器变量	Browser 类型
BrowserType	浏览器类型	可选值：IE、Chrome、Edge、Firefox
Selector	用于在执行活动时查找特定用户界面元素	String 类型
UiBrowser	返回的浏览器变量	Browser 类型

使用 Attach Browser 的前提条件是已经有一个打开的相同类型的浏览器。为了更直观地展现"附加"这一特性，本节会基于上一节 Open Browser 的例 6.1 给大家展示附加及附加之后的操作。

【例 6.2】用 Open Browser 打开 RPA 之家网站，并输出浏览器变量 BrowserOpen。用 Attach Borwser 附加在已经打开的窗口，然后关闭 RPA 之家网站。

详细步骤如下所示。

1）打开例 6.1 中的流程，选中 Open Browser 活动，在其属性面板中，单击 UiBrowser 属性右侧的输入框，使用快捷键 Ctrl+K 新建一个浏览器变量 BrowserOpen，如图 6-21 所示。

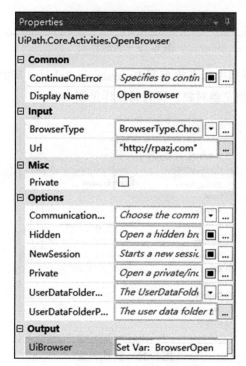

图 6-21　属性界面

2）删除 Open Browser 活动中的 Close Tab 活动。

3）在 Activities 面板中输入 Attach Browser，并将其添加到 Open Browser 下方，如图 6-22 所示。

4）在编辑面板中选中 Attach Browser 活动，在右侧的 Properties 面板中找到 Browser 属性，并填写新建的浏览器变量 BrowserOpen，如图 6-23 所示。

5）在 Attach Browser 活动中添加 Close Tab 活动，并把 Close Tab 活动中的 Browser 属性设置为 BrowserOpen，如图 6-24 所示。

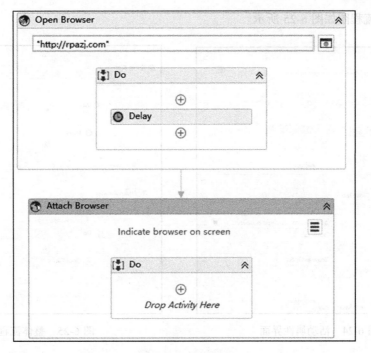

图 6-22　活动界面

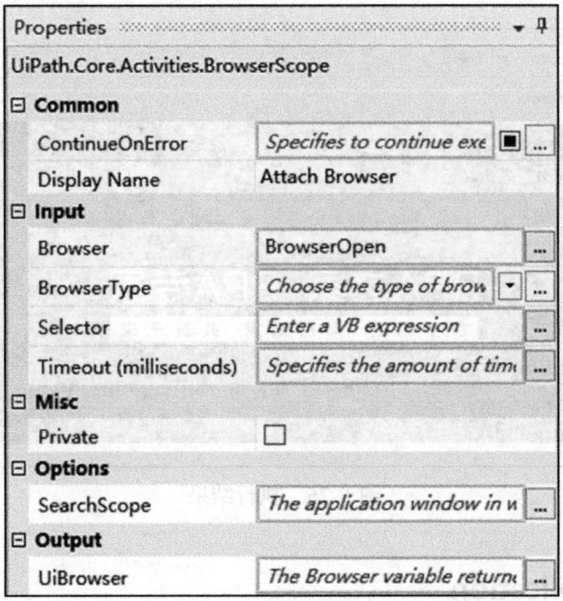

图 6-23　属性界面

7) 注意运行结果, 并验证是否在延迟一段时间后出现了淘宝网。如果成功出现了淘宝 Chrome 浏览器 RPA 关闭问题, 重启 3 次后, 关闭问题改善, 如图 6-26 所示。

6.1.4　Open Application

Open Application 是使用 UI 来自动化某个桌面应用程序, 其用法和 UI 浏览器的 7 个活动基本上一样。使用 Open Application 活动结果如图 6-27 所示。

6）整体流程图如图 6-25 所示。

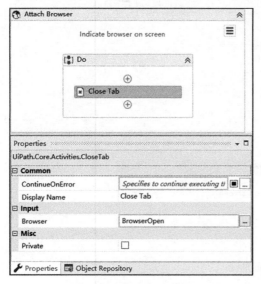

图 6-24 活动属性界面

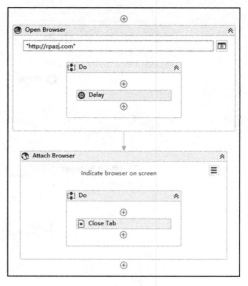

图 6-25 整体流程

7）点击运行按钮，开始执行程序。运行时我们可以看到，UiPath 先自动打开 Chrome 浏览器 RPA 之家页面，等待 3 秒后，关闭浏览器，如图 6-26 所示。

图 6-26 执行结果

6.1.4 Open Application

Open Application 是专门用来打开桌面应用的活动，其内部可以放置多个活动去执行一系列的操作。Open Application 活动界面如图 6-27 所示。

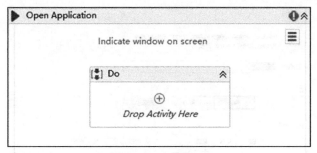

图 6-27　活动界面

Open Application 的属性如图 6-28 所示。

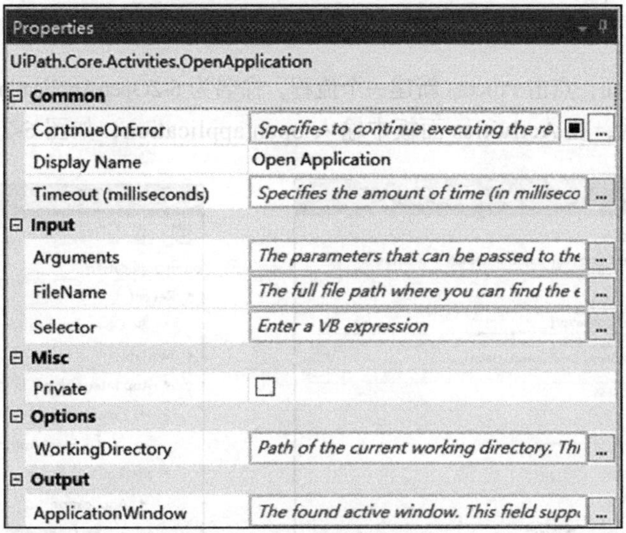

图 6-28　属性编辑界面

Open Application 的主要属性如表 6-3 所示。

表 6-3　Open Application 属性列表

属 性 名	意 义	值 的 类 型
FileName	包含应用程序执行文件的完整路径	String 类型
Arguments	应用程序启动时，需要传递的参数	String 类型
Selector	用于在执行活动时查找特定用户界面元素	String 类型

【例 6.3】使用 Open Application 活动打开记事本，输入内容"RPA 之家"，并关闭窗口。详细步骤如下所示。

1）按快捷键 Win+R 打开运行，在运行中输入 notepad，按回车键新建一个记事本，另存到桌面，命名为 UipathText.txt，如图 6-29 所示。

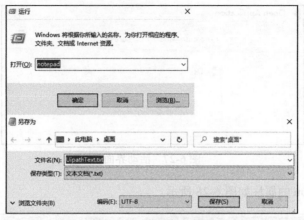

图 6-29　新建记事本

2）在 Studio 界面，点击 Process 新建一个流程，命名为 6-2OpenApplication，如图 6-30 所示。

3）打开流程后，在 Activities 面板中输入 open application，如图 6-31 所示。

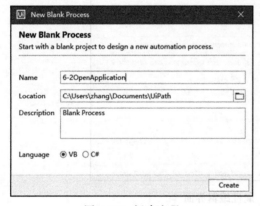

图 6-30　新建流程

图 6-31　活动搜索界面

4）找到 Open Application 活动并添加到流程中，如图 6-32 所示。

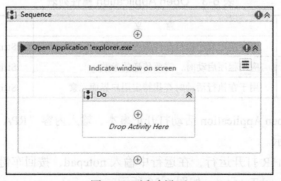

图 6-32　活动界面

5）选中流程 Sequence，在下方的 Variables 面板新建一个变量，命名为 text，默认值为
""RPA 之家""，如图 6-33 所示。

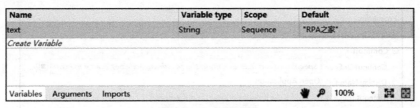

图 6-33　变量面板

6）在编辑面板中选中 Open Application 活动，在右侧的 Properties 面板中找到
Arguments 属性，并填写 UipathText.txt 的完整路径，如图 6-34 所示。

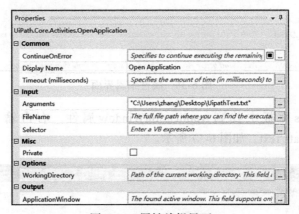

图 6-34　属性编辑界面

7）在 Arguments 属性下找到 FileName 属性，输入启动文件的可执行文件的完整路径，
如图 6-35 所示。

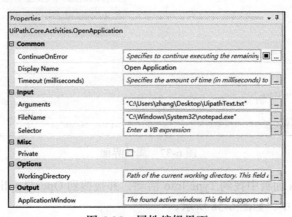

图 6-35　属性编辑界面

8）在 FileName 下方找到 Selector 属性，并使用活动内置的选择器选择要操作的文件窗口，如图 6-36 所示。

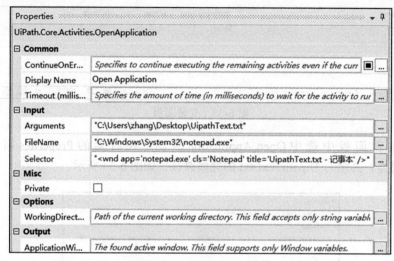

图 6-36　属性编辑界面

9）在 Properties 面板中找到 ApplicationWindow 属性，右击输入框，选择 Create Variable，并输入 uipathText，如图 6-37 所示。

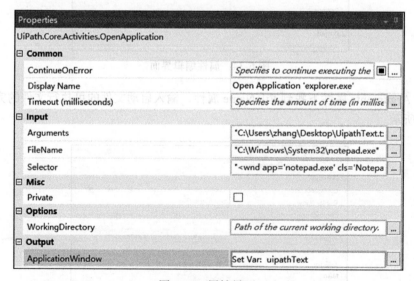

图 6-37　属性界面

10）在 Activities 面板中找到 Type Into 活动，并拖拽到 Open Application 内部，将变量 text 填入 Text 属性框中，如图 6-38 所示。

11）在 Activities 页面找到 Close Application 活动，并将其拖拽到 Open Application 活动下方，然后将 uipathText 变量添加到 Element 属性中，如图 6-39 所示。

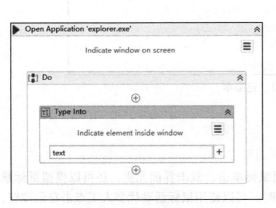

图 6-38 活动界面　　　　　　　　图 6-39 属性编辑界面

12）完整流程如图 6-40 所示。

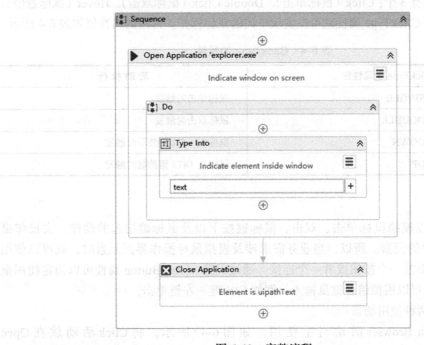

图 6-40 完整流程

13）点击运行按钮，开始执行程序。运行时我们可以看到，UiPath 先自动打开 UipathText.txt，然后向其中输入"RPA 之家"，最后关闭记事本窗口，如图 6-41 所示。

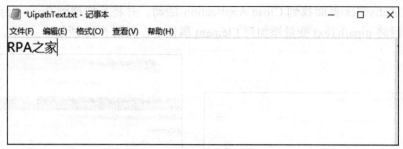

图 6-41 记事本

6.2 鼠标活动

UiPath 提供的鼠标活动可以模拟人使用鼠标单击、双击界面元素，还可以模拟鼠标悬停在界面元素上。比如在测试登录界面功能时，可以使用鼠标活动代替人工点击登录按钮，还可以使用文本活动代替人工输入用户名和密码，这样更准确、更高效、更稳定，避免了人工操作失误带来的风险。

鼠标活动主要有 3 个：Click（鼠标单击）、Double Click（鼠标双击）、Hover（鼠标悬停）。鼠标活动通过设置 ClickType 属性就可以实现不同的鼠标操作。常用的属性值如表 6-4 所示。

表 6-4 ClickType 的属性

ClickType 的属性值	活 动 执 行
ClickType.CLICK_SINGLE	鼠标单击时触发
ClickType.CLICK_DOUBLE	鼠标双击时触发
ClickType.CLICK_DOWN	鼠标左（右）键按下时触发
ClickType.CLICK_UP	鼠标左（右）键抬起时触发

6.2.1 Click

Click 活动可以模拟鼠标单击、双击、鼠标键按下以及鼠标键抬起的动作，去操作桌面应用或者网页中的元素。所以，当业务需求涉及模拟鼠标操作界面元素时，就可以使用 Click 活动，例如单击一个按钮或者一个连接。通过设置 MouseButton 属性可以指定使用鼠标左键或右键，还可以模拟组合键鼠输入，例如 Ctrl 键 + 左键单击。

Click 活动的两种使用场景：

1）放在 Open Browser 活动当中使用，如图 6-42 所示，将 Click 活动放在 Open Browser 活动中，实现当打开浏览器时，自动点击指定的界面元素。

2）放到流程当中使用，如图 6-43 所示，将 Click 活动放在 Sequence 中，实现当执行流程时，自动点击界面中的元素。需要注意的是，执行 Click 活动前，需要被点击的元素界面必须打开，否则 Click 活动将会因为找不到界面中的元素而执行失败。

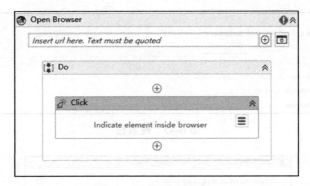

图 6-42　活动界面

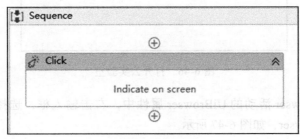

图 6-43　活动界面

【例 6.4】用 Open Browser 活动打开 RPA 之家云实验室，用 Click 活动点击首页的"用户信息抓取"菜单，用 Click 活动点击"用户信息列表页面"，关闭页面。

详细步骤如下所示。

1）进入 Studio 界面，点击 Process 创建一个流程并命名为 6-4Click，如图 6-44 所示。

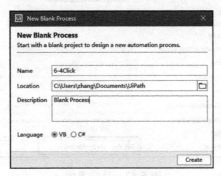

图 6-44　新建流程

2）搜索 Open Browser 活动，并将其添加到编辑面板中，如图 6-45 所示。

3）在 Open Browser 活动的 Url 属性中输入地址 "https://cloudlab.rpazj.com/"，如图 6-46 所示。

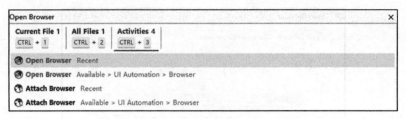

图 6-45　搜索栏

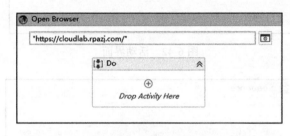

图 6-46　打开云实验室

4）在 Open Browser 活动的 UiBrowser 属性中，右击输入框，选择 Create Variable 选项，输入 chromeBrowser，如图 6-47 所示。

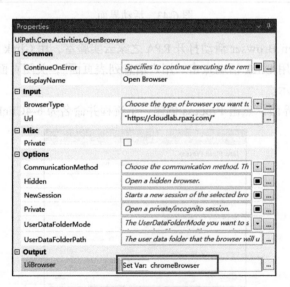

图 6-47　属性界面

5）选中 Open Browser 活动里面的 Do，搜索 Click 活动，并将其添加到 Open Browser 的 Do 中。将 Click 的 Display Name 修改为"单击'用户信息抓取'"，如图 6-48 所示。

6）以同样的方式在上一步的 Click 下方再添加一个 Click 活动。将新的 Click 的 Display Name 修改为"单击'用户信息列表页面'"，如图 6-49 所示。

图 6-48　活动界面

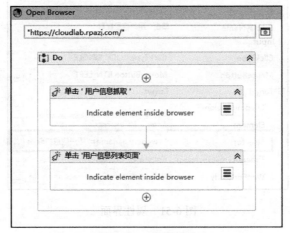

图 6-49　活动界面

7）在 Activities 面板中搜索 Close Tab 活动，并拖拽到 Open Browser 活动下方。将 Close Tab 的 Browser 属性设为 chromeBrowser，如图 6-50 所示。

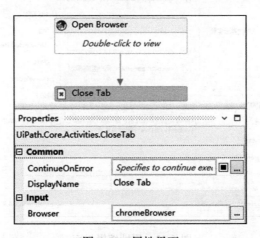

图 6-50　属性界面

8）在 Chrome 中打开 RPA 之家云实验室网页。在 UiPath Studio 中选择 Display Name 为"单击'用户信息抓取'"的 Click 活动，点击 Indicate element inside browser。在 RPA 之家云实验室网页中点击"用户信息抓取"，UiPath 会自动生成选择器并保存到 Click 活动的 Selector 属性中，如图 6-51、图 6-52 所示。

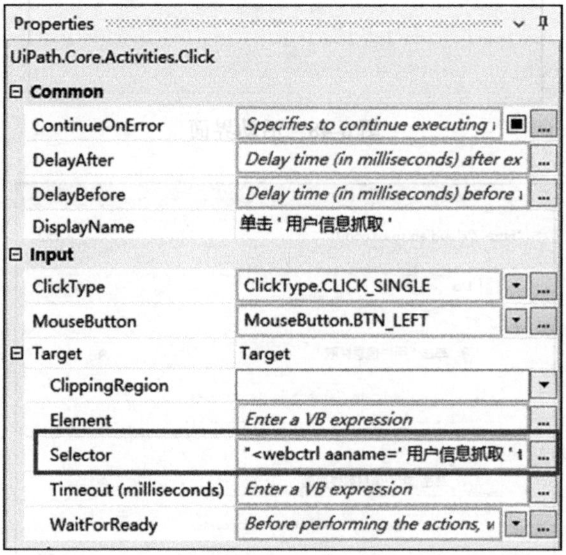

图 6-51　属性界面

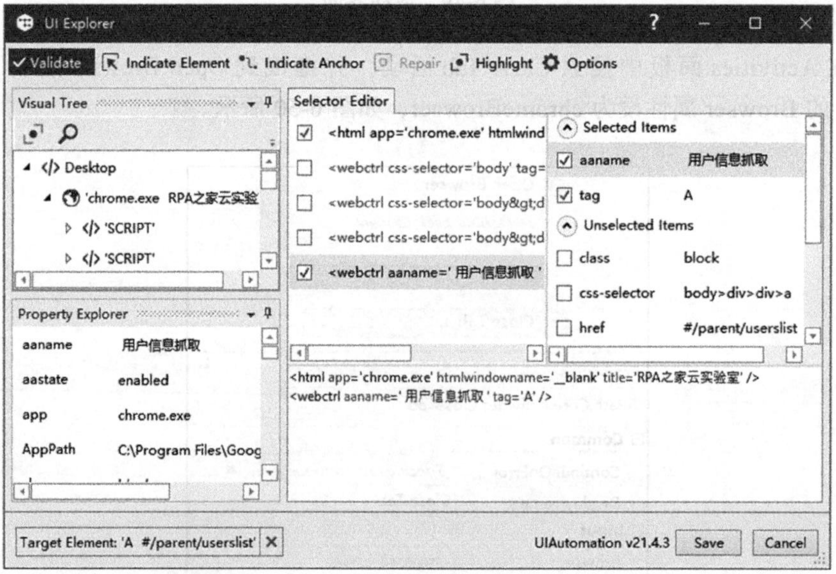

图 6-52　属性编辑界面

9）在 Chrome 中打开 RPA 之家云实验室网站。在 UiPath Studio 中选择 Display Name 为 "单击'用户信息列表页面'" 的 Click 活动，点击 Selector 属性右侧的按钮，打开 Selector Editor 页面，点击 Indicate Element。在用户信息抓取页面中，找到 "用户信息列表页面" 超链接并点击，UiPath 会自动生成选择器并保存到 Selector Editor 中，点击 OK 按钮，如图 6-53 所示。

图 6-53　属性编辑界面

10）完整的流程如图 6-54 所示。

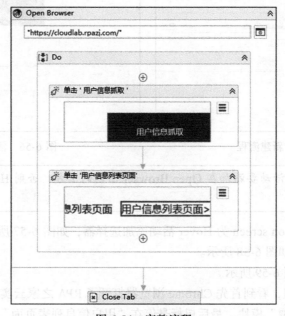

图 6-54　完整流程

11）点击运行按钮开始执行程序。运行过程中我们可以看到，UiPath 先在 Chrome 浏览器中打开 RPA 之家云实验室网站，然后点击页面中的"用户信息抓取"模块。在用户信息抓取页面，点击了"用户信息列表页面"超链接，将页面打开。最后关闭了 RPA 之家云实验室标签页。

6.2.2 Hover

鼠标活动不仅包括单击、双击等基本操作，还包括鼠标悬停这样比较常用的功能。

接下来通过一个简单的例子介绍如何使用鼠标悬停的操作。

【例 6.5】用 Open Browser 活动打开 RPA 之家云实验室，用 Click 活动点击首页的"用户信息抓取"模块，用 Hover 活动将鼠标悬停在第 1 步中的"用户信息列表页面"文字上，随后关闭页面。详细步骤如下所示。

1）进入 Studio 界面，点击 Process 创建一个流程并命名为 6-5Hover，如图 6-55 所示。

2）点击首页"用户信息抓取"模块，参考例 6.4 中的第 2～5 步。

3）搜索 Hover 活动并将其添加到流程中，如图 6-56 所示。

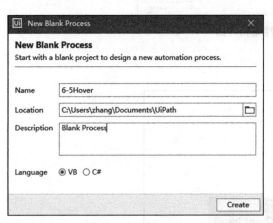

图 6-55　新建流程

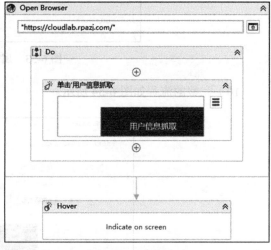

图 6-56　活动界面

> **注意** 此时的 Hover 活动要添加在 Open Browser 活动的下方，否则 Hover 活动无法识别新打开的窗口。

4）使用 Indicate on screen 为 Hover 活动添加选择器，如图 6-57 所示。选中 Hover，查看 Selector 属性值，如图 6-58 所示。

5）完整流程如图 6-59 所示。

6）点击运行按钮，看到首先 Chrome 浏览器打开了 RPA 之家云实验室网页，然后点击了首页"用户信息抓取"模块，最后鼠标悬停在"用户信息列表页面"连接上。

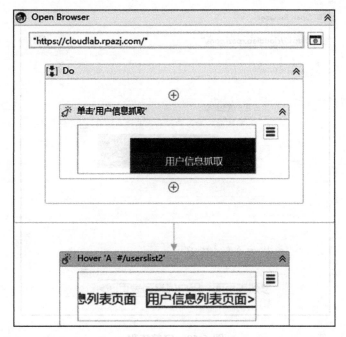

图 6-57 活动界面

图 6-58 属性编辑界面

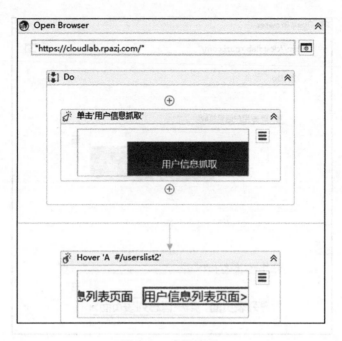

图 6-59　完整流程

6.3　键盘活动

键盘活动是 UiPath 提供的模拟用户在键盘上操作的活动，比如文字输入、组合键输入等，例如需要实现自动登录网站的功能，就可以使用键盘活动，在登录界面中模拟用户输入用户名和密码，然后登录。使用键盘活动会使流程更稳定，例如在登录界面中，使用 Send HotKey 模拟用户按回车键登录，这样可以避免当登录按钮元素没有捕获到时导致的登录异常问题。

常用的两个键盘活动是 Type Into 和 Send HotKey，接下来我们就这两个活动做个简单的示例。

Type Into 通常用来向界面中输入文字，如果需要输入密码，则可选用有加密功能的 Type Secure Text。

Send HotKey 可以在界面中模拟键盘的组合键输入，比如 Ctrl+S，Ctrl+A 等。

两种活动通常是组合在一起使用的，以满足多种自动化需求，例如登录流程自动化。

【例 6.6】登录 RPA 云实验室，选择用户登录模块，点击用户登录系统，在登录页面中，使用 Type Into 活动，输入用户名 admin，密码 admin；用 Send HotKey 活动模拟用户按回车键，实现登录功能。

详细步骤如下所示。

1）进入 Studio 界面，点击 Process 创建一个流程并命名为 6-6Login，如图 6-60 所示。

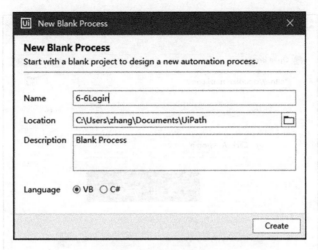

图 6-60　新建流程

2）在活动面板中搜索 Open Browser 活动，并将其添加到流程中，设置 Browser Type 为 Chrome，Url 为 "https://cloudlab.rpazj.com/"，如图 6-61 所示。

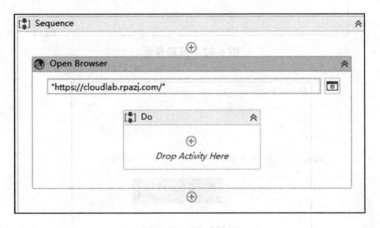

图 6-61　活动界面

3）向 Open Browser 活动中添加两个 Click 活动，点击活动中的 Indicate element inside browser，第一个 Click 活动选择器设置为"用户登录"，第二个 Click 活动选择器设置为"用户登录系统"，如图 6-62 所示。

4）在活动面板中搜索 Type Into 活动，命名为"输入用户名"，设置选择器为"用户名输入框"，设置 Text 为 admin，并添加到 Click 下方，如图 6-63 所示。

注意：Text 的值如果不是变量名，则必须要放在双引号之间。

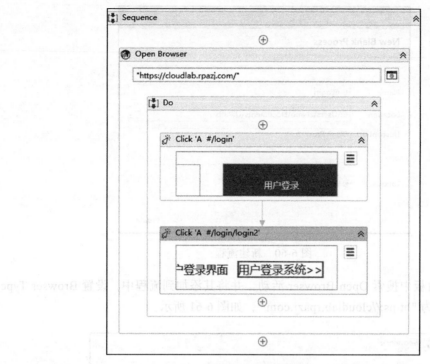

图 6-62 流程界面

2）在流程界面上找到 Open Browser 活动，在 https://cloudlab.rpazj.com/ 的浏览器 Browser Type
关于 Chrome，URL 填为 https://cloudlab.rpazj.com/，如图 6-63 所示。

图 6-63 流程界面

3）在 Open Browser 活动内部的 Do 序列内，添加三个 Click 活动，一个 Click element inside
browser。第一个 Click 活动用来打开页面，用户登录；第二个 Click 活动用来进入登录页面，"用
户登录系统"；添加 6-63 所示。

4）接着添加一个 Type Into 活动，在输入用户名的位置添加文本，输入用户名。在右侧属性
面板 Text 中设置 Text 为 admin，此文本将被输入用户名输入框中。

5）在 Click、Type 的输入框接下来要完成提交，此处可以填写为提交界面。

5）再添加一个 Type Into，命名为"输入密码"，设置选择器为"密码输入框"，设置 Text 为 admin，如图 6-64 所示。

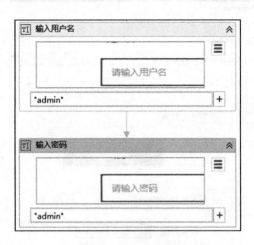

图 6-64　活动界面

6）在活动面板中找到 Send HotKey 活动，并将其添加到流程中，命名为"回车登录"，如图 6-65 所示。

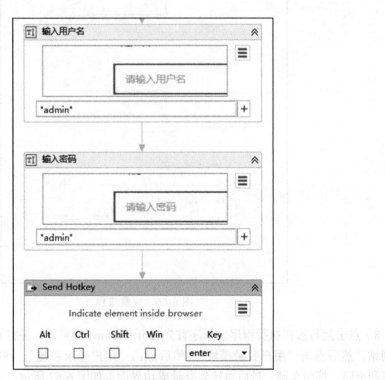

图 6-65　活动界面

5）用循环行 Typo Info 下的名为，填入空区，双击打开属性应用量置
Text 为 admin，如图 6-64 所示。

7）完整流程如图 6-66 所示。

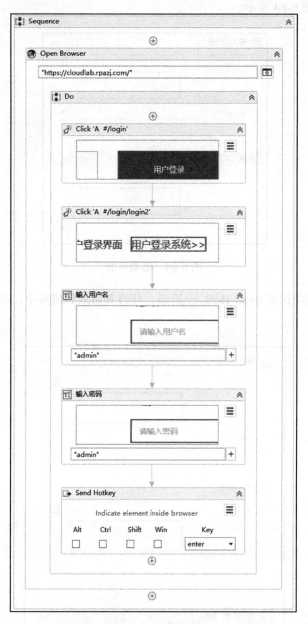

图 6-66　完整流程

8）点击运行按钮执行程序。程序首先打开 Chrome 浏览器，并打开 RPA 之家云实验室的网站，然后点击"用户登录模块"，然后点击"用户登录系统"，在登录页面中，输入用户名和密码，按回车键，最后跳转到登录成功界面，如图 6-67 所示。

图 6-67 登录成功

6.4 OCR 活动

光学字符识别（Optical Character Recognition, OCR）可根据指定的 UI 元素或图像提取字符串及其信息。本节将介绍 UiPath 中的 UI Automation Package 中的 OCR 活动。

OCR 引擎是使用 OCR 活动的必要条件。默认情况下，UiPath Studio 中的 OCR 活动使用的是 Google OCR，也是我们本节即将使用的 OCR 引擎。

6.4.1 Click OCR Text

Click OCR Text 活动，可以点击元素或图片上的指定字符串。

【例 6.7】使用 Chrome 浏览器打开 RPA 之家云实验室，使用 Click OCR Text 活动点击网页中的"用户登录"文字，页面跳转到登录界面。

详细步骤如下所示。

1）进入 Studio 界面，点击 Process 创建一个流程并命名为 6-7ClickOCR，如图 6-68 所示。

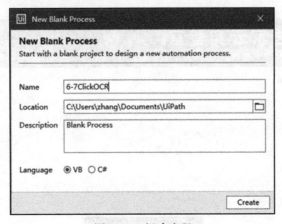

图 6-68 新建流程

2）使用 Open Browser 活动，设置浏览器类型为 Chrome，Url 为 "https://cloudlab.rpazj.com/"。

3）使用 Click 活动，点击"用户登录"模块。

4）在 Activities 面板中搜索 Click OCR Text，并将其添加到流程中。设置 Text 属性值为 "UiPath"，然后点击 Indicate element inside browser 选择元素。替换活动的引擎为 Tesseract OCR，如图 6-69 所示。

图 6-69　活动引擎图

5）点击运行按钮执行程序。执行过程中，Chrome 浏览器首先打开了 RPA 之家云实验室网站，然后点击"用户登录"模块跳转到案例步骤页面，最后点击了用户登录系统，跳转到登录界面。结果如图 6-70 所示。

图 6-70　结果图

6.4.2　Get OCR Text

使用 Get OCR Text 活动，可以识别并提取出网页中指定元素或者图片中的文字。

【例 6.8】打开 RPA 之家云实验室，提取文字"发票识别"。

详细步骤如下所示。

1）进入 Studio 界面，点击 Process 创建一个流程并命名为 6-8GetOCRText，如图 6-71 所示。

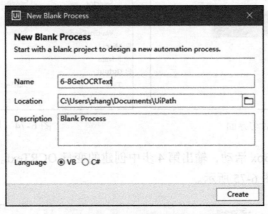

图 6-71　新建流程

2）使用 Open Browser 活动打开 RPA 之家云实验室网站，选择 Browser Type 为 Chrome，设置 Url 为 "https://cloudlab.rpazj.com/"，如图 6-72 所示。

图 6-72　活动界面

3）在 Activities 面板中搜索 Click OCR Text，并将其添加到 Open Browser 活动中。然后，点击 Indicate element inside browser 为活动指定一个范围，操作方法：按住左键，在网页中选中一个区域。替换活动的引擎为 Microsoft OCR，如图 6-73 所示。

4）为 Click OCR Text Output 属性中的 Text 设置一个变量，使用快捷键 Ctrl+K，输入 OCRText，然后按回车键即可，如图 6-74 所示。

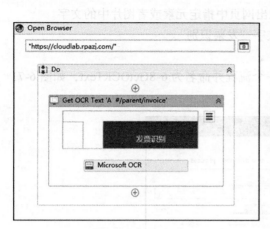

图 6-73　活动界面　　　　　　　　　　　　　　图 6-74　属性界面

5）使用 Message Box 活动，输出第 4 步中创建的变量 OCRText。

6）完整的流程如图 6-75 所示。

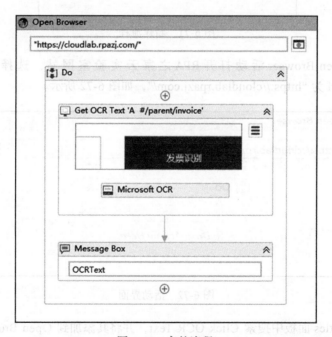

图 6-75　完整流程

7）点击运行按钮执行程序。执行过程中，浏览器打开 RPA 之家云实验室，然后提取出文字"发票识别"，并通过弹框输出，如图 6-76 所示。

图 6-76　执行结果

6.5　项目实战——网页提取文字

本章主要介绍了常用的用户界面自动化活动，网页自动化是自动化流程中十分重要的组成部分。接下来，我们使用本章的活动，实现一个打开页面，并获取文字的自动化流程。详细步骤如下所示。

1）进入 Studio 界面，创建一个流程，命名为 6-9practice，如图 6-77 所示。

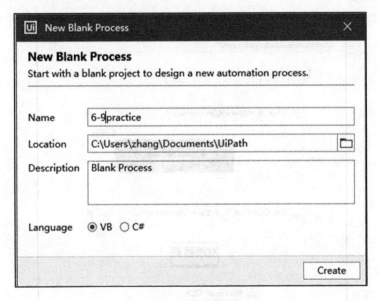

图 6-77　新建流程

2）使用 Open Browser 活动，将 Url 赋值为 "https://cloudlab.rpazj.com/"，浏览器类型设置为 Chrome。

3）使用 Click 活动，点击"发票验真"模块，使用 indicate on screen 选择元素，如图 6-78 所示。

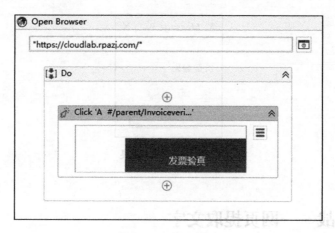

图 6-78　活动界面

4）在培训页面中，使用 Get OCR Text 活动获取案例标题的文字，设置输出变量 OCRText，设置 OCR 引擎为 Microsoft OCR，如图 6-79 所示。注意：打开新的标签页后，元素的选择器会发生变化。

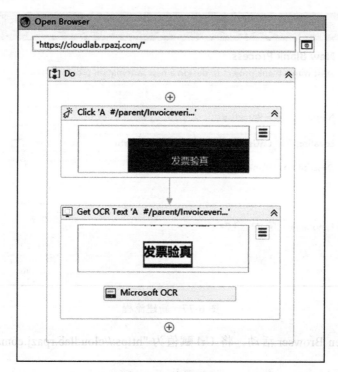

图 6-79　编辑界面

5）使用 Message Box，设置输入变量为 OCRText，打印出获取到的文字。

6）完整流程如图 6-80 所示。

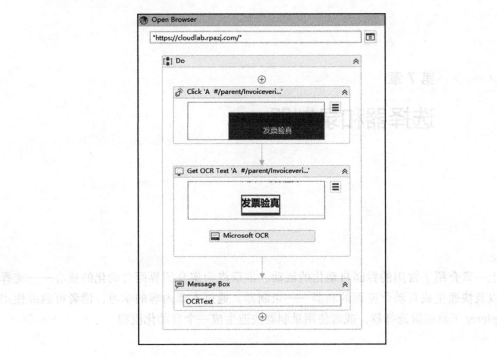

图 6-80　流程图

7）点击运行按钮执行程序。执行结果如图 6-81 所示。

图 6-81　执行结果

Chapter 7 第 7 章

选择器和录制器

上一章介绍了常用的界面自动化的活动，本章将为您介绍界面自动化的核心——选择器，以及快速生成自动化流程的利器——录制器。通过本章内容的学习，读者可熟练使用 UIExplorer 工具编辑选择器，或者使用录制器快速生成一个自动化流程。

7.1 选择器

选择器（Selector）是自动化流程执行时快速定位目标元素的关键信息，本节着重介绍了选择器的概念、使用方法及技巧。

7.1.1 什么是 Selector

Selector 是 UiPath Studio 用来识别用户界面元素的 XML 片段，每一个 Selector 都包含了元素的属性及其父元素。

Selector 的结构如下：

...

最后一个节点代表想定位的目标元素，而前面的所有节点代表该元素的父元素。<node_1> 通常称为根节点，即所有的子元素的父元素，代表应用程序的顶部窗口。多个 Selector 如果存在相同的根节点，则该根节点为所有选择器的容器。每个节点都有一个或多个属性，可帮助用户正确识别所选应用程序的层级关系。

节点的结构如下：

<ui_system attr_name_1= 'attr_value_1' ... attr_name_N = 'attr_value_N'/>

可以看到，节点中的每个属性都有对应的值。在选择属性时，属性是否具有恒定值，通常意味着程序是否稳定和健壮。如果每次启动应用程序时属性值都发生变化，那么选择

器将无法正确识别元素，在程序执行期间，会因为无法识别而提示异常信息。为解决这个
问题，我们需要使用通配符选择器（参考 7.1.3 节）。

　　Selector 在活动的 Properties 面板中的 Input > Target > Selector 下，与图形元素有关的
所有活动都具有此属性，如图 7-1 所示。

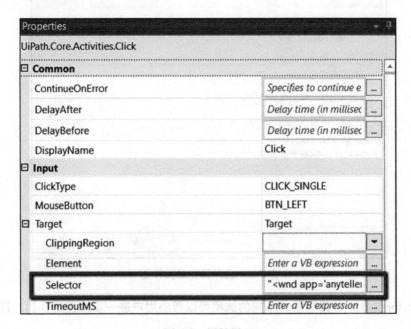

图 7-1　属性界面

　　在 Selector Editor 对话框中，可以编辑 Studio 自动生成的选择器及其属性。Selector
Editor 对话框位于 Workflow Designer 面板中，点击活动上的 Options 按钮，在下拉框中选
择 Edit Selector，如图 7-2 所示。

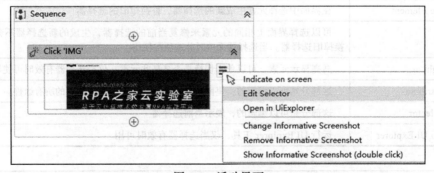

图 7-2　活动界面

　　选择 Edit Selector 之后，会弹出 Selector Editor 对话框，如图 7-3 所示。

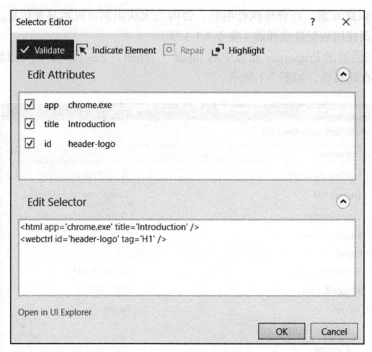

图 7-3　选择属性编辑界面

在 Selector Editor 对话框中，不同的选项可以帮助用户进一步修正选择器，详细信息可参考表 7-1。

表 7-1　属性编辑器选项

选　　项	描　　述
Validate	可以显示选择器验证后的结果，绿色代表通过，灰色代表验证中，红色代表选择器不可用，黄色代表选择器需要重新验证
Indicate Element	在界面中选择元素生成新的选择器，替换掉旧的选择器
Repair	可以选择界面上相同的元素来修复当前的选择器，生成的新选择器不会完全替换掉旧选择器。当选择器无效时此选项可使用
Highlight	高亮显示元素，可以单击切换是否高亮此元素。仅当选择器有效时可使用
Edit Attributes	这部分是可以编辑的，里面包含了目标元素在当前应用下的所有组件
Edit Selector	这部分是可以编辑的，展示当前选择器
Open in UI Explorer	运行 UI Explorer 工具，仅当选择器有效时可用

注
意　打开网页或者应用的时候，由于用户权限问题，选择器可能会无效。

7.1.2　完整选择器和部分选择器

选择器根据是否包含根元素（顶层窗口）分成两种：完整选择器和部分选择器。

1）完整选择器的特点如下：

❑ 包含顶层窗口；

❑ 由基本录制器生成；

❑ 推荐在多个窗口之间切换时使用。

Notepad 中的完整选择器如图 7-4 所示。

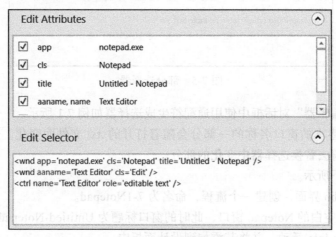

图 7-4　完整选择器

2）部分选择器的特点如下：

❑ 由桌面录像机生成；

❑ 不包含有关顶层窗口的信息；

❑ 有部分选择器的活动包含在一个容器（附加浏览器或"附加窗口"）中，该容器包含顶级窗口的完整选择器；

❑ 在同一窗口中执行多个操作时建议使用。

Notepad 中的部分选择器如图 7-5 所示。

选择器编辑界面中展示的是完整选择器，其中包含部分选择器。但是，只有部分选择器是可编辑的，置灰的部分只读。

7.1.3　通配符选择器

通配符选择器可以用来匹配选择器中变化的一个或多个字符，在处理选择器包含动态属性值的时候非常有用。

❑ 星号（*）：可替代 0 个或多个字符。

❑ 问号（？）：可替代一个字符。

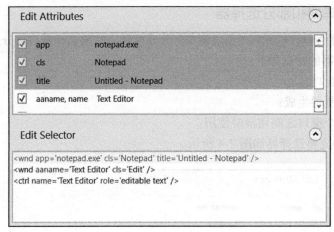

图 7-5　部分选择器

在"选择器编辑器"对话框中使用通配符生成选择器如例 7.1 所示。

【例 7.1】记事本的窗口名称的一部分会随着打开的 .txt 文件而变化。这种情况下，我们可以使用通配符去替换选择器中变化的部分。

详细步骤如下所示。

1）进入 Studio 界面，创建一个流程，命名为 7-1Notepad。

2）打开一个空白的 Notepad 窗口，此时的窗口标题为 Untitled-Notepad。

3）搜索 Type Into 活动，并将其添加到设计面板中。

4）点击 Indicate on Screen 并选择记事本中的文本编辑区域，Studio 会自动生成一个选择器，并存放在 Type Into 的 Selector 属性中，如图 7-6 所示。

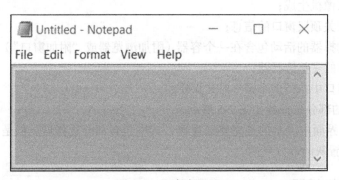

图 7-6　记事本界面

5）在 Type Into 的 Properties 面板中点击 Selector 属性右侧的 ⚌ 按钮，打开 Selector Editor 对话框，如图 7-7 所示。

6）用 Notepad 打开另外一个 .txt 文本。注意：新打开的记事本的窗口标题和第 1 步中的要不同。

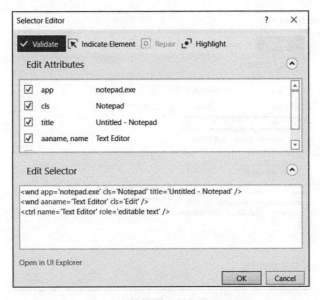

图 7-7 Selector Editor 对话框

7）在 Studio 中，打开 Type Into 的 Selector Editor 对话框，点击 Repair 按钮，选择第 6 步中打开的记事本的文本编辑区域，此时会提示选择器已经更新，如图 7-8 所示。

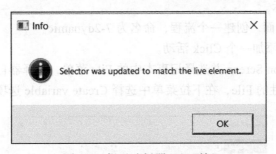

图 7-8 提示选择器已经更新

8）点击 OK 按钮，可以看到 Selector Editor 对话框的 Edit Selector 中的选择器变化的部分已经更新成了通配符，如图 7-9 所示。

7.1.4 动态选择器

动态选择器使用变量或者参数替换选择器中用来确定目标元素的属性。使用动态选择器，仅需改变其中变量或参数的值即可准确高效地重复使用一个活动，无须更改选择器本身。动态选择器形如 <tag attribute='{{Value}}'/>，包含如下几部分。

❑ tag：目标标签，例如 <ctrl />。

❑ attribute：目标属性，例如 name ='menuItem'。

❑ {{Value}}：包含要与之交互的元素的属性的变量或参数的名称。

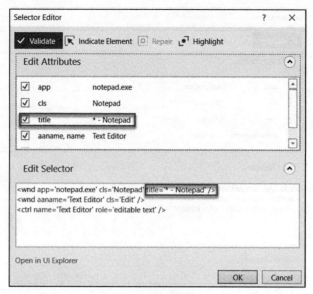

图 7-9　编辑界面

【例 7.2】点击记事本中的 File 菜单，然后使用动态选择器，点击 Format 菜单，但是不修改选择器。

详细步骤如下所示。

1）进入 Studio 界面，创建一个流程，命名为 7-2dynamic。

2）向新的流程里添加一个 Click 活动。

3）点击 Indicate on Screen 并选择记事本中的 File 菜单，选择器自动生成。

4）右击 name 属性的 File，在下拉菜单中选择 Create variable 选项，如图 7-10 所示。

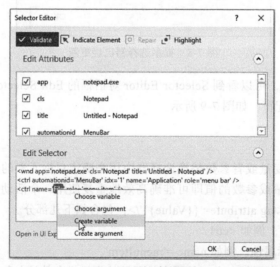

图 7-10　创建变量

5）在出现的一对文本框中设置变量名为 MenuOption，变量值为 File，如图 7-11 所示。

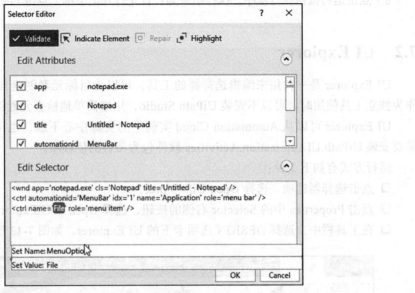

图 7-11　设置变量

6）点击 Selector Editor 对话框上方的 Validate 按钮，此时按钮变绿色，代表选择器可用。生成的动态选择器如图 7-12 所示。

图 7-12　动态选择器

7）在 Click 下方添加一个 Assign To 活动，变量名使用 MenuOption，赋值为 Format。

8）点击运行按钮执行程序。执行结果为：首先打开记事本，点击 File，然后点击 Format。

7.2 UI Explorer

UI Explorer 是一种用来编辑选择器的工具，可以为目标元素创建自定义选择器。当它作为独立工具使用时，可以不安装 UiPath Studio，用来简单地检查元素而无须构建流程。

UI Explorer 可以从 Automation Cloud 实例中的资源中心下载，也可以从 Studio 下载，需要安装 UiPath.UIAutomation.Activities 软件包为项目的依赖项。

运行方式有如下 3 种：

❑ 点击选择器选项，选择 Open UiExplorer；

❑ 点击 Properties 中的 Selector 右侧的按钮，选择 Open in UiExplorer；

❑ 在工具栏中，选择 DESIGN 选项卡下的 UI Explorer，如图 7-13 所示。

图 7-13 工具栏

UI Explorer 运行界面如图 7-14 所示。

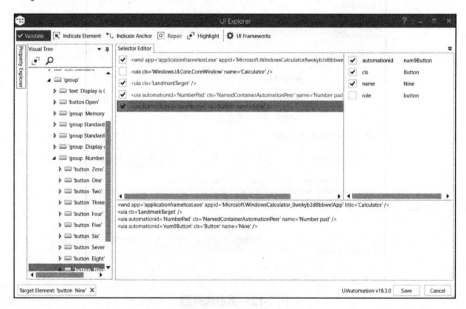

图 7-14 运行界面

UI Explorer 界面上方的字段选项介绍如表 7-2 所示。

表 7-2　UI Explorer 界面上方字段选项介绍

字段名	描　述
Validate	验证选择器是否可用。绿色代表选择器有效，红色代表选择器无效，黄色代表选择器需要重新编辑，灰色代表选择器待验证
Indicate Element	重新选择目标元素，生成新的选择器并替换旧的
Indicate Anchor	相对于目标元素选择一个锚点
Repair	修复相同目标元素的选择器，更新部分选择器
Highlight	高亮元素，仅在选择器有效时可用
UI Frameworks	识别选择器的技术类型，共 3 种。 Default：UiPath 专有方法。通常可在所有类型的用户界面上正常工作。 Active Accessibility：Microsoft 较早的解决方案。当"默认"选项不起作用时，可将此选项与旧版软件一起使用。 UI Automation：Microsoft 改进的可访问性模型。当默认应用程序不起作用时，可将此选项与较新的应用程序一起使用

UI Explorer 界面左侧的 Visual Tree 面板显示了 UI 树状的层次结构，通过点击每个节点前面的箭头，可以在元素中导航。

默认情况下，第一次打开 UI Explorer 时，此面板以字母顺序显示所有打开的应用程序。

在树中双击节点元素（或者右击并选择"设置为目标元素"选项），将会更新 Selector Editor、Selector Attributes 和 Property Explorer 面板。

Visual Tree 面板字段选项介绍如表 7-3 所示。

表 7-3　Visual Tree 面板字段选项介绍

字段名	描　述
Highlight	实时高亮显示从可视树中选择的元素，直到关闭
Show Search Options	显示搜索框和搜索过滤器选项
Search Box	支持查找特定的字符串，如果无法精确匹配，则显示包含最接近匹配的节点。支持通配符。根据从"搜索依据"下拉列表中选择的属性，搜索可以区分大小写。 注意：搜索仅在所选 UI 对象下的树结构中查找匹配项
Search by	将搜索过滤到选定的属性或选择器。该下拉列表的内容根据所选的 UI 元素而变化。 注意：如果将"搜索依据"设置为"选择器"，则只能输入 <attribute name1='value1'... /> 格式的一个节点
Children Only	将搜索限制在所选节点的第一级子级。默认情况下，此复选框未选中

（1）Selector Editor 面板

显示指定的 UI 对象的选择器，并对其进行自定义。面板的底部显示了必须在项目中使用的实际 XML 片段。找到所需的选择器后，可以从此处复制选择器并将其粘贴到活动的"属性"面板的"选择器"字段中。

该面板的顶部可以查看选择器中的所有节点，并通过清除它们前面的复选框来消除不必要的节点。当启用或禁用属性或在底部面板中编辑选择器时，选择器节点列表中的元素将变为活动状态。一次仅一个节点处于活动状态。

在此处选择节点会在"选择器属性"和"属性资源管理器"面板中显示其属性。选择器还可以借助变量来编辑，方法是使用快捷键 Ctrl+K 在选择器中创建变量，或者通过使用快捷键 Ctrl+Space 指定已创建的变量。使用快捷键 Ctrl+K 可以为变量指定值和名称。请注意，这里只能使用字符串变量。

（2）Selector Attributes 面板

显示选定节点的所有可用属性（Selector Editor 面板中）。可以通过选择或清除每个属性前面的复选框来添加或删除某些节点属性。此外，还可以更改每个属性的值，但只有当新选择器指向最初选择的 UI 对象时，才保留此修改。

（3）Property Explorer 面板

显示指定的 UI 对象可以具有的所有属性，包括那些没有出现在选择器中的属性，无法更改。

7.3 录制器

录制功能是 UiPath Studio 的重要组成部分，可以帮助用户在自动化业务流程时节省大量时间。通过使用此功能，我们可以轻松地在屏幕上捕获用户的动作并将其转换为自动化流程。同时，可以修改和参数化这些项目，以便根据需要轻松地重播和重用它们。在录制时，所有用户界面元素都会突出显示，如图 7-15 所示，这样可以确保选择了正确的按钮、字段或菜单。

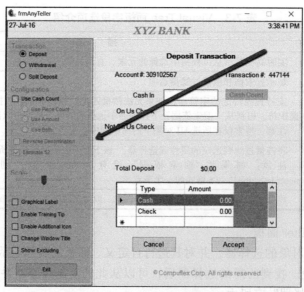

图 7-15　操作界面

与 UI 元素的交互会在自动化中生成有用的屏幕截图。通过选择"选项"菜单中的相应操作，可以更改、隐藏、删除或以全尺寸显示这些内容。所有屏幕截图都将自动保存为 .png 文件，保存在项目所在的位置，并保存在名为 .screenshot 的单独文件夹中。默认路径为 C:\ Users \ your_user_name \ Documents \ UiPath \ your_project_name \ .screenshots。如图 7-16 所示。

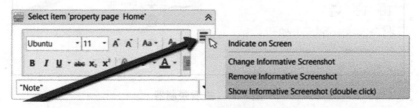

图 7-16　属性界面

7.3.1　录制器的类型

录制器共有以下 5 种类型。

1）Basic：为每个活动生成一个完整的选择器，而不生成一个容器。由此产生的自动化速度比使用容器的自动化慢，适用于单个活动。

2）Desktop：适用于所有类型的桌面应用程序和多种操作。它比 Basic 记录器快，并且会生成一个容器（使用顶级窗口的选择器），该容器中包含活动以及每个活动的部分选择器。

3）Web：默认用于在 Web 应用程序和浏览器中进行记录，生成容器并使用"模拟类型 / 单击"的输入方法。支持 Web 录制器的浏览器版本如表 7-4 所示。

表 7-4　支持的浏览器版本

浏览器类型	版　　本
Internet Explorer	11 及以上
Mozilla Firefox	50 及以上
Google Chrome	最新版本

4）Image：用于记录虚拟化环境（例如 VNC、虚拟机、Citrix 等）或 SAP。它仅允许图像、文本和键盘自动化，并且需要明确的位置。

5）Native Citrix：与 Desktop 录制器等效，但适用于 Citrix 环境，仅在本机 Citrix 自动化项目中使用此功能。

在 UiPath Studio 的 DESIGN 选项卡中点击 Recording 按钮，可以查看所有类型的录制器，如图 7-17 所示。

所有录制类型都带有自己的工具栏，用来操作当前的录制环境，但也有一些通用的操作，如：基本录制器（Basic Recording）工具栏，如图 7-18 所示。

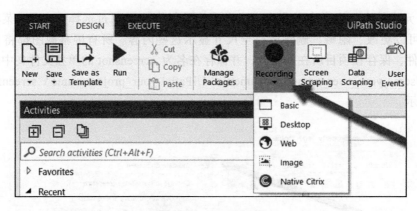

图 7-17　查看录制器

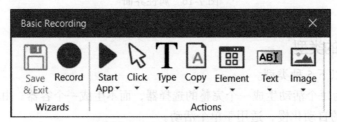

图 7-18　Basic 录制栏

桌面录制器（Desktop Recording）工具栏，如图 7-19 所示。

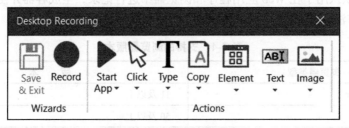

图 7-19　Desktop 录制栏

网页录制器（Web Recording）工具栏，如图 7-20 所示。

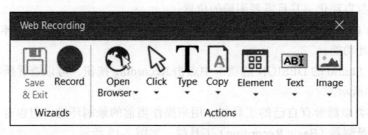

图 7-20　Web 录制栏

Desktop、Basic、Web 三种录制器的工具栏基本相同，功能如下所示。

1）自动记录在屏幕上执行的多项操作。

2）手动记录单个操作：

❑ 启动或关闭应用程序或 Web 浏览器；

❑ 单击界面元素；

❑ 从下拉列表中选择一个选项；

❑ 选择一个复选框；

❑ 模拟按键或键盘快捷键；

❑ 从 UI 元素复制文本或执行屏幕抓取；

❑ 寻找元素或等待它们消失；

❑ 查找图像；

❑ 激活一个窗口。

图像录制器（Image Recording）工具栏如图 7-21 所示。

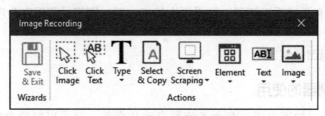

图 7-21 Image 录制栏

图像录制器工具栏中的功能包括：

❑ 点击图片或文字；

❑ 模拟按键或快捷键；

❑ 从窗口中选择并复制文本；

❑ 从 UI 元素复制文本或执行屏幕抓取；

❑ 寻找元素或等待它们消失；

❑ 查找图像或等待其消失；

❑ 激活一个窗口。

注意：图像记录工具栏仅支持手动记录（单个操作）。

Citrix Recording 工具栏如图 7-22 所示。

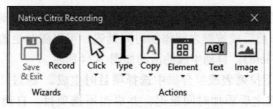

图 7-22 Citrix Recording 工具栏

Citrix Recording 工具栏中的功能如下所示：

1）自动记录在屏幕上执行的多项操作。

2）手动记录单个操作，例如：

❑ 单击界面元素；

❑ 从下拉列表中选择一个选项；

❑ 选择一个复选框；

❑ 模拟按键或键盘快捷键；

❑ 从 UI 元素复制文本或执行屏幕抓取；

❑ 寻找元素或等待它们消失；

❑ 查找图像；

❑ 激活一个窗口。

录制时可以使用的键盘快捷键如下。

❑ F2：暂停 3 秒钟。倒数计时器显示在屏幕的左下角，在自动隐藏的菜单中很有用。

❑ Esc：退出自动或手动记录。如果再次按 Esc 键，则记录将保存为序列，然后返回到主视图。

❑ 右单击：退出录制。

7.3.2 自动录制器的使用

自动录制器可以快速生成一套业务流程自动化框架，且可以轻松自定义活动和参数。当使用自动录制器的时候，会自动生成一些活动，如下所示。

1）单击：单击按钮（Basic 和 Desktop）或链接（Web）时生成。通过"属性"面板中的可用选项，可以在操作之前或之后添加时间延迟，更改单击类型并添加按键修饰符。自动生成的活动如图 7-23 所示。

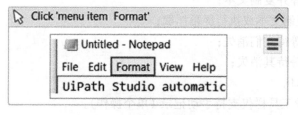

图 7-23　活动界面（一）

2）键入：在文本字段或任何可编辑的 UI 元素中键入时生成。通过"属性"面板中的可用选项，可以在操作前后或按键之间添加时间延迟，可以随时更改文本，并在写入之前清空整个字段（EmptyField）。自动生成的活动如图 7-24 所示。

3）选择项目：从下拉列表或组合框中选择项目时生成。通过"属性"面板中的可用选项，可在操作之前或之后添加时间延迟，并更改所选项目。自动生成的活动如图 7-25 所示。

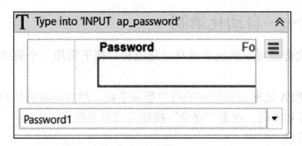

图 7-24　活动界面（二）

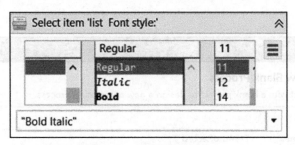

图 7-25　活动界面（三）

4）选中：单击单选按钮或复选框时生成。通过"属性"面板中的可用选项，您可以在操作之前或之后添加时间延迟，并选择或取消选中该复选框。自动生成的活动如图 7-26 所示。

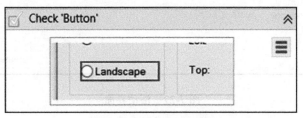

图 7-26　活动界面（四）

录制时，可以更改 Active UI Framework，以在检测不同的应用程序 UI 元素时获得不同的结果。有 3 种框架可以使用。

1）Default：UiPath 的专有方法，通常可以在所有类型的用户界面上正常工作。

2）Active Accessibility：Microsoft 较早的解决方案，用于使应用程序可访问。当"默认"选项不起作用时，建议将此选项与旧版软件一起使用。

3）UI Automation：Microsoft 改进的可访问性模型。如果"默认"选项不起作用，建议对较新的应用程序使用此选项。

📷 注意　录制时，可以使用 F4 快捷键切换 Active UI Framework。

7.4 项目实战——自动化录制

自动化录制的优势是可以快速生成自动化流程，接下来用一个简单的例子演示如何自动化录制登录。

【例 7.3】打开 RPA 之家云实验室的用户登录系统，然后跳转到用户登录界面，使用自动化录制输入用户名和密码，点击"登录"按钮完成登录操作。

详细步骤如下所示。

1）进入 Studio 界面，点击 Process 创建一个流程，命名为 7-3AutoRecord，如图 7-27 所示。

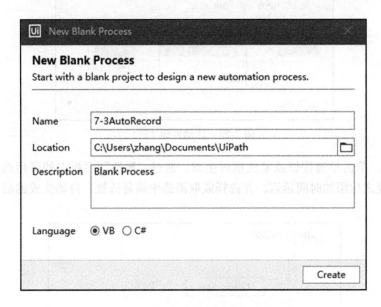

图 7-27　活动界面

2）向流程中添加 Open Browser 活动，并设置 Url 为 https://cloudlab.rpazj.com/#/。

3）点击首页当中的"用户登录"模块，在新页面中点击"用户登录系统"。

4）在 Studio 的 DESIGN 选项卡中点击 Recording 下的 Web 选项。

5）在弹出的 Web Recording 工具栏中点击 Record，自动录制流程开始执行。

6）在登录页面中，点击"用户名"输入框，并设置输入值为"admin"，如图 7-28 所示。

7）按回车键确认输入的用户名。

8）用同样的方式，点击"密码"输入框，并设置输入值为 admin，如图 7-29 所示。

9）点击"登录"按钮，如图 7-30 所示。

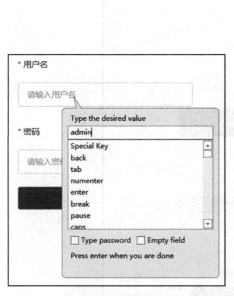

图 7-28　活动界面　　　　　　　　　　　图 7-29　活动界面

图 7-30　活动界面

10）跳转到登录成功页面后，右击或者按 Esc 键退出录制，然后在弹出的 Web Recording 工具栏中点击 Save&Exit。流程自动保存并显示在流程设计面板中。

11）在 Studio 中，将 Close Tab 活动添加为 Attach Browser 容器的最后。

12）完整流程如图 7-31 所示。

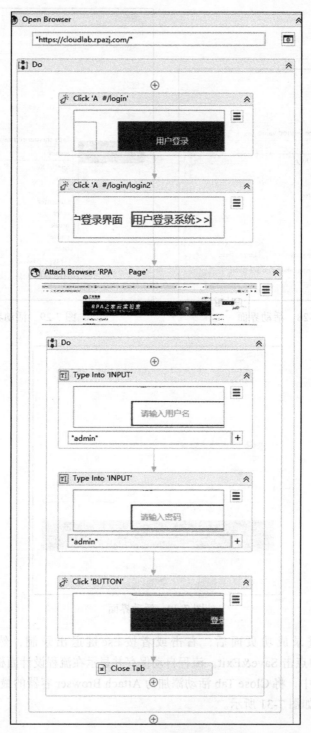

图 7-31 流程界面

第 8 章 *Chapter 8*

数据抓取

数据抓取是一个常见的场景，它在各行各业中无处不在。无论是金融业中对于各类处于 Web 浏览器、应用程序 App 或者文本中的数据的获取，还是物流业中对于各种报关单类文件的数据提取，抑或对于一个电商平台中各类商品的数据获取等，都与数据抓取密不可分。而 UiPath 中，存在对应的活动来完成这个数据抓取的工作，且该过程不需要大量的编码即可完成。这对于各行各业的业务人员来说，可以大大节省工作时间，提高工作效率。

数据抓取过程可以分为以下 3 步：

1）在数据源中对数据进行识别；

2）将识别的数据存储于变量或参数中；

3）将变量或参数的结果写入文件。

由于过程中涉及了识别，因此抓取到的数据，并不能保证百分之百正确。识别的正确率取决于训练模型，因此只有不断地对识别模型进行优化，才能将识别正确率趋近于百分之百，最终抓取到的结果才能有更高的准确率。

8.1 Data Scraping

在 Studio 中的 DESIGN 选项卡中，存在名称为 Data Scraping 的活动，如图 8-1 所示。它可以对来自 Web 浏览器、App 应用程序和文档中的数据进行抓取。抓下来的数据会以 DataTable 的形式存储。

【例 8.1】以抓取 RPA 之家云实验室中用户信息列表的数据来演示 Data Scraping 具体使用细节。

创建一个项目，它可以对 RPA 之家云实验室中用户信息列表的数据进行抓取，并将结果写入 Excel。详细步骤如下所示。

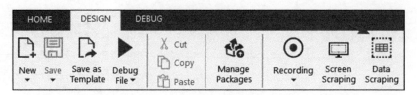

图 8-1　DESIGN 选项卡

1）进入 Studio 界面，点击 Process 创建名为 8_1_DataScraping 的流程，如图 8-2 所示。

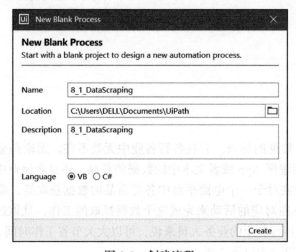

图 8-2　创建流程

2）登录 https://cloudlab.rpazj.com/#/userslist2，进入 RPA 之家云实验室中用户信息列表页面（这里使用的是 Chrome 浏览器），如图 8-3 所示。

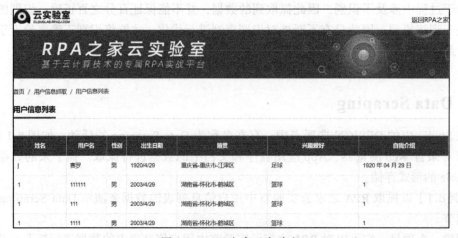

图 8-3　RPA 之家云实验室

3）向 Main.xaml 中添加一个序列。点击 Data Scraping，就会出现如图 8-4 所示内容，根据信息提示，在这里需要进行元素选择。此过程可以分为以下三步。

a. 打开你的想要进行数据抓取的浏览器、App 应用程序或者文档的页面。这里数据抓取的页面为"云实验室中用户信息列表页"。

b. 点击 Next 按钮，然后选择你要抓取的数据所在的区域，该区域即为第一个元素。

c. 点击数据所在区域。这里点击"赛罗"，如图 8-5 所示。

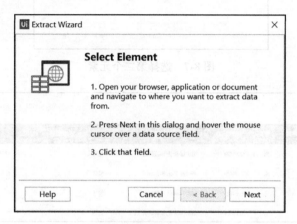

图 8-4 选择第一个元素

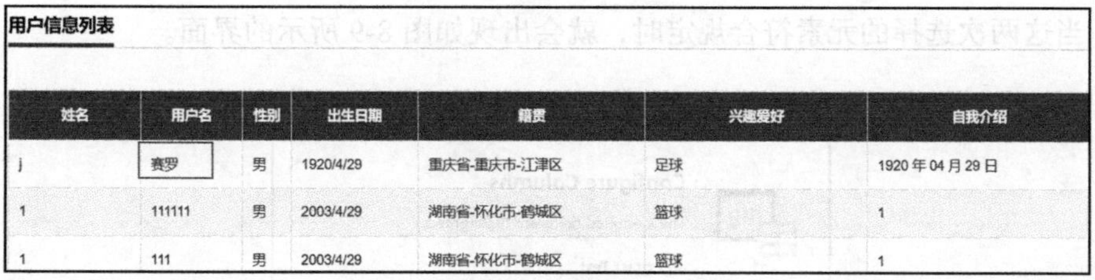

姓名	用户名	性别	出生日期	籍贯	兴趣爱好	自我介绍
j	赛罗	男	1920/4/29	重庆省-重庆市-江津区	足球	1920 年 04 月 29 日
1	111111	男	2003/4/29	湖南省-怀化市-鹤城区	篮球	1
1	111	男	2003/4/29	湖南省-怀化市-鹤城区	篮球	1

图 8-5 选择用户名的第一个元素

4）点击完成后，就会出现如图 8-6 所示内容。会提示是否选择整个表格，这里选择否。如图 8-7 所示。根据提示需要选择第二个元素，该元素必须与第一次选择的元素处于相似区域。点击 Next 按钮，然后选择点击的元素为"111111"，如图 8-8 所示。

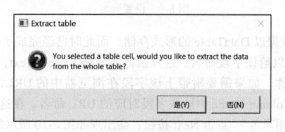

图 8-6 选择否

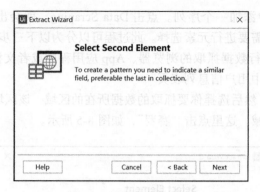

图 8-7　选择第二个元素

用户信息列表							
姓名	用户名	性别	出生日期	籍贯	兴趣爱好		自我介绍
j	赛罗	男	1920/4/29	重庆省-重庆市-江津区	足球		1920 年 04 月 29 日
1	111111	男	2003/4/29	湖南省-怀化市-鹤城区	篮球		1
1	111	男	2003/4/29	湖南省-怀化市-鹤城区	篮球		1
1	1111	男	2003/4/29	湖南省-怀化市-鹤城区	篮球		1

图 8-8　选择用户名的第二个元素

5）当这两次选择的元素符合规定时，就会出现如图 8-9 所示的界面。

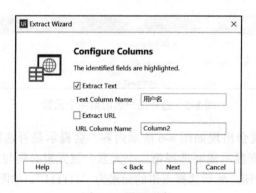

图 8-9　设置列名

6）由于抓取的数据以 DataTable 的形式存储，而此时已经完成了一种字段类型的数据抓取。因此在这里可以给该字段命名，这样就需要勾选 Extract Text，然后在 Text Column Name 中填写字段名称。如果需要附带上该字段在浏览器中的 URL，也可以勾选 Extract URL，然后在 URL Column Name 中给该字段对应的 URL 命名。在这里勾选 Extract Text，然后给列名命名为"用户名"，点击 Next 按钮，会出现如图 8-10 所示的界面。

图 8-10 抓取结果

7）此时我们已经完成了对相似区域的数据抓取，并命名为"用户名"。在 Maximum number of results(0 for all) 后面填入需要抓取的条数。这里默认设置为 100，表示最多抓取 100 条，如果需要抓取所有的数据，即可以填写为 0 或者 all。如果还需要抓取其他字段，则可以点击 Extract Correlated Data 继续抓取其他的字段。在这里点击 Extract Correlated Data 来抓取籍贯，如图 8-11 所示，选择抓取赛罗这一行的籍贯作为该字段的第一个元素。

用户信息列表

姓名	用户名	性别	出生日期	籍贯	兴趣爱好	自我介绍
j	赛罗	男	1920/4/29	重庆省-重庆市-江津区	足球	1920 年 04 月 29 日
1	111111	男	2003/4/29	湖南省-怀化市-鹤城区	篮球	1
1	111	男	2003/4/29	湖南省-怀化市-鹤城区	篮球	1
1	1111	男	2003/4/29	湖南省-怀化市-鹤城区	篮球	1

图 8-11 选择第一个籍贯元素

8）点击 Next 按钮，如图 8-12 所示，这里如果不选择用户名为 111111 的行中的籍贯作为第二个元素，而是选择用户名 111 的行中的籍贯作为第二个元素，则会出现如图 8-13 所示的错误，表示该元素选取无效。由此可知，在使用 Data Scraping 抓取数据时，当第一个字段通过两个元素进行定位后，其他字段元素的选择均应该以最初被选择的两个元素所在位置为基准进行选择。

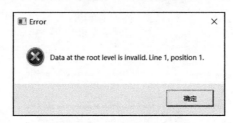

图 8-12　选择第二个籍贯元素

图 8-13　元素选择异常

9）因此，这里只能选择用户名为 111111 的行中的籍贯作为该字段的第二个元素，如图 8-14 所示。

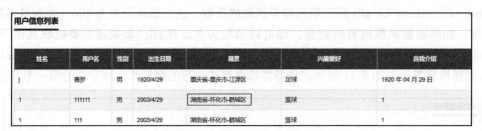

图 8-14　选择第二个籍贯元素

10）然后给该字段命名为"籍贯"，如图 8-15 所示。点击 Next 按钮，得到如图 8-16 所示的结果。

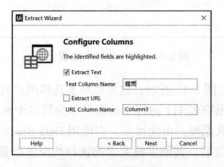

图 8-15　设置列名

图 8-16　抓取籍贯完成

11）此时我们已经抓取到了第二个字段。按照上述步骤，继续抓取第三个字段，命名为"兴趣爱好"，如图 8-17 所示，选择用户名为赛罗行中的兴趣爱好和用户名为 111111 行中的兴趣爱好。

姓名	用户名	性别	出生日期	籍贯	兴趣爱好	自我介绍
J	赛罗	男	1920/4/29	重庆省-重庆市-江津区	足球	1920 年 04 月 29 日
1	111111	男	2003/4/29	湖南省-怀化市-鹤城区	篮球	1
1	111	男	2003/4/29	湖南省-怀化市-鹤城区	篮球	1

图 8-17　抓取兴趣爱好

12）抓取后的结果如图 8-18 所示。

Preview Data

用户名	籍贯	兴趣爱好
赛罗	重庆省-重庆市-江津区	足球
111111	湖南省-怀化市-鹤城区	篮球
111	湖南省-怀化市-鹤城区	篮球
1111	湖南省-怀化市-鹤城区	篮球
精神小伙	湖南省-怀化市-鹤城区	篮球
精神小伙	湖南省-怀化市-鹤城区	篮球
精神小伙	湖南省-怀化市-鹤城区	篮球
精神小伙	湖南省-怀化市-鹤城区	篮球
精神小伙	湖南省-怀化市-鹤城区	篮球
1	广东省-深圳市-宝安区	

图 8-18　抓取结果

13）此时，需要抓取的字段已经全部抓到，点击 Finish 按钮完成抓取，出现如图 8-19 所示的界面，提示用户抓取过程中是否需要抓取多页。如果选择 Yes 抓取多页，则要选取翻页按钮；如果只抓取当前页，则选择 No。这里选择 Yes。

图 8-19　选择是否翻页抓取

14）选择 Yes 后，出现如图 8-20 所示的界面。选择向右的箭头，表示抓取所有页的数据。至此，已经完成数据抓取。

图 8-20　选择向右的箭头

15）回到 Studio，可以看到，抓取已经完成。如图 8-21 所示。其中，抓取的数据已经存储到了一个默认的 DataTable 中，其名称为 ExtractDataTable。

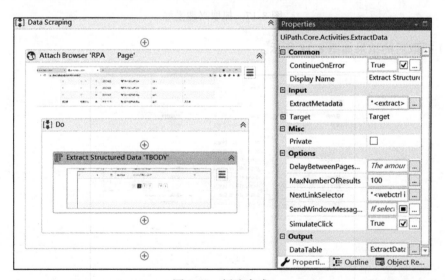

图 8-21　抓取完成

16）在序列 Data Scraping 中添加一个 Workbook 下的 Write Range，将 ExtractDataTable 写入 Excel 中，如图 8-22 所示。其中 Workbook path 为 "8_1_rpazj.xlsx"，表示当前目录下名为 8_1_rpazj.xlsx 的 Excel 文件（这里 8_1_rpazj.xlsx 文件是不存在的，在执行写入前会自

动创建）。输入的 DataTable 为 ExtractDataTable，如果需要写入表头，则勾选 AddHeaders。SheetName 选择默认的 "Sheet1"（如果想写入其他名称的 Sheet，可以修改）。写入的起始单元格设置为 "A1"（如果想从其他单元格开始写入，亦可修改）。

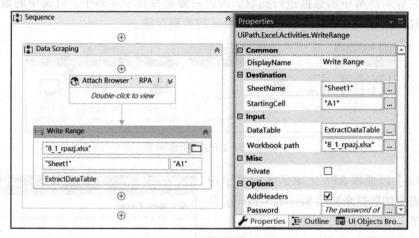

图 8-22　结果写入 Excel

17）点击 Run 运行流程后。等待少许时间后，运行结束。刷新列表，可以看到生成了 8_1_rpazj.xlsx，如图 8-23 所示。

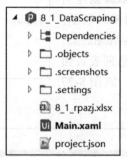

图 8-23　执行后目录结构

18）查看 8_1_rpazj.xlsx 的内容。如图 8-24 所示。

	A	B	C
1	用户名	籍贯	兴趣爱好
2	赛罗	重庆省-重庆市-江津区	足球
3	111111	湖南省-怀化市-鹤城区	篮球
4	111	湖南省-怀化市-鹤城区	篮球
5	1111	湖南省-怀化市-鹤城区	篮球
6	精神小伙	湖南省-怀化市-鹤城区	篮球
7	精神小伙	湖南省-怀化市-鹤城区	篮球
8	精神小伙	湖南省-怀化市-鹤城区	篮球

图 8-24　执行结果

8.2 Screen Scraping

在 Studio 的 DESIGN 选项卡中存在名为 Screen Scraping 的活动，如图 8-25 所示。顾名思义，它针对屏幕中的数据进行抓取。因此只要是存在于屏幕中、可选中的数据，均可以进行抓取，抓下来的数据会以 GenericValue 的类型存储。

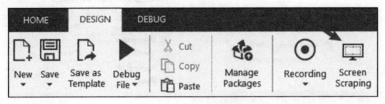

图 8-25　DESIGN 选项卡

【例 8.2】以抓取 RPA 之家云实验室中用户信息列表中的数据来演示 Screen Scraping 具体使用细节。

创建一个项目，它可以对 RPA 之家云实验室中用户信息列表中的数据进行抓取，并将结果写入 Excel。详细步骤如下所示。

1）进入 Studio 界面，点击 Process 创建名为 8_2_ScreenScraping 的流程，如图 8-26 所示。

2）登录 https://cloudlab.rpazj.com/#/userslist2，进入 RPA 之家云实验室中用户信息列表页面（这里使用的是 Chrome 浏览器），如图 8-27 所示。

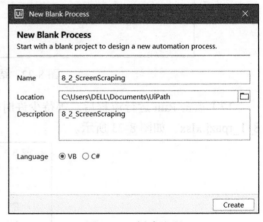

图 8-26　创建流程

姓名	用户名	性别	出生日期	籍贯	兴趣爱好	自我介绍
j	赛罗	男	1920/4/29	重庆省-重庆市-江津区	足球	1920 年 04 月 29 日
1	111111	男	2003/4/29	湖南省-怀化市-鹤城区	篮球	1
1	111	男	2003/4/29	湖南省-怀化市-鹤城区	篮球	1
1	1111	男	2003/4/29	湖南省-怀化市-鹤城区	篮球	1

图 8-27　RPA 之家云实验室

3）向 Main.xaml 中添加一个序列。点击 Screen Scraping，就会出现如图 8-28 所示的内容，这里需要选择识别内容。

图 8-28　选择识别内容

4）这里选择标题"用户信息列表"进行抓取，如图 8-29 所示。在左边 Scrape Result Preview 中出现识别结果，右边抓取方式 Scraping Method 默认选择为 FullText，这里还有其他选择，如图 8-30 所示。Scrape Options 中存在一个 Ignore Hidden 选择，表示选择的 UI 元素中的隐藏文本将不会被复制。这里选择不勾选，因此能识别到该区域中隐藏的文本。

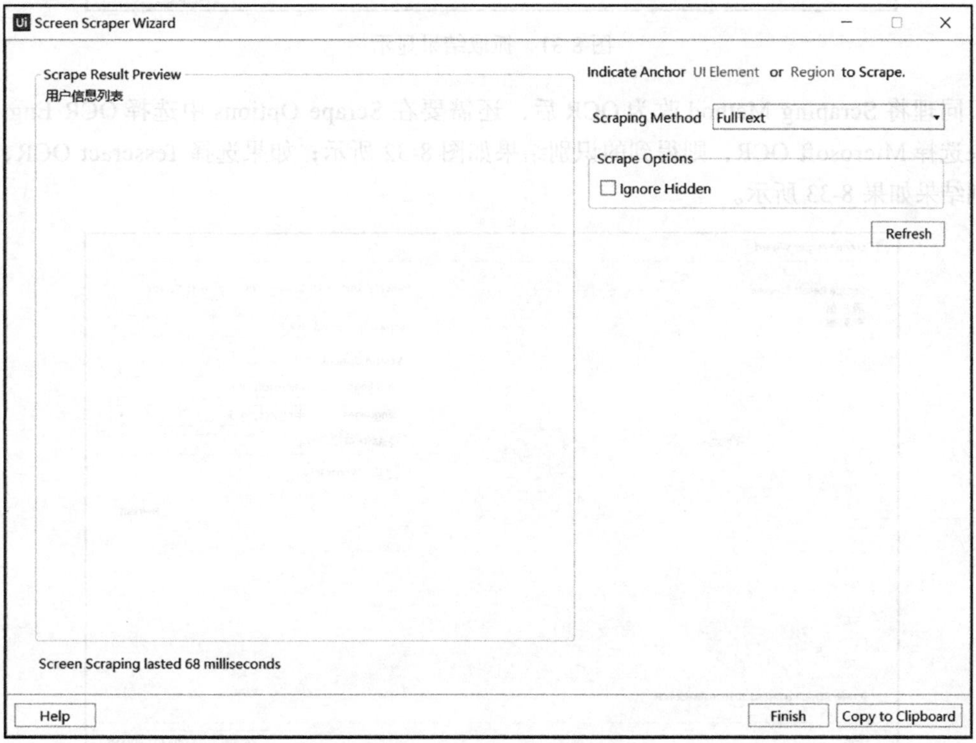

图 8-29　Screen Scraper Wizard

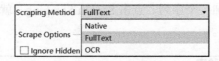

图 8-30　抓取方式选择

如果改变 Scrape Method 为 Native，对该处进行识别，结果如图 8-31 所示。可以看到在识别结果预览中 FullText 模式中的内容相同，因此该模式也可以适用。

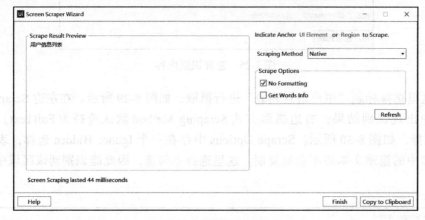

图 8-31　抓取结果显示

同理将 Scraping Method 改为 OCR 后，还需要在 Scrape Options 中选择 OCR Engine，如果选择 Microsoft OCR，则得到的识别结果如图 8-32 所示；如果选择 Tesseract OCR，则识别结果如果 8-33 所示。

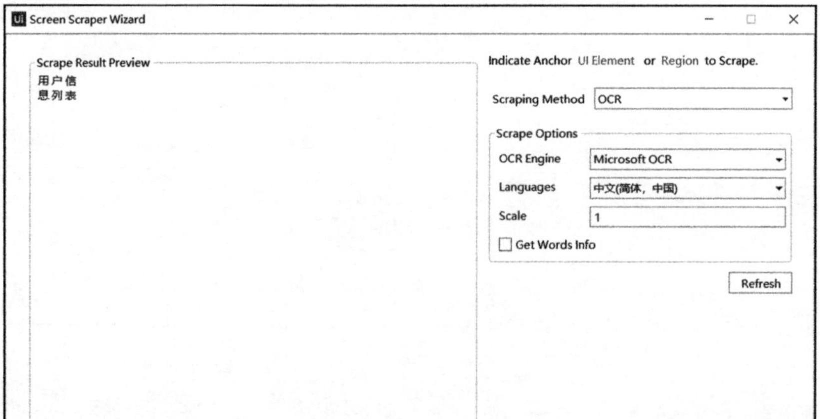

图 8-32　Microsoft OCR 引擎抓取结果

图 8-33　Tesseract OCR 引擎抓取结果

5）对比上述 3 种识别方式的结果，我们可以发现当选择 Scraping Method 为 FullText、Native 时，识别的结果更接近于真实情况。因此，在本案例中采用的 Scraping Method 为 FullText。

6）识别完成，点击 Finish 按钮回到 Studio 面板中，如图 8-34 所示。识别结果存储在默认类型为 GenericValue 的变量 H 中。

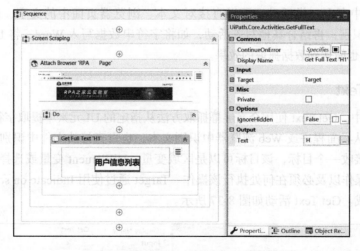

图 8-34　抓取完成

7）在流程 Screen Scraping 中添加一个 Log Message，将 H 打印到控制台上，如图 8-35 所示。

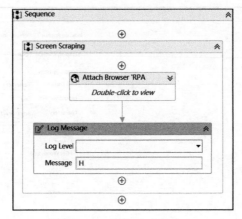

图 8-35　设置日志打印

8）打印到控制台的结果如图 8-36 所示。

图 8-36　执行结果

8.3　Get Text 活动

在 UiPath 中存在一类活动，可以直接对文本、浏览器页面中的文字、应用桌面程序中的文字进行识别，再结合其他写入活动，如将字符串数据写入 Word，将 DataTable 写入 Excel 表格等，也能达到数据抓取的效果。

8.3.1　Get Text

在 UiPath 中，Get Text 使用全文屏幕抓取方法从指定的 UI 元素中提取字符串及其信息。此活动可用于从桌面程序或 Web 浏览器中识别文本，也可直接从文件中识别文本。在输入端，此活动将接收一个目标，该目标可以是区域变量、UiElement 变量或选择器，帮助确定要自动执行的操作以及必须在何处执行该操作。Target 通过使用 Indicate on screen 指定目标元素后自动生成。Get Text 活动如图 8-37 所示。

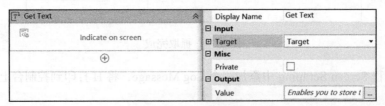

图 8-37　Get Text

Get Text 的属性如表 8-1 所示。

表 8-1　Get Text 属性介绍

属性名	用途
Target	识别对象，使用 Indicate on screen 获取识别对象后会得到对象的属性
ClippingRegion	根据 UI 元素定义剪切矩形，以像素为单位。沿以下方向：左、上、右、下，支持正数和负数
Element	由其他活动产生的 UiElement 变量。此属性不能与选择器属性一起使用。此字段仅支持 UiElement 变量
Selector	用于在执行活动时查找特定 UI 元素的文本属性。它实际上是一个 XML 片段，用来指定要查找的 GUI 元素及其一些父元素的属性
Timeout(milliseconds)	指定引发 SelectorNotFoundException 异常之前等待活动运行的时间（毫秒）。默认值为 30 000 毫秒（即 30 秒）
WaitForReady	在执行操作之前，请等待目标准备就绪，其可选择的值有 3 种：① NONE：在执行操作之前，只会等待将要操作的 UI 元素，例如，如果只想从网页中检索文本或单击特定按钮，而不必等待所有 UI 元素加载，则可以使用此选项，请注意，如果按钮依赖于尚未加载的元素（如脚本），则这可能会产生不必要的后果；② Interactive：等待目标应用程序中的所有 UI 元素加载完毕再执行操作；③ Complete：等待目标应用程序中的所有 UI 元素加载完毕再执行操作
Private	如果勾选，则参数和变量值不会出现在日志中
Value	存储 UI 元素中文本的变量，类型为 GenericValue

【例 8.3】识别 RPA 之家商城中的数据来演示 Get Text 具体使用细节。

创建一个项目，它可以对 RPA 之家云实验室中用户信息列表的数据进行识别，并将结果打印到控制台。详细步骤如下所示。

1）进入 Studio 界面，点击 Process 创建一个流程，命名为 8_3_GetText，如图 8-38 所示。

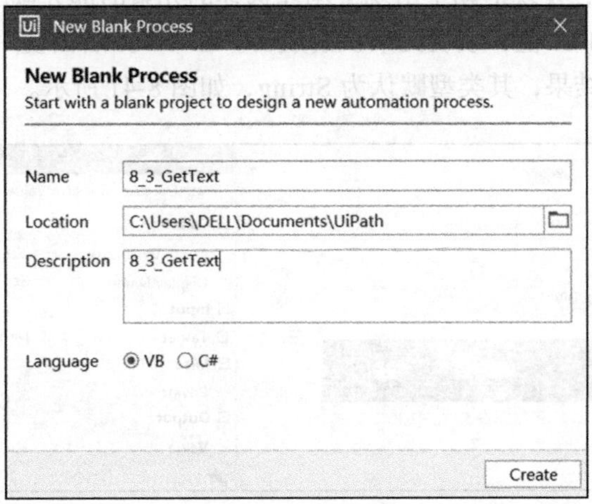

图 8-38　创建流程

2）登录 https://cloudlab.rpazj.com/#/userslist2，进入 RPA 之家云实验室中用户信息列表页面（这里使用的是 Chrome 浏览器），如图 8-39 所示。

图 8-39　RPA 之家官方商城

3）向 Main.xaml 中添加一个序列，并在序列中添加 Get Text，点击其中的 Indicate on screen，然后选取识别目标元素，这里选择识别的元素为"用户名"，如图 8-40 所示。

图 8-40　选择识别元素

4）回到 Studio 中，发现活动中出现了刚才选择的元素的部分截图，属性 Target 中的选择器中出现了该元素的 UI 值，表明元素识别成功。在 Value 后面使用快捷键 Ctrl+K 创建一个变量 str 来接收识别结果，其类型默认为 String，如图 8-41 所示。

图 8-41　完成抓取

5）在 Get Text 后面添加一个 Log Message，将识别的结果 str 打印到控制台上，如图 8-42 所示。

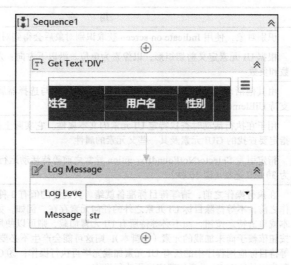

图 8-42 设置日志打印

6）打印结果如图 8-43 所示。可以发现识别结果正确。

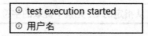

图 8-43 执行结果

8.3.2 Get Full Text

在 UiPath 中，Get Full Text 使用全文屏幕抓取方法从指定的 UI 元素中提取字符串及其信息。此活动可用于从桌面程序和 Web 浏览器中识别文本，也可直接从文件中识别文本。在输入端，此活动将接收一个目标，该目标可以是区域变量、UiElement 变量或选择器，帮助确定要自动执行的操作以及必须在何处执行该操作。Target 通过使用 Indicate on screen 指定目标元素后自动生成。Get Full Text 活动如图 8-44 所示。

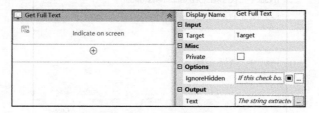

图 8-44 Get Full Text

Get Full Text 的属性如表 8-2 所示。

5）在 Get Text 后面添加一个 Log Message，⋯⋯图 8-42 所示。

表 8-2　Get Full Text 属性介绍

属性名	用　　途
Target	识别对象，使用 Indicate on screen 获取识别对象后会得到对象的属性
ClippingRegion	根据 UI 元素定义剪切矩形，以像素为单位。沿以下方向：左、上、右、下，支持正数和负数
Element	由其他活动产生的 UiElement 变量。此属性不能与选择器属性一起使用。此字段仅支持 UiElement 变量
Selector	用于在执行活动时查找特定 UI 元素的文本属性。它实际上是一个 XML 片段，用来指定要查找的 GUI 元素及其一些父元素的属性
Timeout(milliseconds)	指定引发 SelectorNotFoundException 异常之前等待活动运行的时间（毫秒）。默认值为 30 000 毫秒（即 30 秒）
WaitForReady	在执行操作之前，请等待目标准备就绪。其选择的值有 3 种：① NONE：在执行操作之前，不等待除目标 UI 元素之外的任何元素存在，例如，如果只想从网页中检索文本或单击特定按钮，而不必等待所有 UI 元素加载，则可以使用此选项，请注意，如果按钮依赖于尚未加载的元素（如脚本），则这可能会产生不必要的后果；② Interactive：等待目标应用程序中的所有 UI 元素加载完毕再执行操作；③ Complete：等待目标应用程序中的所有 UI 元素加载完毕再执行操作
Private	如果勾选，则参数和变量的值不会出现在繁冗的日志中
IgnoreHidden	如果选中此复选框，则不会从指定的 UI 元素中提取字符串信息。默认情况下，未选中此复选框
Text	识别的结果（从指定的 UI 元素中提取的字符串）

【例 8.4】识别 txt 文本内容来演示 Get Full Text 具体使用细节。

创建一个项目，它可以对 txt 文本中的内容进行识别，并将结果打印到控制台。详细步骤如下所示。

1）进入 Studio 界面，点击 Process 创建名为 8_4_GetFullText 的流程，如图 8-45 所示。

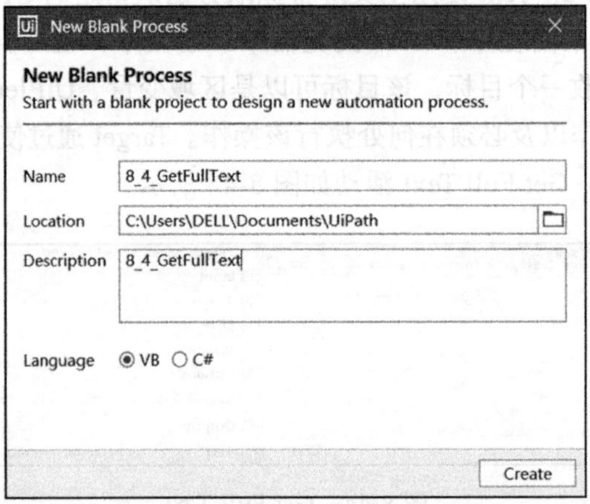

图 8-45　创建流程

2）从 https://www.rpazj.com/user/homepage?customerId=150 中 下 载 "RPA 之 家 .txt" 文件，保存到当前项目根目录中。RPA 之家 .txt 的部分内容如图 8-46 所示。

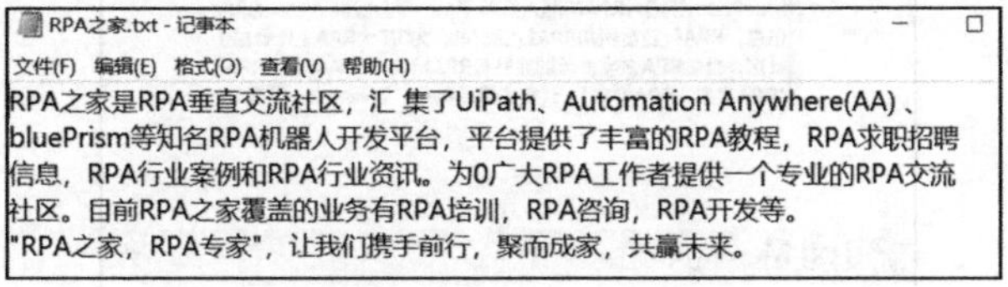

图 8-46　RPA 之家 .txt

3）打开该 txt 文件。向 Main.xaml 中添加一个序列，并向其中添加活动 Get Full Text。点击其中的 Indicate on screen，选择识别的元素为 RPA 之家 .txt 文本中的内容，如图 8-47 所示。

图 8-47　选择 txt 文件内容

4）回到 Studio 中，发现活动中出现了刚才选择元素的部分截图，属性 Target 中的选择器中出现了该元素的 UI 值，表明元素识别成功。在 Value 后面使用快捷键 Ctrl+K 创建一个变量 str 来接收识别结果，其类型默认为 String，如图 8-48 所示。

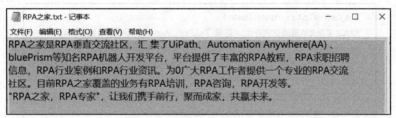

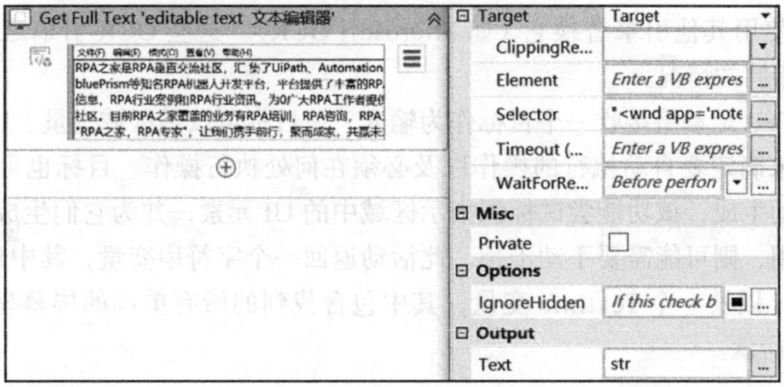

图 8-48　抓取完成

5）在 Get Full Text 后面添加一个 Log Message，将识别的结果 str 打印到控制台上，如图 8-49 所示。

6）打印结果如图 8-50 所示。

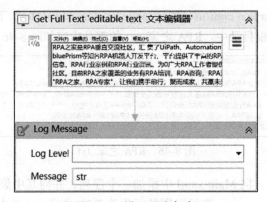

图 8-49　设置日志打印

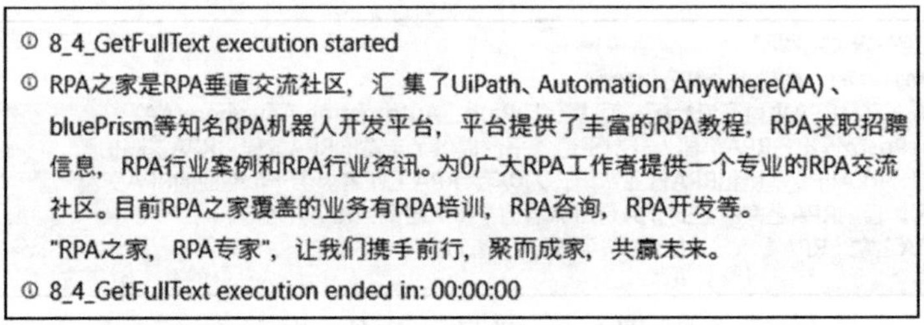

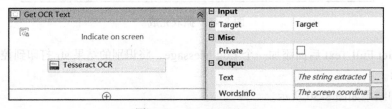

图 8-50　执行结果

8.3.3　Get OCR Text

在 UiPath 中，Get OCR Text 使用 OCR 屏幕抓取方法从指定的 UI 元素中提取字符串及其信息。此活动也可以在执行屏幕抓取时与容器一起自动生成。默认使用 Tesseract OCR 引擎，但是可以使用其他引擎替换它（如 Microsoft OCR）。这些 OCR 引擎之间存在一些差异，因此适合不同的情况。

Get OCR Text 活动将接收一个目标作为输入，该目标可以是区域变量、UiElement 变量或选择器，用来确定要自动执行的操作以及必须在何处执行操作。目标也可以通过使用指示屏幕功能自动生成，该功能尝试标识指示区域中的 UI 元素，并为它们生成选择器。如果该操作不起作用，则可能需要手动干预。此活动返回一个字符串变量，其中包含在 UI 元素中找到的文本，以及一个 TextInfo 变量，其中包含找到的所有单词的屏幕坐标。Get OCR Text 如图 8-51 所示。

图 8-51　Get OCR Text

Get OCR Text 的属性如表 8-3 所示。

表 8-3　Get OCR Text 属性介绍

属性名	用　　途
Target	识别对象，使用 Indicate on screen 获取识别对象后会得到对象的属性
ClippingRegion	根据 UI 元素定义剪切矩形，以像素为单位。沿以下方向：左、上、右、下，支持正数和负数
Element	由其他活动产生的 UiElement 变量。此属性不能与选择器属性一起使用。此字段仅支持 UiElement 变量
Selector	用于在执行活动时查找特定 UI 元素的文本属性。它实际上是一个 XML 片段，用来指定要查找的 GUI 元素及其一些父元素的属性
Timeout(milliseconds)	指定引发 SelectorNotFoundException 异常之前等待活动运行的时间（毫秒）。默认值为 30 000 毫秒（即 30 秒）
WaitForReady	在执行操作之前，请等待目标准备就绪。其选择的值有 3 种：① NONE：在执行操作之前，不等待除目标 UI 元素之外的任何元素存在，例如，如果只想从网页中检索文本或单击特定按钮，而不必等待所有 UI 元素加载，则可以使用此选项，请注意，如果按钮依赖于尚未加载的元素（如脚本），则这可能会产生不必要的后果；② Interactive：等待目标应用程序中的所有 UI 元素加载完毕再执行操作；③ Complete：等待目标应用程序中的所有 UI 元素加载完毕再执行操作
Private	如果勾选，则参数和变量的值不会出现在日志中
Text	从指定的 UI 元素中提取的字符串
WordsInfo	在指定的 UI 元素中找到的每个文字的屏幕坐标。此字段仅支持 TextInfo 变量

【例 8.5】通过识别 PDF 内容来演示 Get OCR Text 具体使用细节。

创建一个项目，它可以对 PDF 中的内容进行识别，并将结果打印到控制台。详细步骤如下所示。

1）进入 Studio 界面，点击 Process 创建名为 8_5_GetOCRText 的流程，如图 8-52 所示。

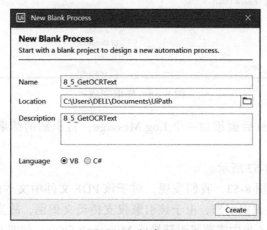

图 8-52　创建流程

2）从 https://www.rpazj.com/user/homepage?customerId=150 中下载"RPA 之家 RPA 培训课程介绍 .pdf"文件，保存到当前项目根目录中。RPA 之家 RPA 培训课程介绍 .pdf 的部分内容如图 8-53 所示。

3）打开"RPA 之家 RPA 培训课程介绍 .pdf"文件，向 Main.xaml 中添加一个序列，并向其中添加活动 Get OCR Text。点击其中的 Indicate on screen，选择识别的元素为图 8-53 中的内容。按住 F3 键可以将鼠标切换为箭头模式，然后框选识别内容所在区域，如图 8-54 所示。

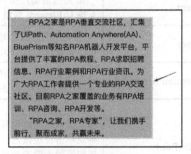

图 8-53　RPA 之家培训课程介绍 .pdf　　　　图 8-54　选择识别内容

4）回到 Studio 中，发现活动中出现了刚才选择元素的部分截图，属性 Target 中的选择器中出现了该元素的 UI 值，ClippingRegion 中出现区域的位置坐标，表明元素识别成功。在 Text 后面使用快捷键 Ctrl+K 创建一个变量 str 来接收识别结果，其类型默认为 String，如图 8-55 所示。

图 8-55　抓取完成

5）在 Get OCR Text 后面添加一个 Log Message，将识别的结果 str 打印到控制台上，如图 8-56 所示。

6）打印结果如图 8-57 所示。

7）对比图 8-57 和图 8-53，我们发现，对于该 PDF 文件中文本的识别存在严重错误。造成错误的主要原因是识别引擎，由于该引擎仅支持英文识别，故当文本中存在中文时会识别错误。因此，在第 4 步中需要将引擎换成 Microsoft OCR，如图 8-58 所示。

图 8-56　设置日志打印　　　　　图 8-57　使用 Tesseract OCR 引擎识别结果

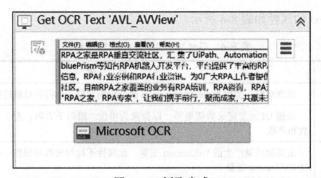

图 8-58　抓取完成

8）重新运行流程查看结果，如图 8-59 所示，识别结果与原文本基本一致。

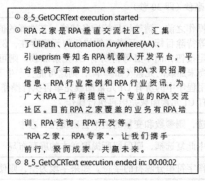

图 8-59　使用 Microsoft OCR 引擎识别结果

8.3.4　Get Visible Text

在 UiPath 中，Get Visible Text 使用全文屏幕抓取方法从指定的 UI 元素中提取字符串及其信息。此活动可用于从桌面程序和 Web 浏览器中识别文本，也可直接从文件中识别文本。

此活动将在输入端接收一个目标，该目标可以是区域变量、UiElement 变量或选择器，帮助确定要自动执行的操作以及必须在何处执行该操作。Target 通过使用 Indicate on screen 指定目标元素后自动生成。Get Visible Text 活动如图 8-60 所示。

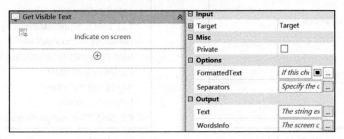

图 8-60　Get Visible Text

Get Visible Text 的属性如表 8-4 所示。

表 8-4　Get Visible Text 属性介绍

属性名	用　途
Target	识别对象，使用 Indicate on screen 获取识别对象后会得到对象的属性
ClippingRegion	根据 UI 元素定义剪切矩形，以像素为单位。沿以下方向：左、上、右、下，支持正数和负数
Element	由其他活动产生的 UiElement 变量。此属性不能与选择器属性一起使用。此字段仅支持 UiElement 变量
Selector	用于在执行活动时查找特定 UI 元素的文本属性。它实际上是一个 XML 片段，用来指定要查找的 GUI 元素及其一些父元素的属性
Timeout(milliseconds)	指定引发 SelectorNotFoundException 异常之前等待活动运行的时间（毫秒）。默认值为 30 000 毫秒（即 30 秒）
WaitForReady	在执行操作之前，请等待目标准备就绪。其选择的值有 3 种：① NONE：在执行操作之前，不等待除目标 UI 元素之外的任何元素存在，例如，如果只想从网页中检索文本或单击特定按钮，而不必等待所有 UI 元素加载，则可以使用此选项，请注意，如果按钮依赖于尚未加载的元素（如脚本），则这可能会产生不必要的后果。② Interactive：等待目标应用程序中的所有 UI 元素加载完毕再执行操作。③ Complete：等待目标应用程序中的所有 UI 元素加载完毕再执行操作
Private	如果勾选，则参数和变量的值不会出现在日志中
FormattedText	如果选中此复选框，则保留所提取文本的屏幕布局
Separators	指定用作字符串分隔符的字符。如果字段为空，则使用所有已知的文本分隔符
Text	从指定的 UI 元素中提取的字符串
WordsInfo	在指定的 UI 元素中找到的每个文字的屏幕坐标。此字段仅支持 TextInfo 变量

【例 8.6】通过识别计算机处理器数据来演示 Get Visible Text 具体使用细节。

创建一个项目，它可以对计算机处理器数据进行识别，并将结果打印到控制台。详细步骤如下所示。

1）进入 Studio 界面，点击 Process 创建名为 8_6_GetVisibleText 的流程，如图 8-61 所示。

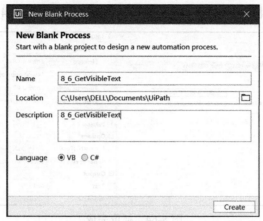

图 8-61　创建流程

2）在桌面上右击"我的电脑"或者"此电脑"，点击"属性"选项，打开计算机属性界面，如图 8-62 所示。

图 8-62　计算机属性界面

3）向 Main.xaml 中添加一个序列，向其中添加一个 Get Visible Text。点击其中的 Indicate on screen，选择识别的元素为图 8-62 中的处理器值，如图 8-63 所示。

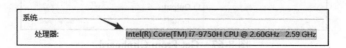

图 8-63　选择识别元素

4）回到 Studio 中，发现活动中出现了刚才选择的元素的部分截图，在属性 Target 中，选择器中出现了该元素的 UI 值，初步表明元素识别成功。在 Text 后面使用快捷键 Ctrl+K 创建一个变量 text 来接收识别结果，设置其类型为 String，如图 8-64 所示。

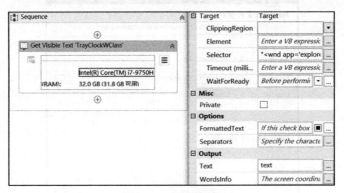

图 8-64　抓取完成

5）在 Get Visible Text 后面添加一个 Log Message，将识别的结果 text 打印到控制台上，如图 8-65 所示。

6）执行流程，查看控制台结果如图 8-66 所示。

 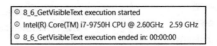

图 8-65　设置日志打印　　　　　　图 8-66　执行结果

8.4　Get From Clipboard

Get From Clipboard 活动可以从剪切板中获取内容。因此我们首先得在剪切板中设置内容，否则就无法获取到结果。Get From Clipboard 活动如图 8-67 所示。

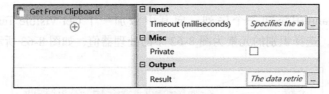

图 8-67　Get From Clipboard

Get From Clipboard 的属性如表 8-5 所示。

表 8-5　Get From Clipboard

属性名	用　途
Timeout (milliseconds)	指定引发 SelectorNotFoundException 异常之前等待活动运行的时间（毫秒）。默认值为 30 000 毫秒（即 30 秒）
Private	如果勾选，则参数和变量的值不会出现在繁冗的日志中
Result	从剪切板中获取的文本内容

【例 8.7】从剪切板中获取数据来演示 Get From Clipboard 具体使用细节。

创建一个项目，它可以对计算机处理器数据进行识别，并将结果打印到控制台。详细步骤如下所示。

1）进入 Studio 界面，点击 Process 创建名为 8_7_GetFromClipboard 的流程，如图 8-68 所示。

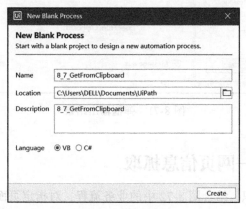

图 8-68　创建流程

2）向 Main.xaml 中添加一个序列，向其中添加 Set To Clipboard，并设置其参数 Text 的值为 "uipath"，如图 8-69 所示。

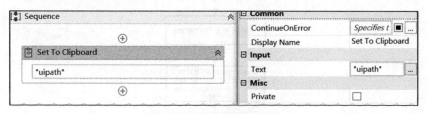

图 8-69　设置剪切板内容

3）在 Set To Clipboard 后面添加 Get From Clipboard，如图 8-70 所示。在 Result 后面使用快捷键 Ctrl+K 创建一个变量 text 来接收识别结果，设置其类型为 String。text 即为从剪切板中读取到的内容。

4）在 Get From Clipboard 后面添加一个 Message Box，将 text 输出到弹出框中，观察结果是否为剪切板中的内容。执行该流程，结果如图 8-71 所示。

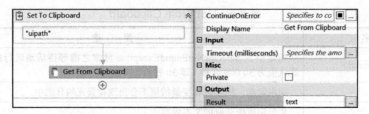

图 8-70　获取剪切板内容

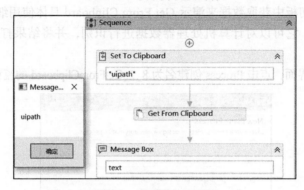

图 8-71　弹框输出结果

8.5　项目实战——网页信息抓取

　　根据本章学习的知识，结合图 8-72 中的业务流程，对指定页面中的信息进行抓取，并将其写入指定的 Excel 中。其中 RPA 之家云实验室的地址为 https://cloudlab.rpazj.com/。

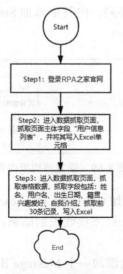

图 8-72　实战流程图

2）接着 ▓▓▓▓▓▓ ▓▓▓▓▓▓ 进入不同作流程 ▓ 领域上，在体中选用的设 "客户"一栏。
3）然后在上第一栏键入QQ邮箱；出击"下一步"按钮，如图 9-2 所示。

第 9 章 *Chapter 9*

邮件自动化

UiPath 中提供了一套邮件相关的活动，专门用于执行与电子邮件相关的自动化操作。这套邮件相关的活动，支持多种协议，包括 IMAP、POP3、SMTP。同时，这套活动还包括与 Outlook 和 Exchange 交互的相关活动。本章着重讲解与 Outlook 相关的活动。

3）然后在其中选点择示题类型后，点击"上一步"，又后"下一步"，如图 9-3 所示。

9.1 Outlook（2013 版）邮箱设置

首次安装 Outlook 之后，按照如下步骤进行邮箱设定操作。这里我们以设置 QQ 邮箱为例进行讲解。

1）打开 Outlook 客户端如图 9-1 所示，点击"下一步"按钮。

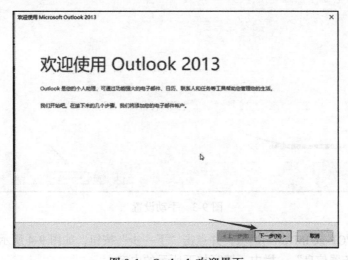

图 9-1 Outlook 欢迎界面

4）选择"P▓▓▓▓▓▓▓▓▓▓▓▓▓▓▓▓▓"又后选择用户服"，如图 9-4 所示。
5）在 "▓▓▓服务器信息"一栏中▓▓▓▓▓▓▓▓，如图 9-5 所示。

2）选择"是"单选按钮，连接到电子邮件账户（编辑注：软件中使用的是"帐户"一词，为保留原图便于读者理解，未做修改），并点击"下一步"按钮，如图 9-2 所示。

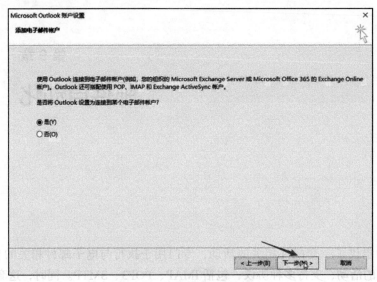

图 9-2　添加电子邮件账户

3）选择"手动设置或其他服务器类型"选项，并点击"下一步"按钮，如图 9-3 所示。

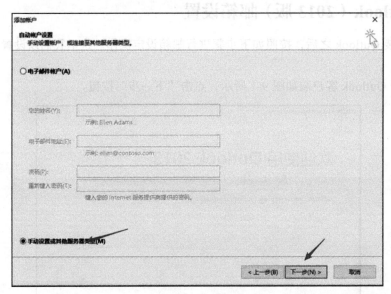

图 9-3　手动设置

4）选择"POP 或 IMAP"选项，并点击"下一步"按钮，如图 9-4 所示。

5）在"服务器信息"一栏中，填写如下所示的内容。

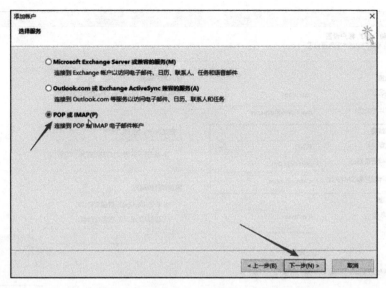

图 9-4 选择服务

❑ 账户类型：POP3。
❑ 接收邮件服务器：pop.qq.com。如果不清楚此处的信息，公司内部可向信息管理相关部门咨询；私人邮箱，可以在百度中查找对应邮箱的服务器。
❑ 发送邮件服务器：smtp.qq.com。此处与接收服务器一样，咨询信息管理部门或上网查询。

在"登录信息"一栏中，填写如下所示的内容。
❑ 用户名：输入自己的邮箱名称。
❑ 密码：输入自己的邮箱密码。

注意 当我们使用的是 QQ 或 163 等邮箱，需要开通对应的 POP/SMTP 协议，服务器会提供授权码给我们。此时，"密码"框中需要填写授权码，而不是邮箱的登录密码。

填写完上述信息后，点击"其他设置"，如图 9-5 所示。
6）单击"其他设置"按钮，在弹出的对话框的"高级"选项卡中进行以下设置，如图 9-6 所示。
❑ 将"接收服务器"设置为 995。
❑ 勾选"此服务器需要加密连接"复选框。
❑ 将"发送服务器"设置为 465 或 587，公司内部邮箱请咨询信息管理部门，私人邮箱请参考邮箱官方说明。
❑ 选择加密连接类型为 SSL。
❑ 取消"14 天后删除服务器上的邮件副本"勾选。

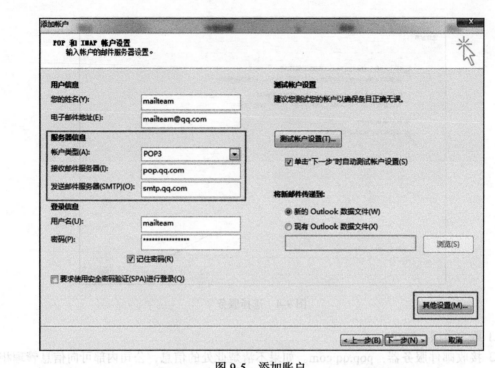

图 9-5　添加账户

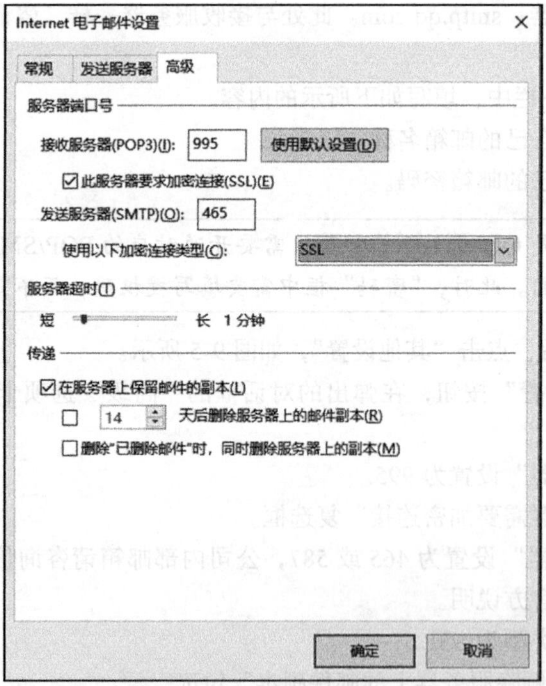

图 9-6　端口及加密类型设定

7）完成上述设定后，可以发送测试邮件来检查设定是否正确，如果正确可以看到如图 9-7 所示的画面；如果错误，请返回检查设定的邮箱地址、密码（授权码）及端口是否正确。

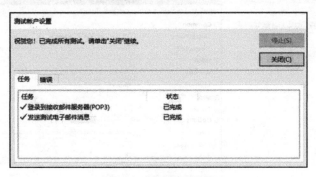

图 9-7 测试账户设置

直接添加账户的设定操作如下所示。

1）打开 Outlook 客户端，点击"文件"菜单，选择"信息"，点击"添加账户"按钮，进入新账户添加向导，如图 9-8 所示。

2）选择"电子邮件账户"选项，单击"下一步"按钮，如图 9-9 所示。

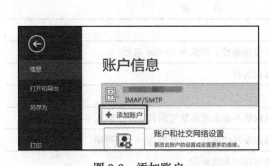

图 9-8 添加账户

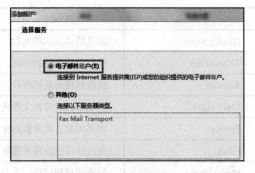

图 9-9 选择服务

3）选择"手动设置或其他服务器类型"，请参考"首次安装设定"的第 3 步，然后按照后续步骤进行设定即可。

9.2 Outlook 自动化活动

本节主要介绍有关 Outlook 相关的活动，包括获取邮件、移动邮件到指定文件夹、回复邮件和发送邮件。

9.2.1 Get Outlook Mail Messages

UiPath 提供了 Get Outlook Mail Messages 活动，专门用于从 Outlook 中获取邮件信息，

如图 9-10 所示。

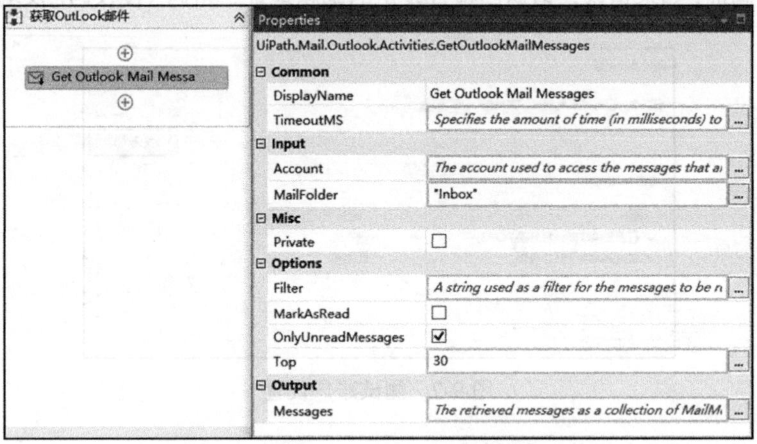

图 9-10　Get Outlook Mail Messages 活动

Get Outlook Mail Messages 活动的属性如表 9-1 所示。

表 9-1　常用属性介绍

属性名	用　途
DisplayName	定义活动显示的名称
TimeoutMS	指定等待超时的时间，单位是毫秒，默认为 30 000 毫秒
Account	获取邮件对应的账户，可以为空
MailFolder	获取邮件对应的文件夹
Private	如果勾选，则参数和变量的值不会出现在繁冗的日志中，默认不勾选
Filter	通过邮件过滤器来获取指定条件的邮件，过滤器为一个字符串
MarkAsRead	勾选则标记已读，不勾选则保留未读标记
OnlyUnreadMessages	勾选则只获取未读邮件，不勾选则获取指定数量的所有邮件
Top	设定需要检索的邮件数量，填写整型数量
Messages	输出检索之后的结果，输出类型为 List，元素类型为 MailMessage

【例 9.1】获取最近 24 小时内的所有邮件，并循环打印出邮件标题。整个流程如图 9-11 所示。

详细步骤如下所示。

1）进入 Studio 界面，点击 Process 创建一个名为 9_1_GetOutlookMailMessages 的流程，如图 9-12 所示。

2）在 Activities 的搜索框中输入 Getout，找到 Get Outlook Mail Messages 活动并将其添加到设计区域，如图 9-13 所示。

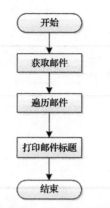

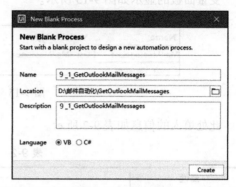

图 9-11　循环遍历打印邮件标题流程设计图　　　　图 9-12　新建项目

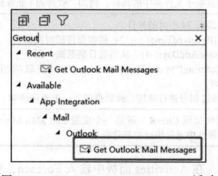

图 9-13　Get Outlook Mail Messages 活动

3）在活动属性按照以下步骤填写属性，如图 9-14 所示。

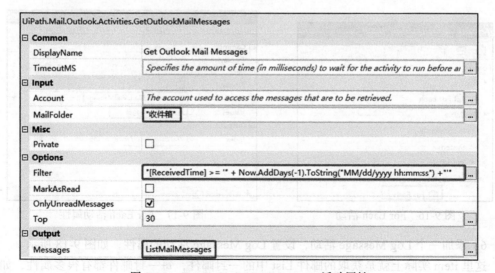

图 9-14　Get Outlook Mail Messages 活动属性

变量面板的显示如图 9-15 所示。

Name	Variable type	Scope	Default
MailMessageList	List<MailMessage>	Sequence	*Enter a VB expression*
Create Variable			

图 9-15　变量创建界面

此处填入的信息如表 9-2 所示。

表 9-2　填入信息介绍

属性	值
MailFolder	如果是中文则填入"收件箱"；如果是英文则填入 inbox。 可以获取子文件夹中的邮件，例如"收件箱 \ 业务部"
Filter	获取最近 24 小时的邮件。 1）"[ReceivedTime] >= ' "：接收邮件的时间属性。 2）Now.AddDays(-1)：从当前日期起减一天。 3）ToString("MM/dd/yyyy hh:mm:ss")：获取的当前时刻，格式例如 01/10/2021 08:30:00。 4）通过加号进行连接，最后拼接为一个查询语句
Messages	使用快捷键 Ctrl+K，新建一个变量 List Mail Messages。为了避免选择变量类型，尽量在属性中通过快捷键新建变量

4）添加 For Each 活动，在 Activities 面板中输入 Foreach，找到该活动并将其添加到设计区域，如图 9-16 所示。

5）设置 For Each 活动的属性，如图 9-17 所示。

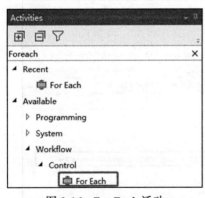

图 9-16　For Each 活动

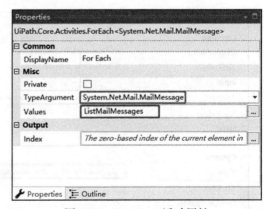

图 9-17　For Each 活动属性

6）添加一个 Log Message 活动，设置 Log Message 活动的属性，如图 9-18 所示。

这里 item 实际上就是获取的邮件 List 中的一封邮件，每一封邮件都有很多属性，如下所示。

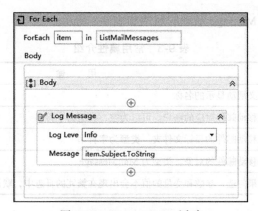

图 9-18 Log Message 活动

- ❑ Subject：邮件标题。
- ❑ Body：邮件正文。
- ❑ From：收件人。
- ❑ Send：发件人。

7）执行程序，运行结果如图 9-19 所示。

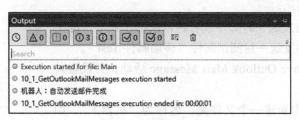

图 9-19 运行结果

9.2.2 Move Outlook Mail Message

UiPath 提供了 Move Outlook Mail Message 活动，专门用于将 Outlook 中的邮件移动到指定文件夹中，如图 9-20 所示。

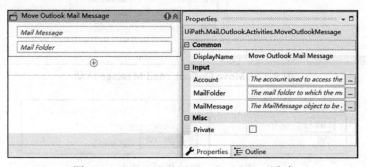

图 9-20 Move Outlook Mail Message 活动

Move Outlook Mail Message 活动的属性如表 9-3 所示。

表 9-3 常用属性介绍

属性名	用 途
DisplayName	定义活动显示的名称
Account	被移动邮件对应的账户。可以为空，类型为字符串
MailFolder	被移动邮件的目标文件夹。类型为字符串
MailMessage	被移动邮件的对象。类型为 MailMessage
Private	如果勾选，参数和变量的值不会出现在繁冗的日志中，默认不勾选

> 注意 当目标文件夹不存在时，流程会报出异常，为了防止这一异常，通常情况下，需要使用 Try Catch 活动将移动邮件这个活动包裹起来，并设定好异常处理方式。

【例 9.2】将例 9.1 收件箱中的未读邮件移动到"收件箱 \ 机器人"这个文件夹中。整个流程如图 9-21 所示。

详细步骤如下所示。

准备工作：手动发送一封邮件或者将以前的已读邮件标记为未读。本例为手动发送一封测试邮件"移动邮件 Test"。

1）添加一个 Move Outlook Mail Message 活动，并设置其属性如图 9-22 所示。

2）在 Outlook 中新建一个文件夹，名称为"机器人"，如图 9-23 所示。

图 9-21 移动邮件流程设计图

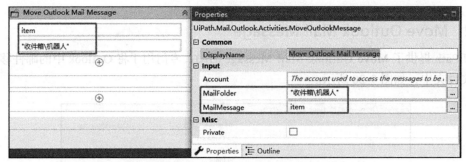

图 9-22 Move Outlook Mail Message 活动

图 9-23 添加分类文件夹

3）执行程序，Output 面板如图 9-24 所示。

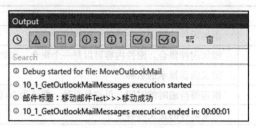

图 9-24　运行结果

Outlook 结果如图 9-25 所示。执行前"机器人"中未读邮件是 0，执行完之后未读邮件变成 1，说明邮件移动成功。

图 9-25　邮箱移动结果

9.2.3　Reply To Outlook Mail Message

UiPath 提供了 Reply To Outlook Mail Message 活动，该活动专门用于 Outlook 回复指定邮件，如图 9-26 所示。

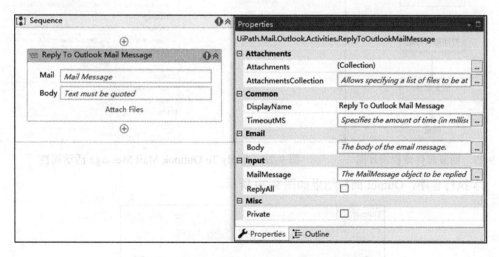

图 9-26　Reply To Outlook Mail Message 活动

Reply To Outlook Mail Message 的属性如表 9-4 所示。

表 9-4　常用属性介绍

属性名	用　途
Attachments	添加附件，添加指定个数的附件内容
AttachmentsCollection	添加附件集合。附件内容可以是一个集合，如数组、列表等
DisplayName	定义活动显示的名称
TimeoutMS	指定等待超时的时间，单位是毫秒。默认为 30 000 毫秒
Body	回复邮件的正文内容
MailMessage	被移动邮件的对象。类型为 MailMessage
ReplyAll	勾选则回复所有人，不勾选则只回复发件人
Private	如果勾选，则参数和变量的值不会出现在繁冗的日志中，默认不勾选

【例 9.3】将例 9.1 中邮件分别进行回复，回复内容为"邮件已收到"。整个流程如图 9-27 所示。

详细步骤如下所示。

1）添加一个 Reply To Outlook Mail Message 活动，属性设置如图 9-28 所示。

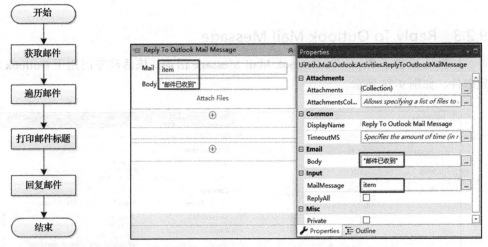

图 9-27　回复邮件流程设计图　　　　图 9-28　Reply To Outlook Mail Message 活动属性

2）执行程序，Output 面板结果如图 9-29 所示。

图 9-29　运行结果

Outlook 结果如图 9-30 所示。

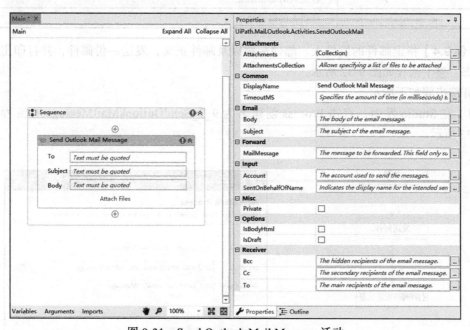

图 9-30　邮件回复结果

9.2.4　Send Outlook Mail Message

UiPath 提供了 Send Outlook Mail Message 活动，该活动通过使用 Outlook 提供的 API 来发送邮件，活动界面如图 9-31 所示。

图 9-31　Send Outlook Mail Message 活动

Send Outlook Mail Message 的属性如表 9-5 所示。

表 9-5　常用属性介绍

属性名	用　　途
Attachments	添加附件，添加指定个数的附件内容
AttachmentsCollection	添加附件集合，比如数组、列表等

(续)

属性名	用　　途
DisplayName	定义活动显示的名称
TimeoutMS	指定等待超时的时间，单位是毫秒。默认为 30 000 毫秒
Body	邮件的正文内容
Subject	邮件标题
MailMessage	要转发的邮件。此字段只支持 MailMessage 对象
Account	发送邮件所使用的账号
SentOnBehalfOfName	发件人的显示名称
Private	如果勾选，则参数和变量的值不会出现在繁冗的日志中，默认不勾选
IsBodyHtml	勾选则为 Html 格式，不勾选则为普通文本格式，通常勾选此项
IsDraft	勾选则保存为草稿，不勾选则不保存
Bcc	密件抄送人的邮箱地址
Cc	抄送人的邮箱地址
To	接收人的邮箱地址

【例 9.4】指定邮件的发件人、邮件标题以及邮件正文，发送一份邮件，并打印出发送的状态。整个流程如图 9-32 所示。

详细步骤如下所示。

1）在 Studio 界面，点击 Process 创建名为 9_2_SendOutlookMailMessage 的流程，如图 9-33 所示。

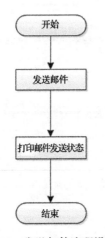

图 9-32　发送邮件流程设计图

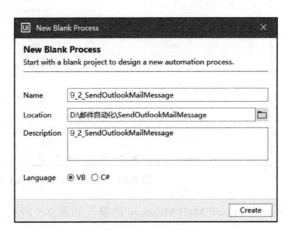

图 9-33　新建项目

2）添加一个 Send Outlook Mail Message 活动，并设置其属性，如图 9-34 所示。

3）添加一个 Log Message 活动，用来打印发送邮件的结果，如图 9-35 所示。

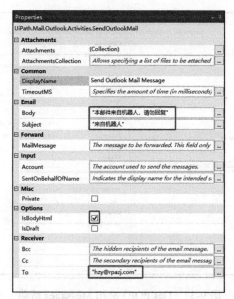

图 9-34　Send Outlook Mail Message 活动

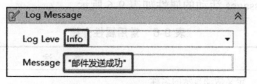

图 9-35　Log Message 活动

4）运行结果如图 9-36 所示。

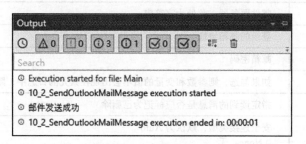

图 9-36　运行结果

9.3　Get POP3 Mail Messages 活动介绍

除了前面几节中讲到的 Outlook 相关的活动，UiPath 还提供了一些其他的邮件操作的活动。这些活动不需要安装 Outlook 软件就可以直接使用。UiPath 提供了 Get POP3 Mail Messages 活动，该活动用于专门获取指定账户中的邮件，如图 9-37 所示。

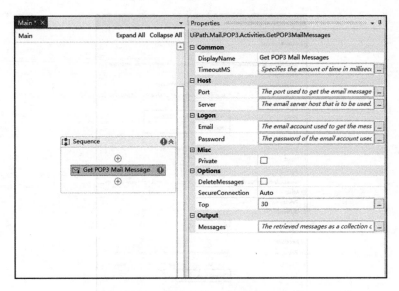

图 9-37　Get POP3 Mail Messages 活动

Get POP3 Mail Messages 活动的属性如表 9-6 所示。

表 9-6　常用属性介绍

属性名	用　　途
DisplayName	定义活动显示的名称
TimeoutMS	指定等待超时的时间，单位是毫秒。默认为 30 000 毫秒
Port	邮件端口。此处为整型
Server	邮件服务器。此处为字符串
Email	登录的邮箱地址
Password	邮箱密码
Private	如果勾选，则参数和变量的值不会出现在繁冗的日志中，默认不勾选
DeleteMessages	指定读到的消息是否应标记为已删除
SecureConnection	安全连接类型，默认为 Auto ▫ None：无 ▫ Auto：自动 ▫ SslOnConnect：Ssl 连接 ▫ StartTls：启动 Tls ▫ StartTlsWhenAvailable：可用时启动 Tls
Top	设定需要检索的邮件数量。填写整型数量
Messages	输出检索之后的结果。输出类型为 List，元素类型为 MailMessage

Get Outlook Mail Messages 和 Get POP3 Mail Messages 的区别如表 9-7 所示。

表 9-7　Get Outlook Mail Messages 和 Get POP3 Mail Messages 的区别

区别项目	Get Outlook Mail Messages	Get POP3 Mail Messages
过滤邮件	可过滤邮件	不可过滤邮件
Host	无此属性	必须设定 Host
Logon	无此属性	必须设定登录用户和密码
标记邮件	可选择是否标记邮件是否已读	不可标记邮件
未读邮件	可选择是否指定只获取未读邮件	不可选择是否指定只获取未读邮件
文件夹	可指定获取邮件的文件夹及子文件夹	不可指定获取的目标文件夹
安全连接	无此属性	可选择安全连接的类型

【例 9.5】获取邮箱中前 30 封邮件，并循环打印出邮件标题。整个流程如图 9-38 所示。详细步骤如下所示。

1）在 Studio 界面点击 Process 创建一个名为 9_3_GetPOP3MailMessages 的流程，如图 9-39 所示。

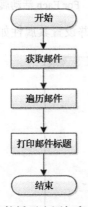

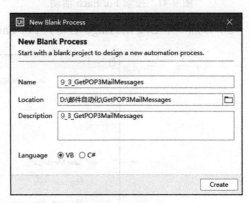

图 9-38　获取邮件循环遍历打印标题流程设计图　　　　图 9-39　新建项目

2）添加一个 Get POP3 Mail Message 活动，并设置其属性，如图 9-40 所示。

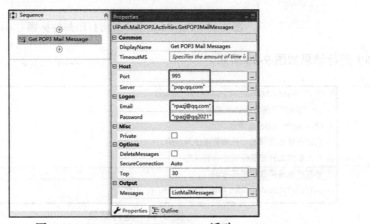

图 9-40　Get POP3 Mail Message 活动

3）在 Activities 面板中输入 Foreach，找到 For Each 活动并将其添加到流程，如图 9-41 所示。

4）设置 For Each 活动的属性，如图 9-42 所示。

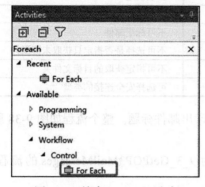

图 9-41　搜索 For Each 活动　　　　　　　　图 9-42　For Each 活动属性

5）添加一个 Log Message 活动到 For Each 活动里面，并设置其属性如图 9-43 所示。

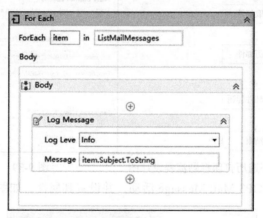

图 9-43　For Each 循环遍历打印邮件标题

6）运行结果如图 9-44 所示。

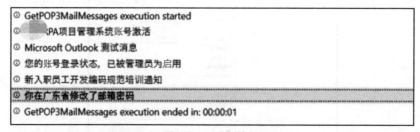

① GetPOP3MailMessages execution started
① ＲＰＡ项目管理系统账号激活
① Microsoft Outlook 测试消息
① 您的账号登录状态，已被管理员为启用
① 新入职员工开发编码规范培训通知
① 你在广东省修改了邮箱密码
① GetPOP3MailMessages execution ended in: 00:00:01

图 9-44　运行结果

9.4 Send SMTP Mail Message 活动介绍

UiPath 提供了 Send SMTP Mail Message 活动，该活动专门用于通过 SMTP 协议发送邮件给指定的收件人，不需要安装 Outlook 等邮件相关的应用程序。活动及属性如图 9-45 所示。

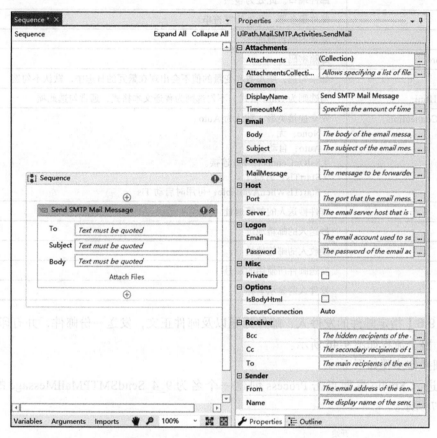

图 9-45 Send SMTP Mail Message 活动

Send SMTP Mail Message 的属性如表 9-8 所示。

表 9-8 常用属性介绍

属性名	用　　途
Attachments	添加附件。添加指定个数的附件内容
AttachmentsCollection	添加附件集合。附件内容可以是一个集合，比如数组、列表等
DisplayName	定义活动显示的名称
TimeoutMS	指定等待超时的时间，单位是毫秒。默认为 30 000 毫秒
Body	邮件的正文内容

(续)

属性名	用　途
Subject	邮件标题
MailMessage	要转发的邮件。此字段只支持 MailMessage 对象
Port	邮件端口。此处为整型
Server	邮件服务器。此处为字符串
Email	登录的邮箱地址
Password	邮箱密码
Private	如果勾选，则参数和变量的值不会出现在繁冗的日志中，默认不勾选
IsBodyHtml	勾选则为 Html 格式，不勾选则为普通文本格式，通常勾选此项
SecureConnection	安全连接类型，默认为 Auto。 □ None：无。 □ Auto：自动。 □ SslOnConnect：Ssl 连接。 □ StartTls：启动 Tls。 □ StartTlsWhenAvailable：可用时启动 Tls
Bcc	密件抄送人的邮箱地址
Cc	抄送人的邮箱地址
To	接收人的邮箱地址
From	发送邮件所使用的账号
Name	发件人的显示名称

【例 9.6】指定邮件的发件人、邮件标题以及邮件正文，发送一份邮件，并打印出发送的状态。整个流程如图 9-46 所示。

详细操作步骤如下所示。

1）进入 Studio 界面点击 Process 创建一个名为 9_4_SendSMTPMailMessage 的流程，如图 9-47 所示。

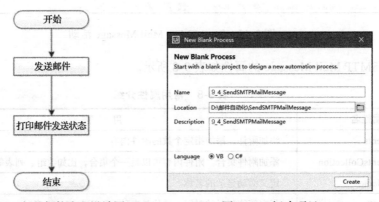

图 9-46　发送邮件流程设计图　　　图 9-47　新建项目

2）添加一个 Send SMTP Mail Message 活动，并设置其属性如图 9-48 所示。

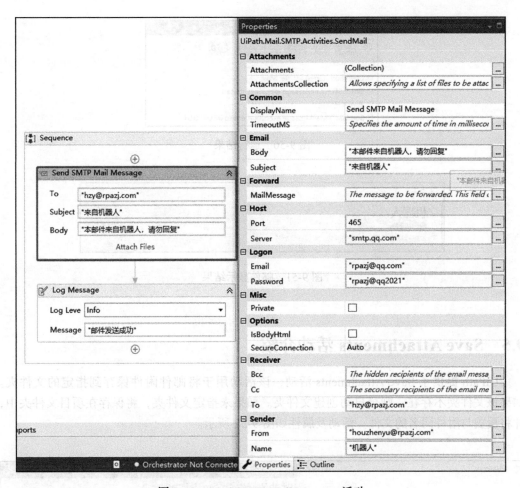

图 9-48 Send SMTP Mail Message 活动

3）添加一个 Log Message 活动，用来打印发送邮件的结果，如图 9-49 所示。

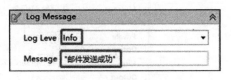

图 9-49 Log Message 活动

4）执行程序，Output 面板运行结果如图 9-50 所示。

收到的邮件显示结果如图 9-51 所示。

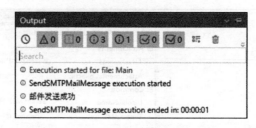

图 9-50　运行结果

图 9-51　邮件显示结果

9.5　Save Attachments 活动介绍

　　UiPath 提供了 Save Attachments 活动，该活动用于将邮件附件保存到指定的文件夹。如果该文件夹不存在，则会自动创建文件夹。如果未指定文件夹，将保存在项目文件夹中，并将覆盖与附件同名的文件。活动及属性如图 9-52 所示。

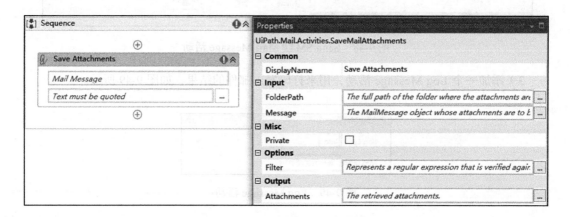

图 9-52　Save Attachments 活动

Save Attachments 属性如表 9-9 所示。

表9-9 常用属性介绍

属性名	用 途
DisplayName	定义活动显示的名称
FolderPath	保存邮件附件的文件夹的完整路径
Message	要保存其附件的 Mail Message 对象
Private	如果勾选，则参数和变量的值不会出现在繁冗的日志中，默认不勾选
Filter	根据附件文件名进行过滤的正则表达式
Attachments	检索到的附件

【例 9.7】使用 Get Outlook Mail Messages 活动获取指定的前 30 封邮件中的未读邮件。判断邮件中是否存在附件，并将邮件中的附件保存到以当日的日期来新建的文件夹中。整个流程如图 9-53 所示。

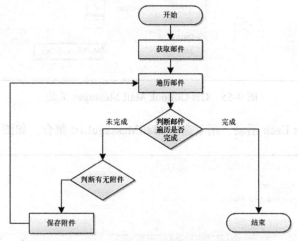

图 9-53 获取邮件附件流程设计图

详细操作步骤如下所示。

1）在 Studio 界面点击 Process 创建一个名为 9_5_SaveAttachments 的流程，如图 9-54 所示。

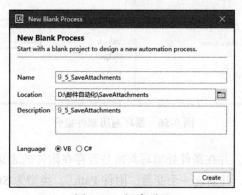

图 9-54 新建项目

2）添加一个 Get Outlook Mail Messages 活动，并设置其属性，如图 9-55 所示。

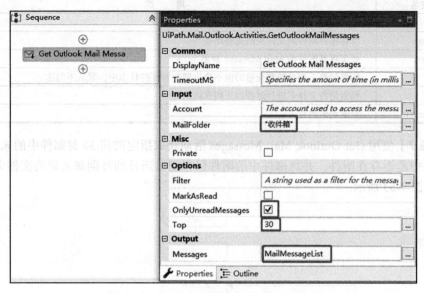

图 9-55　Get Outlook Mail Messages 活动

3）添加一个 For Each 活动，用于遍历 MailMessageList 集合，如图 9-56 所示。

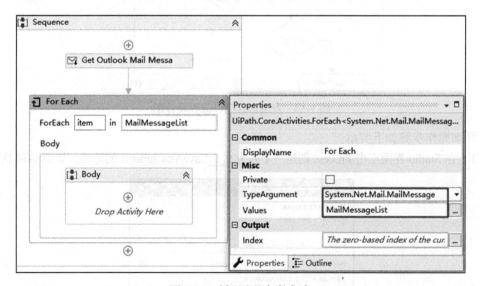

图 9-56　循环遍历邮件集合

4）添加一个 If 活动，并在条件处填写判断是否存在附件的表达式，如图 9-57 所示。

5）添加一个 Assign，并新建一个变量"附件 Path"，类型为 String，如图 9-58 所示。

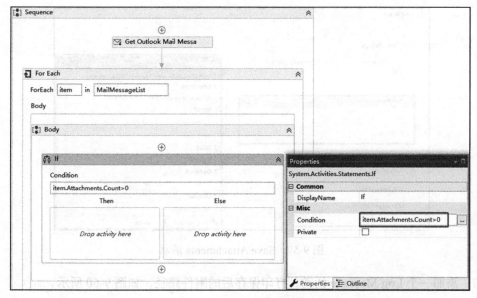

图 9-57　If 活动判断邮件附件

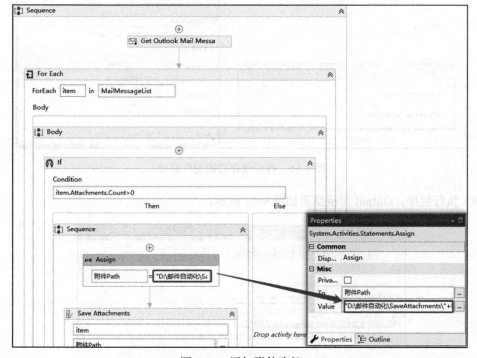

图 9-58　添加附件路径

6）添加一个 Save Attachments 活动，并设置其属性如图 9-59 所示。

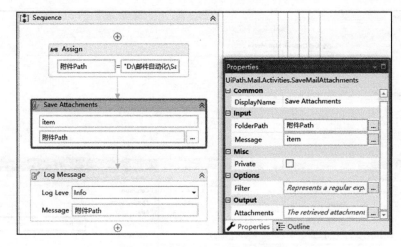

图 9-59 Save Attachments 活动

7）添加一个 Log Message 活动，打印保存后的附件路径，如图 9-60 所示。

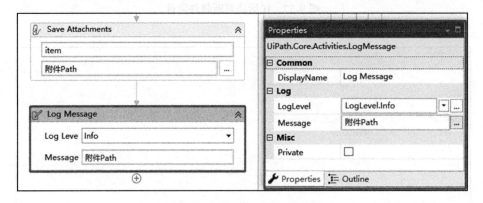

图 9-60 打印保存后的附件路径

8）执行程序，Output 面板结果如图 9-61 所示。

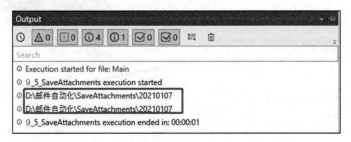

图 9-61 运行结果

保存的附件结果如图 9-62 所示。

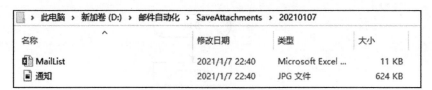

名称 ^	修改日期	类型	大小
MailList	2021/1/7 22:40	Microsoft Excel ...	11 KB
通知	2021/1/7 22:40	JPG 文件	624 KB

> 此电脑 > 新加卷 (D:) > 邮件自动化 > SaveAttachments > 20210107

图 9-62　附件保存结果

9.6　Save Mail Message 活动介绍

UiPath 提供了 Save Mail Message 活动，该活动用于将邮件保存到指定的文件夹。如果未指定文件夹，则将保存在项目文件夹中，并覆盖与附件同名的文件。活动及属性如图 9-63 所示。

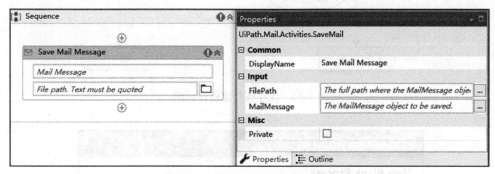

图 9-63　Save Mail Message 活动

Save Mail Message 的属性如表 9-10 所示。

表 9-10　常用属性介绍

属性名	用　　途
DisplayName	定义活动显示的名称
FilePath	要保存 MailMessage 对象的完整路径
MailMessage	要保存的 MailMessage 对象
Private	如果勾选，则参数和变量的值不会出现在繁冗的日志中，默认不勾选

【例 9.8】使用 Get Outlook Mail Messages 活动获取指定的前 30 封邮件中的未读邮件。通过判断是否存在附件来过滤邮件，只保存含有附件的邮件，保存的邮件名称以邮件标题来命名。整个流程如图 9-64 所示。

详细操作步骤如下所示。

1）在 Studio 界面点击 Process 创建一个名为 9_6_SaveMailMessage 的流程，如图 9-65 所示。

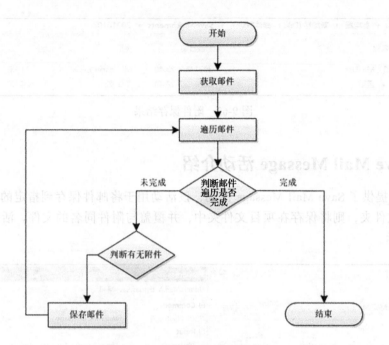

图 9-64　保存邮件流程设计图

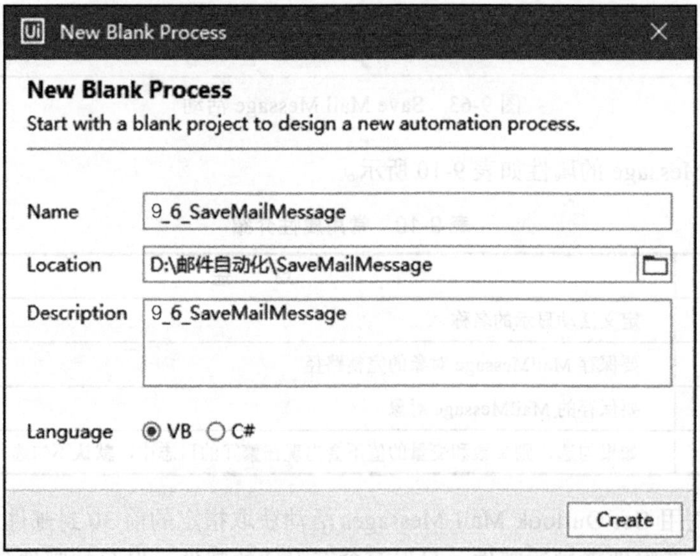

图 9-65　新建项目

2）添加一个 Get Outlook Mail Messages 活动，并设置其属性如图 9-66 所示。

3）添加一个 For Each 活动，用于遍历 MailMessageList 集合，如图 9-67 所示。

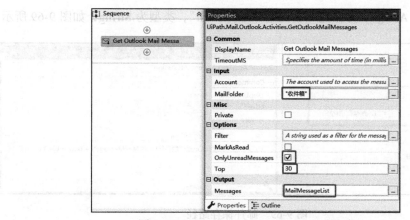

图 9-66　Get Outlook Mail Messages 活动

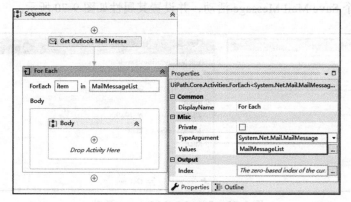

图 9-67　遍历邮件集合

4）添加一个 If 活动，并在条件处填写判断是否存在附件的表达式，如图 9-68 所示。

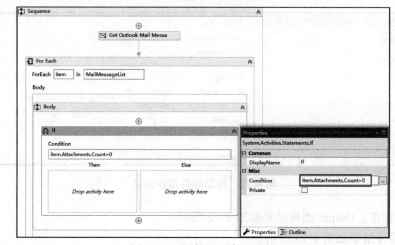

图 9-68　判断是否存在附件

5）添加一个 Assign，并新建一个变量"邮件 Path"，类型为 String，如图 9-69 所示。

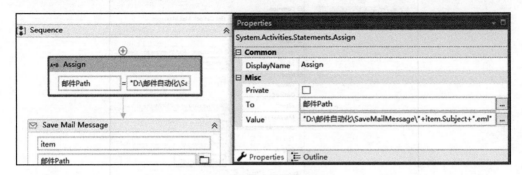

图 9-69　邮件保存路径

6）添加一个 Save Mail Message 活动，并设置其属性如图 9-70 所示。

图 9-70　Save Mail Message 活动

7）添加一个 Log Message 活动，如图 9-71 所示。

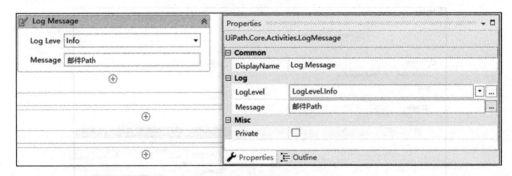

图 9-71　打印邮件保存路径

8）执行程序，Output 面板结果如图 9-72 所示。

保存的附件结果如图 9-73 所示。

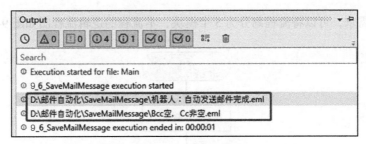

图 9-72 运行结果

名称	修改日期	类型	大小
10_6 SaveMailMessage	2021/1/7 23:20	文件夹	
Bcc空，Cc非空	2021/1/7 23:20	电子邮件	1,714 KB
机器人：自动发送邮件完成	2021/1/7 23:20	电子邮件	17 KB

（此电脑 › 新加卷 (D:) › 邮件自动化 › SaveMailMessage ›）

图 9-73 邮件保存结果

9.7 项目实战——自动发送邮件

很多业务人员，每天会针对不同的客户，发送一些自己公司的产品宣传资料。这些邮件的内容基本上都是一样的，除了邮件人、密件抄送、抄送、邮件正文的称呼不同，因此可以尝试使用 RPA 来完成这项工作。另外，机器人流程执行完成以后，通常会将最后执行的结果通知给使用者进行确认。出现异常时需要把当时的异常内容记录下来，以便业务人员进行后续的异常处理。

下面以一个培训的通知为例，将上课内容、老师、时间等信息发送给学员，如图 9-74 所示。

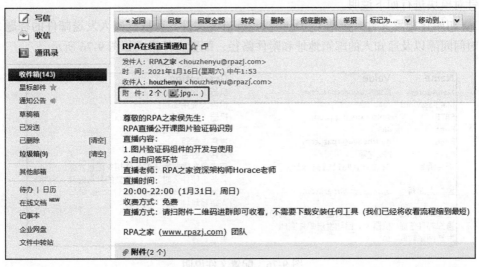

图 9-74 邮件示例

根据以上需求，可以将流程划分为 5 个模块，本流程的逻辑流程图如图 9-75 所示。

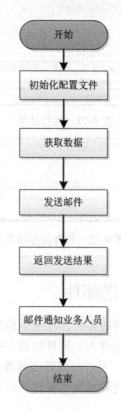

图 9-75　流程设计图

针对模块进行如下说明。

1）初始化配置文件：读取 C:\Data\Config.xlsx 文件，获取机器人发送邮件的标题、内容、时间间隔以及通知人的邮箱地址和附件路径，配置文件格式如图 9-76 所示。

Name	Value	Description
MailAddress	▓▓▓▓@rpazj.com	机器人使用的邮箱
MailPassword	▓▓▓▓▓▓	机器人使用邮箱的密码
SMTP	smtp.exmail.qq.com	机器人发送邮件的SMTP协议
Port	465	发邮件使用的端口号
From	houzhenyu@rpazj.com	发件人邮箱
Name	RPA之家	发件人姓名
邮件清单	C:\Data\MailList.xlsx	用来保存需要发送的邮件相关信息文件的路径
通知人邮箱	▓▓▓▓@rpazj.com	，多个收件人时，请用英文的分号分隔，例如：aaa@gmail.com;bbb@gmail.com,最后一个收件人邮箱地址后面不用加分号
通知邮件内容	本邮件来自机器人发送，请勿回复。	
通知邮件主题	机器人：自动发送邮件完成	
发送间隔时间	10	单位：秒

图 9-76　配置文件说明

2）获取数据，用户数据文件（MailList 文件）的存放路径为 C:\Data\MailList.xlsx，格式如图 9-77 所示。

A	B	C	D	E	F	G
收件人邮箱	收件人名称	Bcc	Cc	邮件主题	附件(文件路径)	发送状态
houzhenyu@rpazj.com	RPA之家侯先生			RPA在线直播通知	d:\通知.jpg;d:\通知.jpg	发送成功

图 9-77　用户数据文件

读取 Sheet 名为 Mail 的内容，获取需要发送邮件的对象；其中 G 列的发送状态不用填写，机器人自动填写。

读取 Sheet 名为 Infor 的内容，获取邮件的正文，如图 9-78 所示。

```
尊敬的 {0}：<br/>
RPA直播公开课图片验证码识别<br/>
直播内容：<br/>
1.图片验证码组件的开发与使用<br/>
2.自由问答环节<br/>
直播老师：RPA之家资深架构师Horace老师<br/>
直播时间：<br/>
20:00-22:00（1月31日，周日）<br/>
收费方式：免费<br/>
直播方式：请扫附件二维码进群即可收看，不需要下载安装任何工具（我们已经将收看流程缩到最短）<br/><br/>
RPA之家（www.rpazj.com）团队
```

图 9-78　邮件内容

注意　"{0}"是机器人用于填写收件人姓名的，请勿删除或修改。

3）发送邮件：读取 Mail 和 Infor 中的内容发送给指定的收件人，Bcc、Cc 以及附件均为选填项目。

4）邮件全部发送完成以后，会自动将 MailList 这个表格以附件形式发送给指定的业务人员。

Chapter 10　第 10 章

包管理器和异常处理

本章将围绕 UiPath 的包管理器和异常处理展开。学习本章后，我们可以对自动化项目中的活动包进行管理，也可以通过设置异常处理来增加程序的健壮性。

10.1　包管理器介绍

包管理器（Manage Packages）是 Studio 中提供的对 Package 进行管理的工具，它允许我们自由地添加、设置、删除 Packages。

Studio 创建的项目中默认含有一些基础的 Activities，但在实现一些稍微复杂的需求时，我们在 Activities 面板中可能找不到所需要的 Activities，这个时候就可以通过 Manage Packages 来引用相应的 Packages。Packages 文件的后缀为 .nupkg。

点击 Studio 上方 DESIGN 选项卡中的 Manage Packages 按钮即可打开 Manage Packages 窗口，如图 10-1 所示。

图 10-1　DESIGN 选项卡

打开后的 Manage Packages 窗口左侧有 3 个主选项卡，分别为：Settings、Project Dependencies、All Packages。

1. Settings

Settings 用于设置订阅源，如图 10-2 所示。

图 10-2　包管理器的 Settings 选项卡

我们可以把订阅源理解为获取 Packages 的路径或位置，它可以是本地驱动器文件夹路径、共享网络文件夹路径或 Nuget 源的 URL 等。窗口中 Default package sources 部分会显示 Studio 默认配置的 4 种订阅源，如下所示。

❑ Local：默认与 Studio 一起安装的本地订阅源。在安装 Studio 时，将会在本地创建一个文件夹，里面包含了一些核心的 Packages。即使安装时选择不安装 Local Activities Feed，该文件夹也会被创建，但文件夹中只会包含基本的活动包：UiPath. UIAutomation.Activities、UiPath.System.Activities、UiPath.Excel.Activities 和 UiPath.Mail.Activities，它们会在创建项目时作为项目的依赖项（dependencies）。

❑ Official：UiPath 官方订阅源，可以在这里找到 UiPath 官方支持的活动包。

❑ Connect：Connect 订阅源中包含了 UiPath Connect Marketplace 中发布的所有活动包。当使用企业许可证激活 Studio 时，社区源默认是禁用的。

❑ Orchestrator Tenant and Orchestrator Host：此订阅源允许我们获取 Orchestrator 中的活动包。当你的 Robot 连接到 Orchestrator 时会默认添加此订阅源，它的勾选框不可以被取消，并且只有在 Orchestrator 中设定 Tenant Libraries 有效时才可用。

窗口中的 User defined package sources 部分将会显示用户自定义的订阅源。在 2020.10.2 版本的 Studio 中，默认存在 nuget.org 订阅源，可以通过它获取发布在 nuget.org 的活动包。除此以外我们还可以添加、编辑、删除用户自定义的订阅源，具体方法如例 10.1～10.3 所示。

【例 10.1】添加用户自定义订阅源。

具体实现步骤如下所示。

1）在 Studio 界面中，点击 DESIGN 选项卡中的 Manage Packages 按钮打开包管理器窗口，选择 Settings 选项卡后，点击画面中的" + "按钮，光标会显示在 Name 输入框中，如

图 10-3 所示。

图 10-3　在包管理器中点击添加订阅源按钮

2）在 Name 输入框中输入订阅源名字 MyPackageSource，在 Source 输入框中输入订阅源的位置 C:\Users\RPAZJ\Desktop，点击 Add 按钮添加订阅源，如图 10-4 所示。

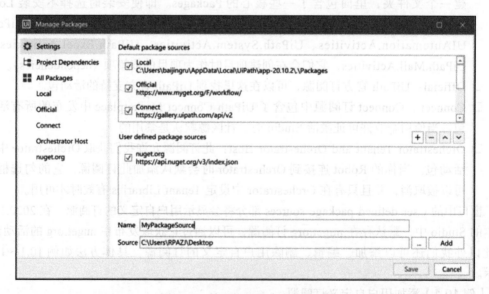

图 10-4　输入订阅源名字和位置

3）添加完成的 Manage Packages 窗口如图 10-5 所示，在窗口左侧的 All Packages 选项卡下，也会显示出我们新添加的订阅源选项。

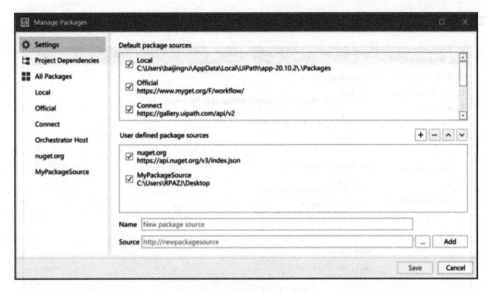

图 10-5　订阅源添加完成

【**例 10.2**】更改例 10.1 中添加的订阅源的 Source 为本地桌面的 Activities 文件夹。
具体实现步骤如下所示。

1）在 Manage Packages 窗口的 Settings 选项卡中，单击选中例 10.1 中添加的订阅源，
此时 Name 和 Source 输入框中将会显示所选订阅源的信息，更新 Source 输入框中的信息为
C:\Users\RPAZJ\Desktop\Activities，点击 Update 按钮，如图 10-6 所示。

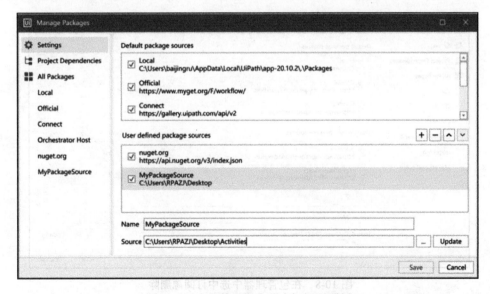

图 10-6　在包管理器中选中订阅源更新

2）更新完成的 Manage Packages 窗口如图 10-7 所示。

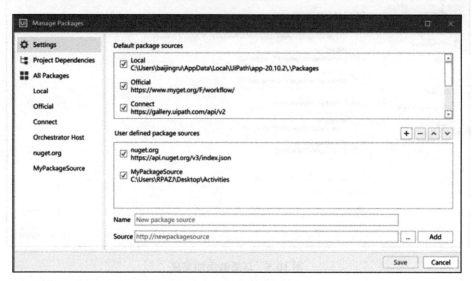

图 10-7　订阅源更新完成

【例 10.3】删除例 10.1 中添加的用户自定义订阅源。

具体实现步骤如下所示。

1）在 Manage Packages 窗口的 Settings 选项卡中，单击选中例 10.1 中添加的订阅源，此时画面中的 "－" 按钮将会变成可点击状态，点击 "－" 按钮，如图 10-8 所示。

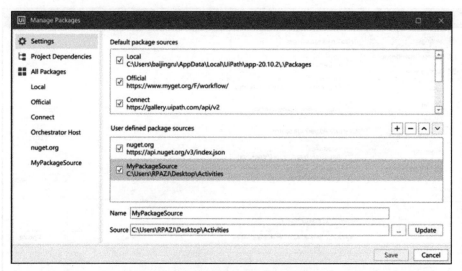

图 10-8　在包管理器中选中订阅源删除

2）删除订阅源后的 Manage Packages 窗口如图 10-9 所示，在窗口左侧的 All Package

选项卡下，该订阅源选项也被移除了。

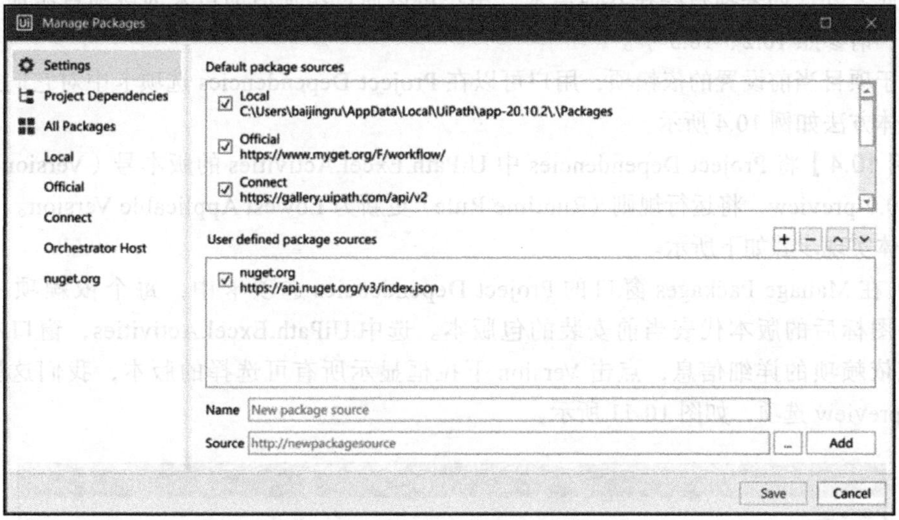

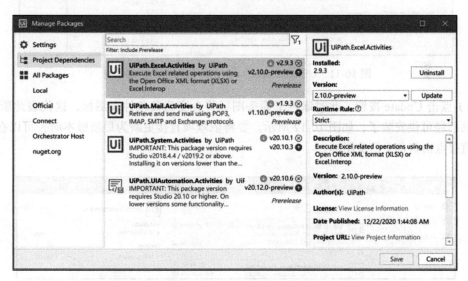

图 10-9　订阅源删除完成

2. Project Dependencies

Project Dependencies 显示当前项目的依赖项，如图 10-10 所示。

图 10-10　包管理器的 Project Dependencies 选项卡

项目依赖项（Project Dependencies）是指项目正常执行所必须依赖的活动包，每个项目设置的依赖项只对当前项目有效。UiPath 中所有的项目在创建时都会默认使用以下 4 个活动包作为该项目的依赖项：UiPath.UIAutomation.Activities、UiPath.System.Activities、

UiPath.Excel.Activities 和 UiPath.Mail.Activities。

除此之外，如果项目存在其他需求，用户可以通过添加活动包来为该项目添加自定义依赖项，请参照 10.2、10.3 节。

对于项目当前设置的依赖项，用户可以在 Project Dependencies 选项卡中对它们进行更新。具体方法如例 10.4 所示。

【例 10.4】将 Project Dependencies 中 UiPath.Excel.Activities 的版本号（Version）更新为 v2.10.0-preview，将运行规则（Runtime Rule）更新为 Lowest Applicable Version。

具体实现步骤如下所示。

1）在 Manage Packages 窗口的 Project Dependencies 选项卡中，每个依赖项中绿色下箭头图标后的版本代表当前安装的包版本。选中 UiPath.Excel.Activities，窗口右侧会显示该依赖项的详细信息，点击 Version 下拉框显示所有可选择的版本，我们这里选择 2.10.0-preview 选项，如图 10-11 所示。

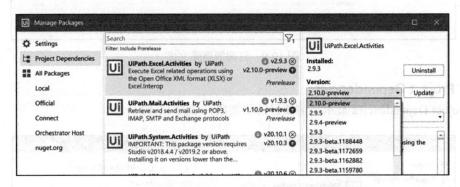

图 10-11　UiPath.Excel.Activities 依赖项的详细信息

2）点击 Update 按钮，此时绿色下箭头图标将会变为黄色钟表图标，这代表此版本的依赖项已经可供安装了，如图 10-12 所示。要将依赖项直接更新为最新版本时，可以在第 1 步中直接点击蓝色上箭头图标。

图 10-12　点击 Update 按钮

3）点击 Runtime Rule 下拉框，选择 Lowest Applicable Version 选项后，点击 Save 按钮，如图 10-13 所示。注意：依赖项的信息只有在点击 Save 按钮后才会被更新。

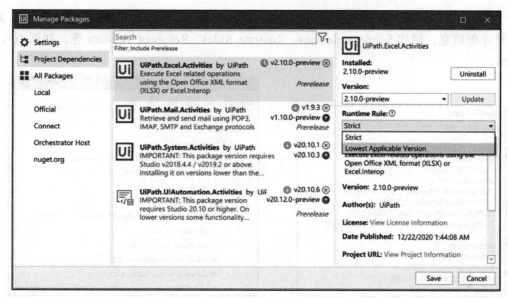

图 10-13　选择 Runtime Rule

4）更新后的依赖项如图 10-14 所示。

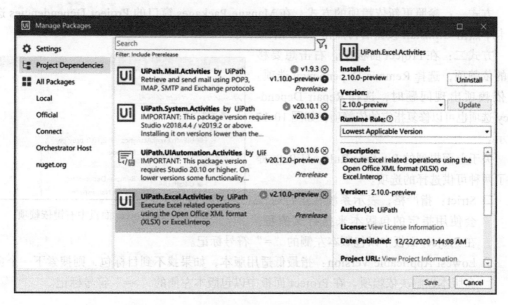

图 10-14　UiPath.Excel.Activities 依赖项更新完成

　　每个项目的 Project Dependencies 会显示在该项目的 Project.json 文件中，当 Dependencies 信息有变化时，Project.json 文件中的内容也会随之变更，如图 10-15 所示。

Project 面板也会显示该项目的 Project Dependencies，并可以展开每个 Dependencies 来查看详细信息，例如 Subdependencies、Runtime Rules、Resolved Versions 等，如图 10-16 所示。

图 10-15　Project.json 文件中的内容

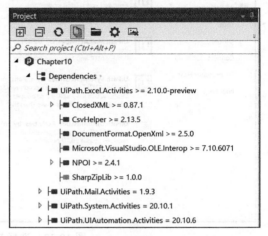

图 10-16　Project 面板中显示的依赖项

如果想要移除当前项目的某个依赖项，可以通过两种方式来实现。

方式一：参照更新依赖项的方式，在 Manage Packages 窗口的 Project Dependencies 选项卡中点击 Uninstall 按钮后再点击 Save 按钮即可。

方式二：在 Project 面板中，右击想要移除的依赖项，选择 Remove Dependency 选项。在依赖项出现问题时，选择 Repair Dependency 选项也可以修复指定的依赖项，如图 10-17 所示。

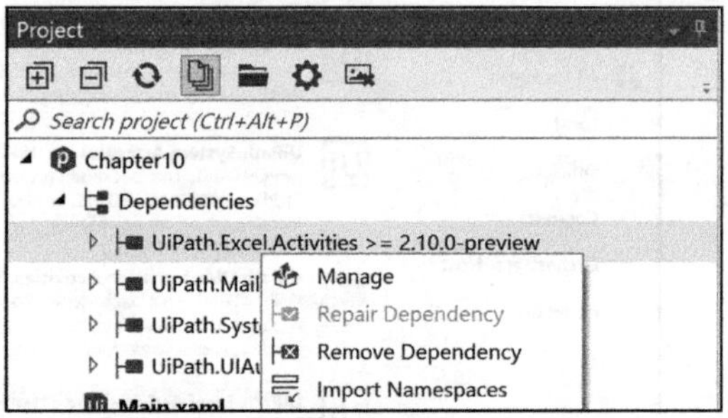

关于上面提到的 Runtime Rule，UiPath 提供了两种可供选择的选项。

- ❏ Strict：指严格，表示系统在运行时仅会使用指定的包版本来执行父流程。在 Project 面板中以包版本左侧的 "=" 符号标记。

图 10-17　在 Project 面板中右键依赖项

- ❏ Lowest Applicable Version：指最低适用版本，如果找不到目标包，则搜索下一个更高版本以解决依赖项。在 Project 面板中以包版本左侧的 ">=" 符号标记。

3. All Packages

All Packages 用于下载活动包、查看已安装的活动包并对其进行更新、添加和删除。All Packages 选项卡下会显示若干个子选项卡，它们是在 Settings 选项卡中设置的订阅源。我们可以通过选择 All Packages 选项卡在所有订阅源中搜索活动包，也可以仅在对应的订阅源下搜索活动包。点击选中某个活动包，窗口右侧会显示该活动包的详细信息，如图 10-18 所示。

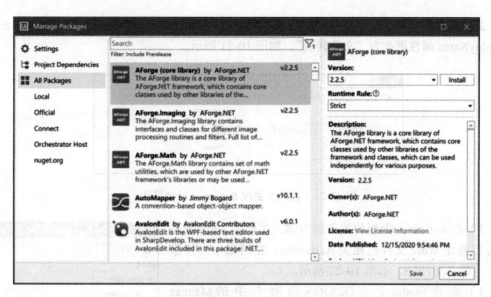

图 10-18　包管理器的 All Packages 选项卡

可以通过点击搜索框右侧的"筛选"按钮 来选择搜索条件，例如选择 Include Prerelease 选项表示搜索结果将包含预发行版，如图 10-19 所示。

图 10-19　搜索活动包时的筛选条件

10.2　添加一个本地的 Package

上一节大家已经熟悉了 Manage Packages 面板，本节将结合案例介绍如何添加一个本地 Package。

【例 10.5】使用 UiPath.Word.Activities 活动包将指定的 Word 文件转换为 PDF 文件。

具体实现步骤如下所示。

1）进入 Studio 界面，点击 Process 创建一个新流程，命名为 10_5_InstallLocalPackage，如图 10-20 所示。

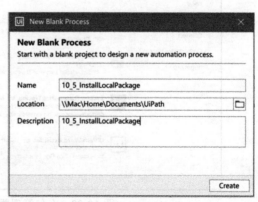

图 10-20　新建流程

2）拖入一个 Sequence 活动到设计器面板。在 Properties 面板中，将 Sequence 活动的 DisplayName 属性更改为"文件转换"，如图 10-21 所示。

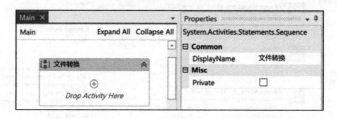

图 10-21　拖入并更改 Sequence 活动属性

3）在 Activities 面板的搜索框内输入关键字 word 来搜索可以操作 Word 文件的相关 Activities，在结果中未搜索到合适的 Activities，如图 10-22 所示。

4）点击 Studio 上方 DESIGN 选项卡中的 Manage Packages 按钮打开包管理器窗口，选择 All Package 下的 Local 子选项卡后，在搜索框中输入关键字 word，选中 UiPath.Word.Activities，在窗口右侧会显示该活动包的详细信息，点击 Install 按钮，如图 10-23 所示。

5）UiPath.Word.Activities 活动包的版本号前会显示黄色钟表图标，这代表此版本的活动包已经可以进行安装了，此时点击 Save 按钮，如图 10-24 所示。

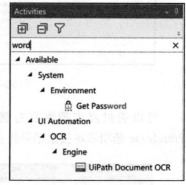

图 10-22　在 Activities 面板搜索 word 关键字的活动

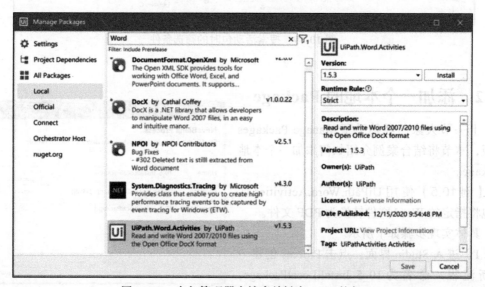

图 10-23　在包管理器中搜索关键字 word 的包

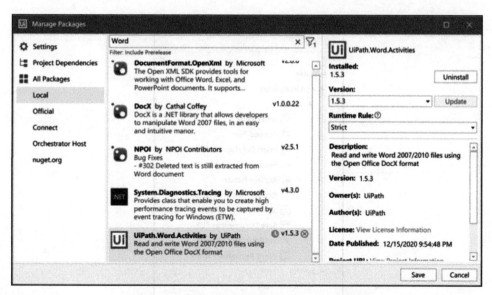

图 10-24　安装 UiPath.Word.Activities 活动包

6）安装时的窗口如图 10-25 所示。这可能会需要一段时间，耐心等待即可。

图 10-25　等待安装的画面

7）安装结束后 Manage Package 窗口会自动关闭，此时重新在 Activities 面板的搜索框内输入关键字 word，此时可以搜索到 UiPath.Word.Activities 活动包中的活动了，如图 10-26 所示。

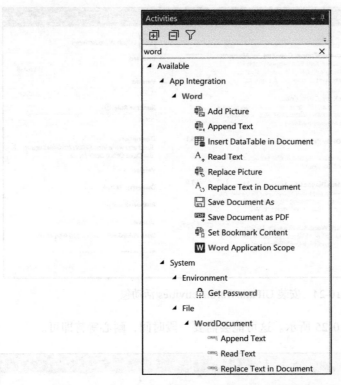

图 10-26　UiPath.Word.Activities 活动包安装完成后的 Activities 面板

8）拖入一个 Word Application Scope 活动到"文件转换"活动中。在 Properties 面板中，将 DisplayName 属性更改为"打开 Word 文档"，如图 10-27 所示。

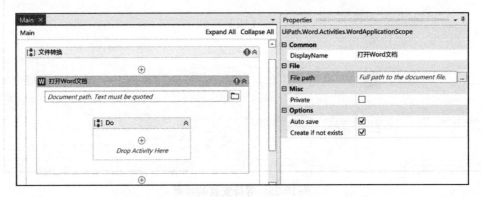

图 10-27　拖入并更改 Word Application Scope 活动属性

9）点击 Word Application Scope 活动主体的"浏览"按钮，将会弹出 Select a Word document 对话框，在对话框中选择需要被转换的 Word 文件后点击"打开"按钮，如图 10-28 所示。

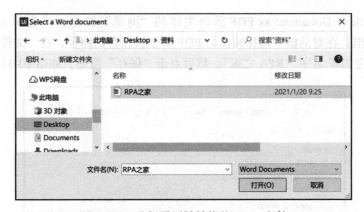

图 10-28　选择需要被转换的 Word 文件

10）选择文件后，文件路径将会显示在 Activities 主体和 Properties 面板中，如图 10-29 所示。

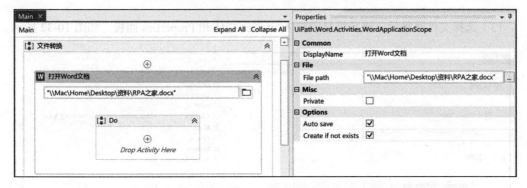

图 10-29　选择 Word 文件后的 Properties 面板

11）再次在 Activities 面板中搜索 Word 相关的活动，拖入一个 Save Document as PDF 活动到"打开 Word 文档"活动中。在 Properties 面板中，更新 Displayname 为"将 Word 文件另存为 PDF 文件"，如图 10-30 所示。

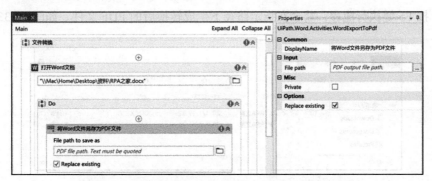

图 10-30　拖入并更改 Save Document as PDF 活动属性

12）点击 Save Document as PDF 活动主体的"浏览"按钮，将会弹出 Select a PDF document 对话框，在对话框中选择转换的 PDF 希望被保存的路径，在"文件名"输入框中输入希望保存的 PDF 名字"RPA 之家"，然后点击"保存"按钮，如图 10-31 所示。

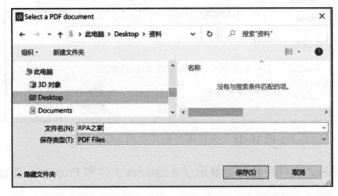

图 10-31 选择转换的 PDF 希望被保存的路径

13）选择文件路径后，路径将显示在 Activities 主体和 Properties 面板，如图 10-32 所示。

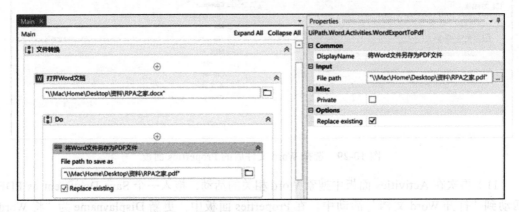

图 10-32 选择 PDF 路径后的 Properties 面板

14）按 F5 键执行流程，将会在指定路径下生成转换后的 PDF 文件，如图 10-33 所示。

图 10-33 执行结果

Word 文档的内容如图 10-34 所示。

PDF 文档的内容如图 10-35 所示。

<table>
<tr><td>

RPA 之家

1. RPA 之家官网：https://www.rpazj.com
2. RPA 之家论坛：https://bbs.rpazj.com/
3. RPA 之家云实验室：https://www.cloudlab.rpazj.com

</td><td>

RPA 之家

1. RPA 之家官网：https://www.rpazj.com
2. RPA 之家论坛：https://bbs.rpazj.com/
3. RPA 之家云实验室：https://www.cloudlab.rpazj.com

</td></tr>
<tr><td style="text-align:center">图 10-34　Word 文档中的内容</td><td style="text-align:center">图 10-35　PDF 文档中的内容</td></tr>
</table>

10.3　添加一个官方的 Package

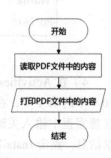

如果想要添加一个官方的 Package，方法与添加本地 Package 基本一致，如例 10.6 所示。

【例 10.6】使用 UiPath.PDF.Activities 活动包读取例 10.5 中生成的 PDF 文件中的内容并打印在 Output 面板。流程图如图 10-36 所示。

具体实现步骤如下所示。

1）进入 Studio 界面，点击 Process 创建一个新流程，命名为 10_6_InstallOfficialPackage，如图 10-37 所示。

图 10-36　流程图

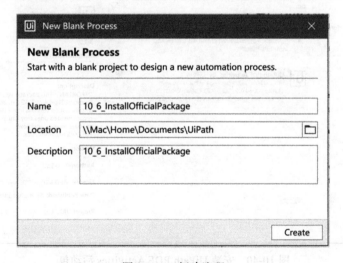

图 10-37　新建流程

2）拖入一个 Sequence 活动到设计器面板。在 Properties 面板中，将 Sequence 活动的 DisplayName 属性更改为 "PDF 文件操作"，如图 10-38 所示。

3）在 Variables 面板中，创建 String 类型变量 PdfText，用于存储 PDF 文件中的内容，如图 10-39 所示。

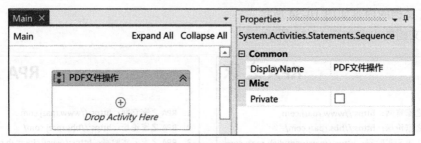

图 10-38　拖入并更改 Sequences 活动属性

Name	Variable type	Scope	Default
PdfText	String	PDF文件操作	*Enter a VB expression*

图 10-39　创建变量

4）在 Activities 面板的搜索框内输入关键字 pdf，不存在相关的 Activities。参照例 10.5 中的第 4 步，在 Manage Packages 窗口中选择 All Packages 下的 Official 子选项卡后，在搜索框中输入关键字 pdf，选中 UiPath.PDF.Activities，在窗口右侧会显示该活动包的详细信息，点击 Install 按钮，如图 10-40 所示。

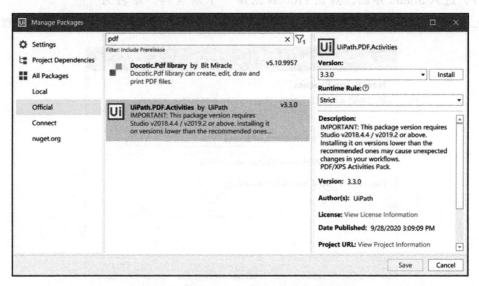

图 10-40　安装 UiPath.PDF.Activities 活动包

5）参照例 10.5 中的第 5 步和第 6 步安装 UiPath.PDF.Activities 活动包。在 Activities 面板的搜索框内输入关键字 pdf，此时可以搜索到 UiPath.PDF.Activities 活动包中的活动了，如图 10-41 所示。

6）拖入一个 Read PDF Text 活动到 "PDF 文件操作" 活动中。在 Properties 面板中，将 DisplayName 属性更改为 "读取 PDF 文件中的内容"，在 Text 属性中输入变量 PdfText，如图 10-42 所示。

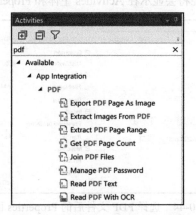

图 10-41　搜索 UiPath.PDF.Activities 活动包中的活动

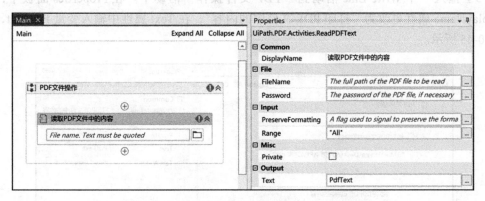

图 10-42　拖入并更改 Read PDF Text 活动属性

7）点击 Read PDF Text 活动主体的"浏览"按钮，将会弹出 Select PDF file 对话框，在对话框中选择需要读取的 PDF 文件后点击"打开"按钮，如图 10-43 所示。

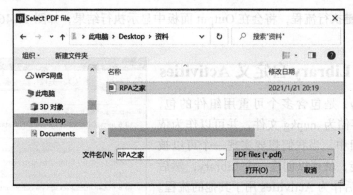

图 10-43　选择要读取的 PDF 文件

8）选择文件后，文件路径将会显示在 Activities 主体和 Properties 面板中，如图 10-44 所示。

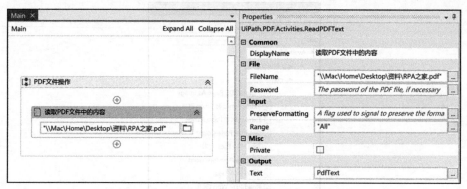

图 10-44 选择 PDF 文件后的 Properties 面板

9）拖入一个 Write Line 活动到"PDF 文件操作"活动中。在 Properties 面板中，将 DisplayName 属性更改为"打印 PDF 文件中的内容"，在 Text 属性中输入变量 PdfText，如图 10-45 所示。

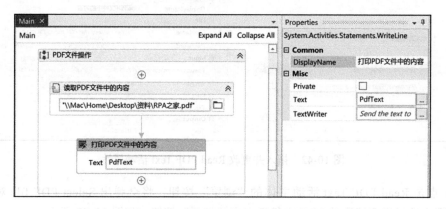

图 10-45 拖入 Write Line 活动打印 PDF 文件中的内容

10）按 F5 键执行流程，将会在 Output 面板中显示执行结果，如图 10-46 所示。

10.4 使用 Library 自定义 Activities

库（Library）是包含多个可重用组件的包，Libraries 会被存储为 .nupkg 文件，并可以作为依赖项安装到项目中。当我们想要实现一个可以被重复使用的功能，就可以创建一个 Library，然后将 Library 打包后作为 Activities 用于其他的流程。

创建 Library 的方式与我们之前创建 Process

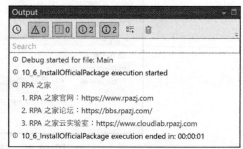

图 10-46 执行结果

的方式类似，如例 10.7 所示。

【例 10.7】创建一个 Library，使其完成例 10.6 的需求。

具体实现步骤如下所示。

1）进入 Studio 界面，点击 Library 创建一个库，命名为 10_7_CreateLibrary，如图 10-47 所示。

2）此时在计算机上已经创建并保存了这个新的库项目，在 Project 面板会显示项目文件夹的树状结构、依赖项以及包含在流程中的 NewActivity.xaml 文件，如图 10-48 所示。

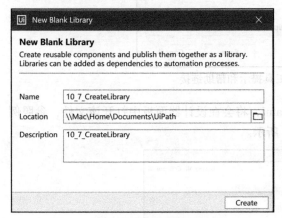

图 10-47　新建库

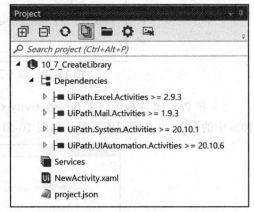

图 10-48　在 Project 面板查看文件夹结构

3）右击 NewActivity.xaml，在弹出的菜单中选择 Properties 选项，如图 10-49 所示。

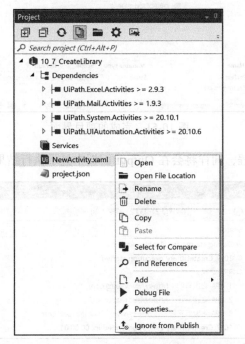

图 10-49　打开 NewActivity.xaml 文件的 Properties 选项

4）系统将会显示 NewActivity.xaml 文件的属性对话框，可以在此对话框中向库添加工具提示和帮助链接，添加后点击"Save"按钮，如图 10-50 所示。

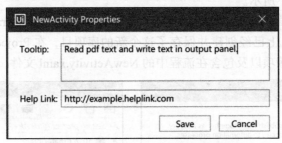

图 10-50　添加工具提示和帮助链接

5）在 Project 面板中双击 NewActivity.xaml，将会在设计器面板中打开该文件，参照例 10.6 中的第 2～9 步完成库项目，如图 10-51 所示。

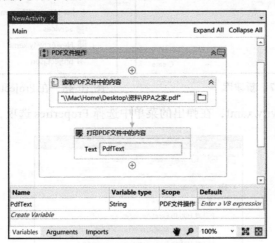

图 10-51　完成的项目界面

6）按 F5 键执行流程，同样将会在 Output 面板中显示执行结果，如图 10-52 所示。

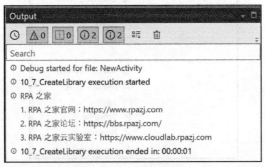

图 10-52　执行结果

如果要配置库项目的设置，请单击 Project 面板中的"设置"图标打开 Project Settings 窗口，如图 10-53 所示。

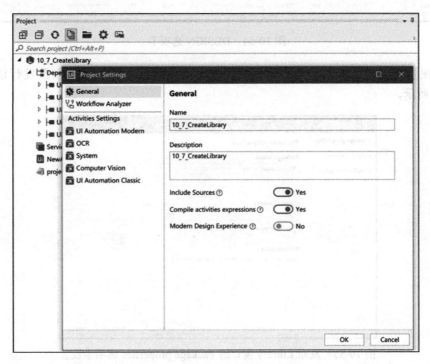

图 10-53　Project Settings 窗口

在 Project Settings 窗口的 General 选项卡中可以设置库项目的一些选项。

❑ Name：Library 的名称。

❑ Description：Library 的描述。

❑ Include Sources：指包含源。如果选择 Yes，可以将所有 .xaml 源打包到生成的程序集文件中，包括以前已设为私有的工作流，在调试工作流时很有帮助。

❑ Compile activities expressions：指编译活动表达式。如果选择 Yes，将会编译所有活动表达式并将其与库打包，可缩短执行时间。

❑ Modern Design Experience：指新式设计体验。如果选择 Yes，将会实现使用用户界面自动化的新式体验，包括新活动和改进的活动、录制器和向导，以及对象存储库。Studio 将会在下次打开项目时反映变化。

发布 Library 的过程类似于发布 Process，如例 10.8 所示。

【例 10.8】将例 10.7 中创建的 Library 发布到本地。

具体实现步骤如下所示。

1）打开例 10.7 中创建的项目，点击 DESIGN 选项卡中的 Publish 按钮，如图 10-54 所示。

图 10-54　DESIGN 选项卡

2）在弹出窗口的 Package properties 选项卡中设置包名称、版本以及发行说明，如图 10-55 所示。

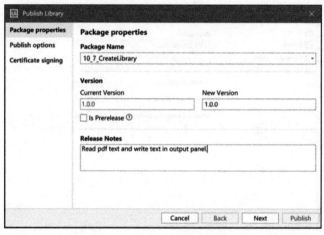

图 10-55　发布 Library 窗口的 Package properties 选项卡设置

3）点击 Next 按钮，在 Publish options 选项卡选择要发布 Library 的位置，如图 10-56 所示。

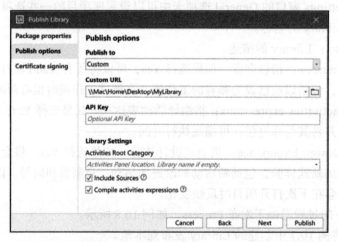

图 10-56　发布 Library 窗口的 Publish options 选项卡设置

4）本例中不需要设置证书，直接点击 Publish 按钮，将弹出显示发布成功对话框，如图 10-57 所示。

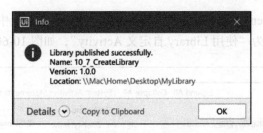

图 10-57 发布成功提示

5）此时整个项目文件夹被归档到一个 .nupkg 文件中，并保存在设定的本地目录中，如图 10-58 所示。

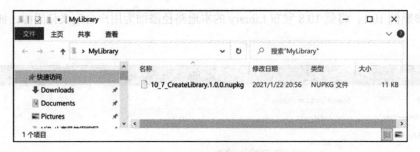

图 10-58 发布成功生成的文件

将创建的 Library 发布后，就可以作为 Activity 在其他流程中使用了，如例 10.9 所示。

【例 10.9】使用例 10.8 中发布的 Library 完成读取 PDF 文件中的内容并打印在 Output 面板的需求。

具体实现步骤如下所示。

1）在 Studio 界面，点击 Process 创建名为 10_9_UseLibraryActivity 的新流程，如图 10-59 所示。

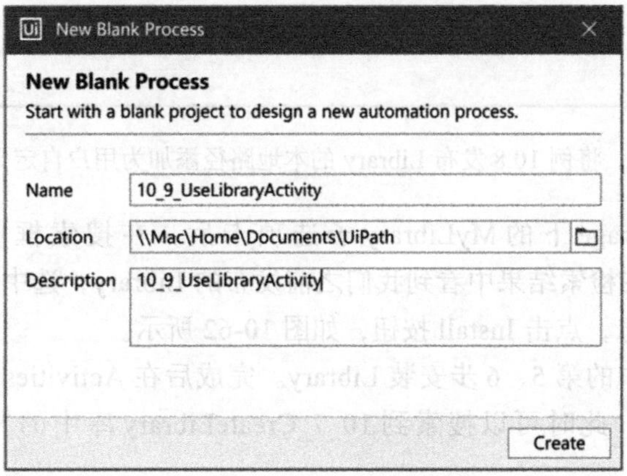

图 10-59 新建流程

2）拖入一个 Sequence 活动到设计器面板。在 Properties 面板中，将 Sequence 活动的 DisplayName 属性更改为"使用 Library 自定义 Activity"，如图 10-60 所示。

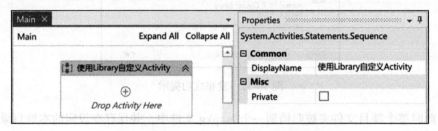

图 10-60　拖入并更改 Sequence 活动属性

3）参照例 10.1，将例 10.8 发布 Library 的本地路径添加为用户自定义订阅源，如图 10-61 所示。

图 10-61　将例 10.8 发布 Library 的本地路径添加为用户自定义订阅源

4）选择 All Package 下的 MyLibrary 子选项卡后，在搜索框中输入关键字 10_7_CreateLibrary，可以在检索结果中看到我们之前发布的 Library，选中该 Library，在窗口右侧会显示它的详细信息，点击 Install 按钮，如图 10-62 所示。

5）参照例 10.5 中的第 5、6 步安装 Library。完成后在 Activities 面板的搜索框内输入关键字 createLibrary，此时可以搜索到 10_7_CreateLibrary 库中的 NewActivity 活动，如图 10-63 所示。

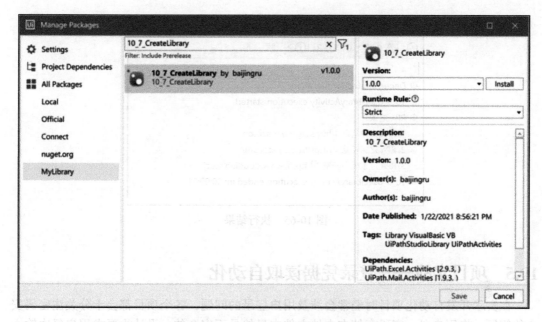

图 10-62　安装例 10.8 中发布的 Library

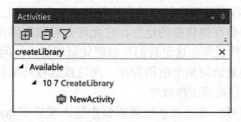

图 10-63　在 Activities 面板搜索安装的 Library

6）将 NewActivity 活动拖入"使用 Library 自定义 Activity"活动中。在 Properties 面板中，设置 DisplayName 属性为"读取 PDF 文件中的内容并打印在 Output 面板"，如图 10-64 所示。

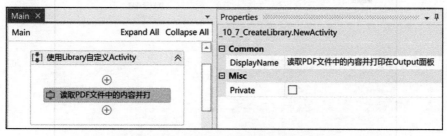

图 10-64　拖入并更改安装的 Library 属性

7）按 F5 键执行流程，将会在 Output 面板中显示执行结果，如图 10-65 所示。

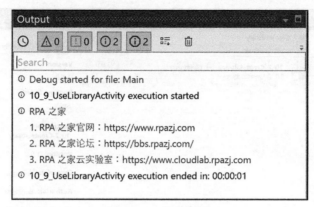

图 10-65　执行结果

10.5　项目实战——登录凭据读取自动化

在实际开发自动化项目时经常会涉及用户登录的问题，各个项目都会十分关注密码安全的问题。将用户名、密码存储在本地文件中显然是不安全的，设计为要求用户每次输入又会在很大程度上影响工作效率。这里介绍一种借助 Windows 凭据管理器来实现的解决方式，它适合中小型项目，特别是开发的自动化流程只在一台机器上运行时。

Windows 凭据管理器是存储凭据的地方，它允许查看和删除用户所保存的用于登录网站、连接应用程序和网络的凭据。这里我们可以把凭据理解为访问目标时所需要的用户名、密码和证书等，当需要频繁访问某个应用程序、网址或远程环境时，都可以将凭据存储在 Windows 凭据管理器中，以提高工作效率。

Windows 凭据管理器可以通过在系统搜索框中输入关键字 credential manager 搜索到，如图 10-66 所示。

图 10-66　在系统搜索框搜索 credential manager 关键字

打开凭据管理器后，在窗口中可以查看 Web 凭据和 Windows 凭据。

Web 凭据界面下记录了我们在访问 Web 站点时选择"记住"的凭据，可以通过点击每个凭据来展开详细信息和删除凭据，如图 10-67 所示。

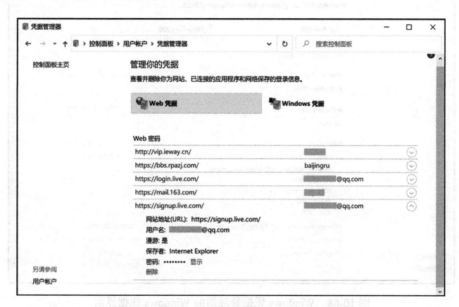

图 10-67　Windows 凭据管理器的 Web 凭据界面

而 Windows 凭据界面包含了计算机、网站和应用程序的凭据，我们可以点击"添加 Windows 凭据""添加基于证书的凭据"和"添加普通凭据"三个链接来添加对应类型的凭据。

需要添加 HomeGroup 的凭据、远程桌面的凭据、共享凭据时可选择"添加 Windows 凭据"；需要添加基于证书的凭据时可选择"添加基于证书的凭据"；需要添加平时经常访问的站点（比如 Windows Live 的应用凭据）时可选择"添加普通凭据"。

此外，可以通过点击每个凭据来展开详细信息、编辑和删除凭据，如图 10-68 所示。

将访问凭据添加到凭据管理器中，不仅方便我们对于目标站点的访问，同时也便于我们快速地迁移。当凭据添加完毕后，我们可点击凭据管理器窗口中的"备份凭据"链接将凭据信息保存下来。

在本例中，请在 Windows 凭据管理器中手动添加一个普通凭据，用于登录 RPA 之家云实验室（网址：cloudlab.rpazj.com，用户名 admin，密码 admin）。

添加的方式非常简单，单击"添加普通凭据"链接进入添加凭据窗口，分别输入目标地址（Internet 地址或网络地址）的名称或 URL 地址，以及用户名和密码，最后点击"确定"按钮即可，如图 10-69 所示。

图 10-68 Windows 凭据管理器的 Windows 凭据界面

图 10-69 添加普通凭据窗口

　　添加凭据后创建一个项目，使其完成自动获取该凭据登录 RPA 之家云实验室的功能。流程图如图 10-70 所示。

　　针对以上的模块进行如下说明。

　　1）获取 Windows 登录凭据：获取存储在 Windows 凭据中的用于登录 RPA 之家云实验室的用户名和密码。此步骤需要使用 Get Secure Credential 活动，该活动不是 Studio 缺省自带的活动，需要在包管理器中安装 UiPath.Credentials.Activities 包后使用。

2）打开 RPA 之家云实验室：使用浏览器打开 RPA 之家云实验室的用户登录画面，网址为 cloudlab.rpazj.com。

3）登录 RPA 之家云实验室：在用户名输入框中输入第 1 步获取的用户名，在密码输入框中输入第 1 步获取的密码，然后点击"登录"按钮，如图 10-71 所示，登录后将显示登录成功画面。

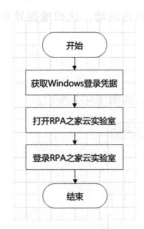

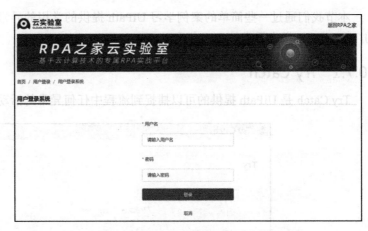

图 10-70　流程图　　　　　　　图 10-71　RPA 之家云实验室的用户登录画面

10.6　程序异常情况介绍

程序异常指的是在自动化流程执行过程中，未能按既定流程完成自动化任务。假如流程有 5 个步骤，在执行到第 3 步的时候意外停止下来了，未能执行完毕。

那么程序为什么会出现异常呢？其实任何程序都有可能出现异常，这也是程序都需要经过严格调试的原因所在。对于 RPA 开发来说，流程自动化解决的是标准系统之外的业务层面的操作，涉及操作界面变动、经常性地访问用户文件、业务流程复杂多变等都是造成不稳定的原因，这也是 RPA 开发灵活性和敏捷性的先天优势在某种程度上给自动化流程埋下了的不稳定的种子，主要表现在以下几个方面。

- ❑ 界面控制操作部分选择器失效，找不到所控制的元素。
- ❑ 读取文件找不到，比如读取既定的 Excel 表格，表格不存在、对应的 Sheet 不存在，或者 Excel 处于打开状态等。
- ❑ 数据格式问题，比如强制转化数字、日期等被转化字符串不符合要求。
- ❑ 越界异常，比如数组越界、Int32 类型的变量存储数据过大等。

随着对 RPA 开发的深入了解，我们越来越能意识到一个稳定的自动化流程场景交付对 RPA 使用者来说是多么重要的一个事，这也是考验 RPA 开发者水平的一个重要指标。因此，在流程开发设计阶段，我们应该尽可能地避免异常，或者尽可能地捕捉到异常，并进行必要的预处理。

本节将为大家详细介绍 UiPath 异常处理活动的基础用法，为将来您能够提供复杂的异常处理解决方案提供支撑，同时也为进一步学习理解 UiPath 提供的企业级框架中的异常处理机制打下基础。

10.7 异常处理活动介绍

本节我们通过一些简单的案例学习 UiPath 提供的常用的异常处理活动，比如捕捉异常的 Try Catch、抛出异常的 Throw 和 Rethrow。

10.7.1 Try Catch

Try Catch 是 UiPath 提供的可以捕捉到流程中任何异常的活动，如图 10-72 所示。

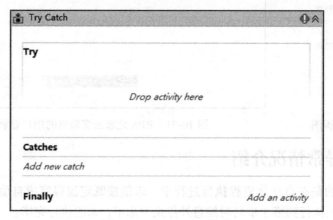

图 10-72　Try Catch 活动

Try Catch 分为三个部分。

❏ Try 部分拖放自动化流程的正常流程组件，将一个或一组活动程序运行到 Try Catch 时，先执行 Try 部分的程序。

❏ Catches 部分必须点击"Add new catch"至少增加一种异常类型，Try Catch 才能正常工作，并且只有 Try 部分的程序在执行过程中发生异常时，才会执行 Catches 部分的程序，否则将不会被执行。通常 Catches 部分会存放当发生异常时的一些补救程序，或者邮件通知用户，以及记录一些重要的异常错误日志。

❏ Finally 部分是，当程序执行到 Try Catch 时，不管程序是否发生异常，最终都会执行 Finally 部分。根据流程需要，Finally 部分可以不放任何内容，也可以在输出一些重要日志信息。

下面我们通过一个简单的案例，熟悉一下 Try Catch 的用法。

【例 10.10】点击 RPA 之家主页中的"论坛"按钮，人为关闭网页，制造异常出错环境，程序异常时捕捉到异常并自动登录 RPA 之家主页，还原环境执行点击论坛的动作。

详细步骤如下所示。

1）进入 Studio 界面点击 Process 创建流程，命名为 10_10_TryCatch，如图 10-73 所示。

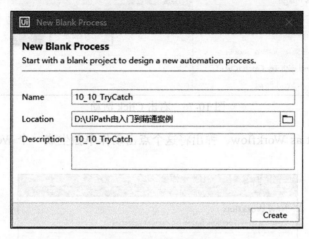

图 10-73　新建流程

2）进入 Main，在主界面拖入一个 Click 活动，如图 10-74 所示。

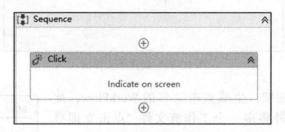

图 10-74　拖入 Click 活动

3）手动打开 www.rpazj.com。注意，请保持 RPA 之家网页和 UiPath Studio 之间能够直接切换，点击 Indicate on screen，鼠标会自动选择元素模式并切换到 RPA 之家主页，点击 "立即登录" 按钮。然后选中 Click 活动，将 name 属性改为 "点击 立即登录"，如图 10-75 所示。

图 10-75　点击立即登录

4）使用快捷键 Ctrl + F6 执行一遍程序，程序会执行一个点击动作，RPA 论坛将会被打开，然后将这个点击动作单独生成一个工作流，方便之后异常调用，右击第 3 步的 Click 活动，如图 10-76 所示。

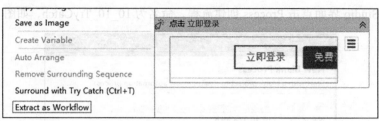

图 10-76　右击 Click 活动

5）点击 Extract as Workflow，弹出将这个点击动作单独生成一个 WorkFlow 的对话框，如图 10-77 所示。

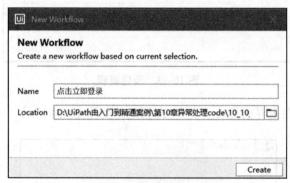

图 10-77　新建子工作流

6）点击 Create 按钮，生成点击动作的 WorkFlow，此时此程序除了 Main 外将多一个工作流文件"点击立即登录 .xaml"，如图 10-78 所示。

图 10-78　新建的工作流标签位

7）将 RPA 之家主页关闭，创造错误场景。按快捷键"Ctrl+F6"执行程序，弹出如图 10-79 所示的错误提示。

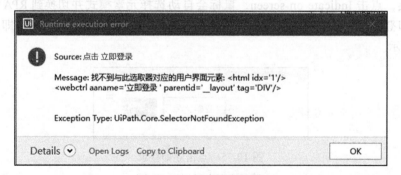

图 10-79　创建错误场景

8）回到 Main 工作流文件，因为第 5、6 步我们将点击动作生成了工作流，这里会自动调用"点击立即登录 .xaml"模块，如图 10-80 所示。

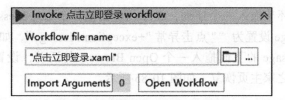

图 10-80　Main 视图下的工作流

9）将第 8 步的点击动作包在 Try Catch 活动中，右击 Invoke workflow，如图 10-81 所示。

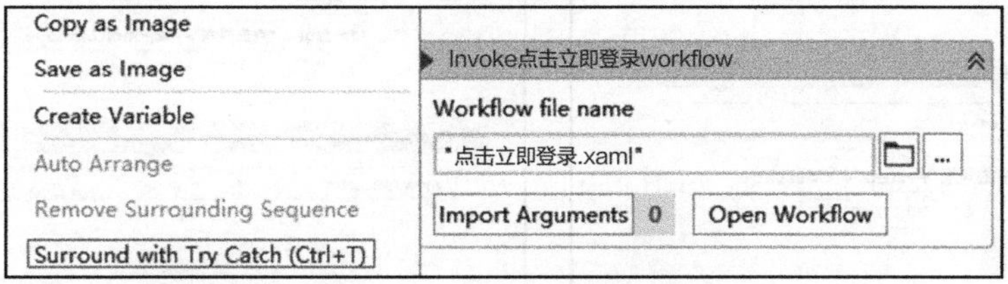

图 10-81　右键点击调用模块

10）点击 Surround with Try Catch 即可，如图 10-82 所示。

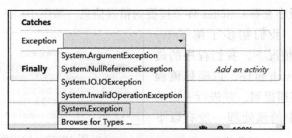

图 10-82　选择 Surround with Try Catch 选项

11）点击 Catches 下面的 Add new catch，选择 System.Exception 异常类型，如图 10-83 所示。

图 10-83　增加 System.Exception 异常类型

12）在 Catches 环节拖入一个序列，在序列里面拖一个 Log Message，并将 Log Level 设置为 Error，Message 设置为 "" 点击异常 "+exception.Message"，如图 10-84 所示。

13）在 Log Message 的下面拖入一个 Open Browser 的活动，设置 URL 属性为 "www.rpazj.com"，将 RPA 之家主页恢复，如图 10-85 所示。

图 10-84　输出错误日志

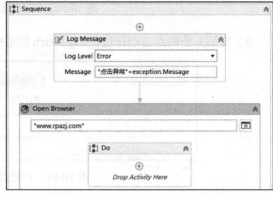

图 10-85　重新进入 RPA 之家主页

14）在 Open Browser 里重新调用第 5 步生成的点击动作，如图 10-86 所示。

图 10-86　调用点击动作

15）按快捷键 Ctrl+F6 执行程序，此时程序将不会出现第 7 步的异常错误，而是捕捉到异常后执行到 Catches 环节，重新打开 RPA 之家网页，执行点击动作补救，最终实现正常登录。在 Output 面板中查看 Catches 环节捕捉的错误信息，如图 10-87 所示。

通过这个案例，我们初步了解了 Try Catch 的用法。通常情况下，我们程序的最外层都需要用 Try Catch 包住，以确保流程发生任何异常时能够捕捉到，并进行一定的预处理。实际项目中的预处理一般有以下几种。

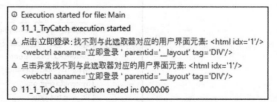

图 10-87　输出面板显示参考

❑ Try 中动作的补救方案，例如本案例中在 Catches 环节重新打开网页继续做点击动作。

❑ 输出关键错误日志，便于程序排查错误。

❑ 发邮件给流程使用人，便于告知用户流程异常。

需要注意，在子流程使用 Try Catch 的情况下，Catches 环节捕捉的错误信息需要再次抛出。如果子流程不抛出异常，就必须输出错误日志，否则会导致外层主程序不知道流程哪里出现了问题，从而造成排查错误困难。

10.7.2　Throw

Throw 也是一种异常处理的活动，通常用于人工的抛出异常，可以自定义异常的 Message 属性，便于用户很直观地知道造成异常的原因，达到迅速排查错误的目的。

我们通过一个简单的实例来介绍 Throw 活动。

以例 10.10 为例，在使用 Try Catch 之前，当网页在关闭的状态下执行程序，一定会弹出图 10-79 的错误提示。这样原生态的错误提示并不是一种非常直观的表述错误的行为。

假设这个点击动作是子流程里面的一个非常关键的动作，比如保存、转页面等。经过测试发现，由于网络环境不稳定，需要子流程抓住这个异常后再次往外抛。这时候我们就可以在第 12 步的 Log Message 的下面拖一个 Throw 活动，如图 10-88 所示。

图 10-88　拖入 Throw 活动

点击 Throw 查看其属性面板，将其 Exception 属性值改为 new Exception（"点击登录出错，请检查网络是否正常"），如图 10-89 所示。

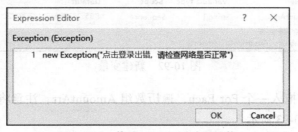

图 10-89　修改 Throw 活动属性值

按快捷键 Ctrl+F6 执行程序，系统将弹出图 10-90 所示的出错对话框，非常直观。

图 10-90　执行结果参考

Throw 的主要作用是人工抛出一个已知的异常，而 Try Catch 主要是捕捉未知异常。

接下来我们再通过一个实例来了解下人工抛出异常和 Try Catch 捕捉异常的异同，同时也可以初步了解一下异常的分类。

【例 10.11】假如有一组报销金额的数据，当金额大于 1000 元的时候，超出机器人审批权限，需要交给人工审批。但需要留意的是，这组报销金额的数据可能包含格式不规则的数据，比如带币种信息的数据。数据参考样本为 {"357","20RMB","3200","20"}。

1）进入 Studio 界面，点击 Process 创建名为 10_11_Throw 的流程，如图 10-91 所示。

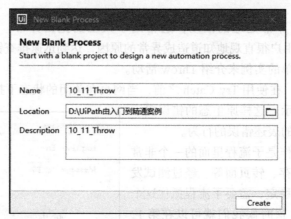

图 10-91　新建流程

2）进入 Main，拖入一个序列，鼠标选中序列，在 Variables 面板创建一个字符串类型的数组 AmountArr，默认值设置为 {"357","20RMB","3200","20"}，如图 10-92 所示。

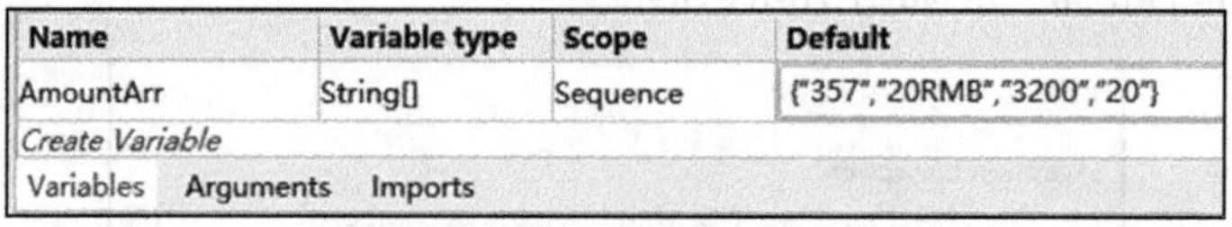

Name	Variable type	Scope	Default
AmountArr	String[]	Sequence	{"357","20RMB","3200","20"}
Create Variable			

Variables　Arguments　Imports

图 10-92　新建变量

3）在序列里面拖入一个 For Each，遍历数组 AmountArr，注意将属性 TypeArgument 改为 String，如图 10-93 所示。

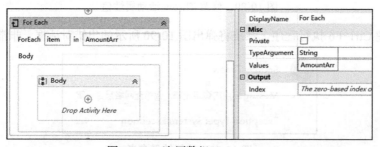

图 10-93　遍历数组 AmountArr

4）在 For Each 的 Body 内拖入一个 If 活动，Then 区域拖入一个 Throw 活动，然后将 Condition 设置为 Double.Parse(item.ToString)>1000，如图 10-94 所示。

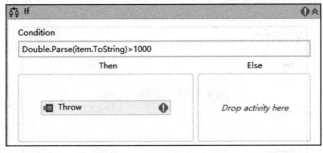

图 10-94　拖入条件分支

5）点击 Throw 活动，并设置 Exception 的属性值如图 10-95 所示。

图 10-95　设置 Throw 活动属性值

6）使用快捷键 Ctrl+F6 执行程序，程序将弹出如图 10-96 所示的错误对话框。请留意错误类型，这里报错的原因是 AmountArr 数组中元素 20RMB 不能强制转化为 Double 类型。

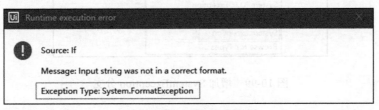

图 10-96　执行结果参考

7）如果把 AmountArr 的值改为 {"357","20","3200","20"}，这里改变值的目的是让程序能执行到 "3200" 的元素触发 Throw 活动。按快捷键 Ctrl+F6 执行，程序将弹出如图 10-97 所示的错误弹窗。请留意错误类型，这里是因为预先知道的业务规则问题，人为地抛出异常。

图 10-97　执行结果参考

8）将 AmountArr 改回原来的值 {"357","20RMB","3200","20"}，便于后面测试 Try Catch 分类捕捉错误。然后点击 If 控件，按快捷键 Ctrl+T，将 If 整体包在 Try Catch 里面，如图 10-98 所示。

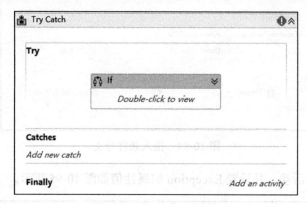

图 10-98　Try 住 If 活动

9）点击 Add new catch 添加一个 System.Exception 的错误类型，如图 10-99 所示。

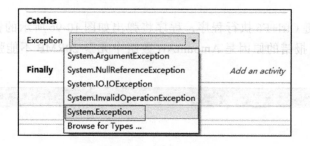

图 10-99　增加 SystemException 分支

10）拖入一个 Log Message，设置 Message 属性值等于 " " 强制转化金额出错，请查金额是否规范 "+exception.Message"，如图 10-100 所示。

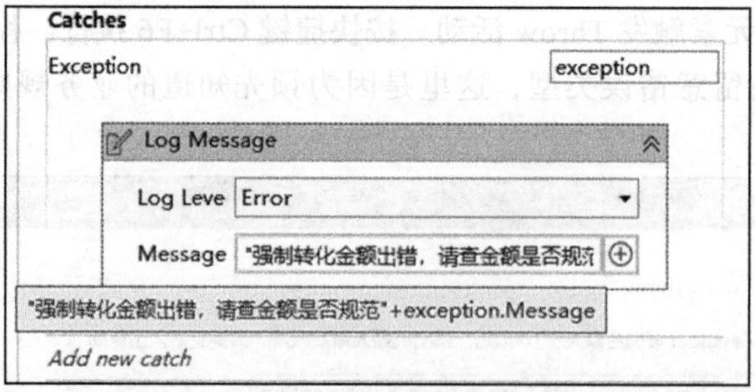

图 10-100　输出日志

11）点击 Add new catch 再添加一个 BusinessRuleException 的错误类型，如图 10-101 所示。

12）在弹出的选择变量类型的对话框中搜索 business，并双击图 10-102 所示的 BusinessRuleException。

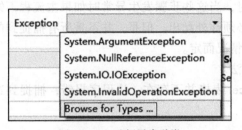

图 10-101　选择异常种类

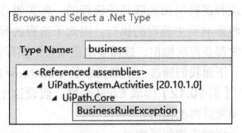

图 10-102　增加 BusinessRuleException 分支

13）在 BusinessRuleException 的异常分类中拖入一个 Log Message，并将其 Message 属性值设置为""BusinessRuleException"+exception.Message"，如图 10-103 所示。

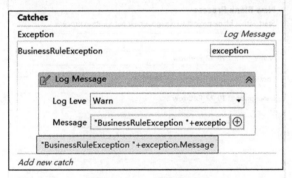

图 10-103　输出日志

14）按快捷键 Ctrl+F6 执行程序，并查看 Output 面板，结果如图 10-104 所示。

图 10-104　执行结果参考

通过本节的练习，大家掌握了 Try Catch 和 Throw 结合在一起的综合用法，了解并掌握异常的分类，有助于对不同异常做不同的处理。BusinessRuleException 和 System.exception 分类处理是后续学习企业框架中的异常处理的基础知识。

10.7.3　Rethrow

Rethrow 也是异常处理活动，Throw 是人工新建一个异常并抛出，而 Rethrow 的作用是将原有捕捉到的异常再次抛出，因此 Rethrow 必须放到 Catch 区域中使用。

那么为什么捕捉到的异常要再次抛出呢？大家都知道，当我们的流程做得比较复杂时，往往会有很多被主流程调用的子流程，子流程里面有可能还有子流程。如果子流程使用了 Try Catch 捕捉到了异常没有抛出的话，主流程就不知道子流程发生了什么错误。特别是在主流程逻辑里面关联到子流程的一些关键步骤时，当这些步骤发生异常时如果主流程不知道将影响到主流程的执行，因此子流程的异常必须往外抛出。但是，并不是所有捕捉到的异常都要再次抛出，这需要根据项目的实际逻辑情况而定。

下面我们通过一个案例来学习 Rethrow 的用法。

【例 10.12】读取 Excel 表格，假设这个 Excel 表格并不存在，让程序报错，捕捉到这个异常后再次抛出。

详细步骤如下所示。

1）进入 Studio 界面，点击 Process 创建名为 10_12_Rethrow 的流程，如图 10-105 所示。

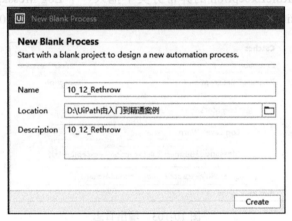

图 10-105　新建流程

2）进入 Main，在活动面板搜索 read range，双击 System >File>WorkBook 下的 "Read Range"，然后将其 Work Path 属性值改为 "config.xlsx"，如图 10-106 所示。

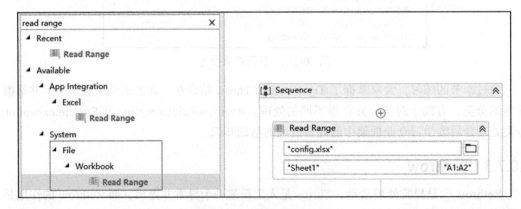

图 10-106　读取指定 Excel

3）使用快捷键 Ctrl+F6 执行程序，因为 Config 文件不存在，UiPath 会弹出如图 10-107 所示的错误对话框。

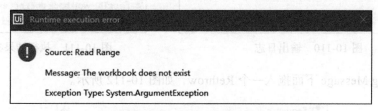

图 10-107　执行结果参考

4）选中 Read Range 活动，按快捷键 Ctrl+T，用 Try Catch 将其包住，如图 10-108 所示。

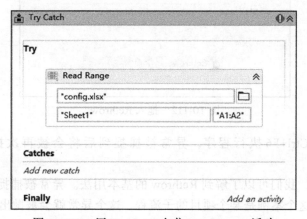

图 10-108　用 Try Catch 包住 Read Range 活动

5）点击 Add new catch 增加一个 System.Exception 分支，如图 10-109 所示。

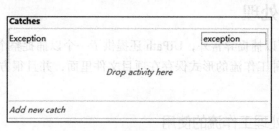

图 10-109　添加 Exception 分支

6）在 Catch 分支内拖入一个 Log Message，Message 属性设置为 "Error:"+exception. Message，Log Leve 设置为 Error，如图 10-110 所示。

7）按快捷键 Ctrl+F6 执行程序，因为异常会被捕捉到，所以不会有错误提示框，但在 Output 面板中可以看到 Log Message 输出的错误信息，如图 10-111 所示。

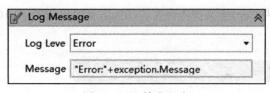

图 10-110 输出日志

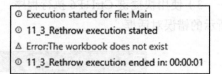

图 10-111 执行结果参考

8）在 Log Message 下面拖入一个 Rethrow，如图 10-112 所示。

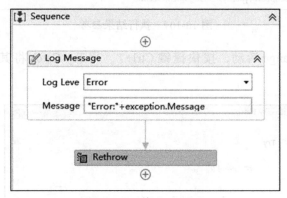

图 10-112 拖入 Rethrow

9）按快捷键 Ctrl+F6 执行程序，异常被捕捉到后将会被再次抛出，如第 3 步的图 10-107 所示。

通过这个案例，我们可以了解到 Rethrow 的基本用法。异常被捕捉后在 Catch 环节会被再次抛出，如果这个案例是某个项目的子流程，这个异常就会被抛出到主流程，并且被主流程的 Try Catch 再次捕捉，再做相应处理。

10.8 全局异常处理

除了 Try Catch 可以捕捉异常外，UiPath 还提供了一个以捕捉整个项目异常而设定的全局异常处理。它以一种工作流的形式保存在项目文件里面，并且很方便地开启和取消全局异常处理功能。

10.8.1 全局异常处理工作流的使用

全局异常处理（Global Exception Handler）是 UiPath 提供的重要的项目整体异常处理解决方案，它是一个专门处理异常的工作流文件。如果在项目中新建了 Global Exception Handler 的工作流，当项目发生异常时，异常信息将会自动地传进 Global Exception Handler 的工作流，并进行相应的处理。

下面通过一个案例进一步学习全局异常处理的用法。

【例 10.13】人工 Throw 一个异常，用全局异常处理工作流捕捉异常进行测试。

详细步骤如下所示。

1）进入 Studio 界面，点击 Process 创建名为"10_13_ 全局异常处理"的流程，如图 10-113 所示。

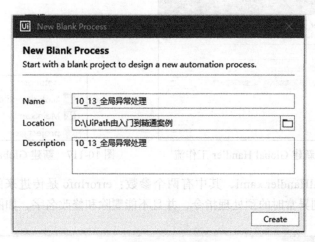

图 10-113　新建流程

2）进入 Main 拖入一个 Throw 活动，并设置其属性如图 10-114 所示。

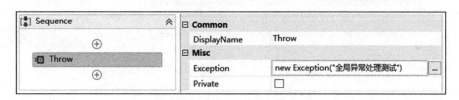

图 10-114　拖入 Throw 活动

3）点击 Studio 顶部菜单 DESIGN 选项卡的 New 下面的 Global Handler 选项，如图 10-115 所示。

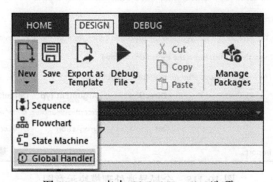

图 10-115　点击 Global Handler 选项

4）系统会弹出如图 10-116 所示的对话框，点击 Create 在项目的根目录新建一个 GlobalHandler.xaml 的工作文件。

5）GlobalHandler 是一个模板工作流文件，整个项目只需建一个，如图 10-117 所示。

图 10-116　新建 Global Handler 工作流　　　　图 10-117　新建 GlobalHandler 成功

6）进入 GlobalHandler.xaml，其中有两个参数：errorInfo 是传进来的 Exception 信息；result 是存储捕捉到异常时的预处理指令，并且不能删除和修改名字，如图 10-118 所示。

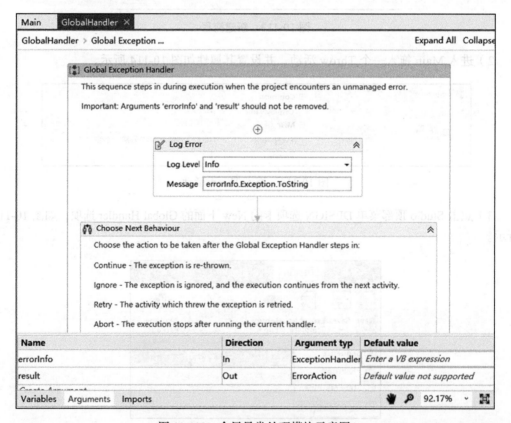

图 10-118　全局异常处理模块示意图

这里传出的指令分为四种：Continue 是将异常再次抛出；Ignore 是忽略异常并执行下一步；Retry 是重试出错的活动，如果尝试达到最大次数，会将异常再次抛出；Abort 是运行完毕 GlobalHandler 后停止本次执行。

7）为了测试每一种异常处理的效果，我们将模板中第 1 步输出 Log Error 日志的 Message 属性值改为"＂我是负责全局捕捉的：："+errorInfo.Exception.Message"，便于查看。然后在其下拖入一个 Assign，将 result 赋值为 ErrorAction.Continue，如图 10-119 所示。

8）使用快捷键 Ctrl+F5 从 Main 执行程序，测试 result 预处理选择 Continue 的执行效果。Output 面板输出了两条 Log Message 记录，如图 10-120 所示。程序的执行步骤为：Main → Throw → GlobalHandler → Log Error Message → 回传指令 Continue 异常再次抛出 → Main → GlobalHandler 执行完毕。因此选择 Continue 时程序抛出异常后，将两次进入全局异常处理程序，最后在 GlobalHandler 模块结束程序并抛出异常。在练习时可以在 Debug 模式下一步一步测试，观察程序的执行步骤。

图 10-119　修改 result 赋值

图 10-120　输出结果参考

9）更改第 6 步的 Assign 活动，将 result 赋值为 ErrorAction.Abort。执行程序，Output 面板输出了一条 Log Message 记录，如图 10-121 所示。程序的执行步骤为：Main → Throw → GlobalHandler → Log Error Message → 回传指令 Abort → GlobalHandler 执行完毕→抛出异常→程序执行完毕。可以看到，异常发生后程序进入 GlobalHandler，并结束程序抛出异常，因此选择 Abort 时程序只进入 GlobalHandler 一次就结束程序了。

10）进入 Main，在 Throw 活动下面拖入一个 Write Line，Text 属性设置为 "Next step"，如图 10-122 所示。

图 10-121　输出结果参考

11）更改第 6 步的 Assign 活动，将 result 赋值为 ErrorAction.Ignore。执行程序，Output 面板输出了一条 Error 信息，一条 Next step，如图 10-123 所示，程序并没有抛出异常。所以我们可以看到，选择 Ignore 程序的执行步骤为：Main → Throw → GlobalHandler → Log Error Message →回传指令 Ignore 忽略异常→ Main 中的 Write Line 活动→执行完毕。与 Continue 和 Abort 不同的是，此时程序执行了异常之后的步骤，最后是在 Main 执行完毕的。

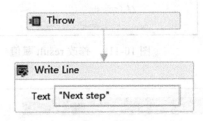

图 10-122　拖入活动 Write Line

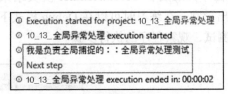

图 10-123　输出结果参考

12）接下来我们测试 Retry，回到 GlobalHandler 模块，将第 6 步拖入的 Assign 活动删除，点击最后一步按快捷键 Ctrl+E 将其更改为可用，如图 10-124 所示。

图 10-124　Retry 测试

13）执行程序，如图 10-125 所示。GlobalHandler 捕捉到异常后重新进入了三次，也就是发生异常的活动将被重新尝试执行三遍，执行三遍后还是发生异常将执行图 10-124 中的 Else 环节，这里可以根据项目需要设置最后的处理机制。

图 10-125　执行结果参考

14）回到 Main，点击 Sequence 后按快捷键 Ctrl+T 将其用 Try Catch 包住，如图 10-126 所示。

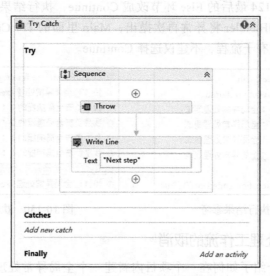

图 10-126　Try 住当前序列

15）在 Catch 环节添加一个 Exception 分支，并拖入一个 Write Line，如图 10-127 所示。

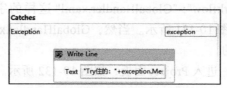

图 10-127　拖入 Write Line 活动

16）执行程序，Try 里面的内容并没有输出，如图 10-128 所示。如果 GlobalHandler 最终传出的结果是 Abort，程序最终的结束点是在 GlobalHandler 模块，Main Catch 中的内容并没有输出。

图 10-128　执行结果参考

17）如果将图 10-124 中最后的 Else 环节改成 Ignore，执行结果如图 10-129 所示。Main 里面的 Try Catch 并没有捕捉到异常，三次尝试失败以后忽略异常，Main 接着执行异常后的动作。

18）如果将图 10-124 最后的 Else 环节改成 Continue，执行结果如图 10-130 所示。三次尝试失败后，GlobalHandler 将异常再次抛出，Main 里面的 Try Catch 再次捕捉到异常，执行完毕。如果项目中有子流程，不建议选择 Continue。

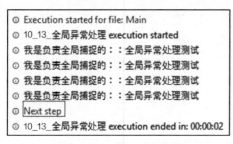

图 10-129　执行结果参考

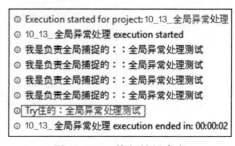

图 10-130　执行结果参考

10.8.2　全局异常处理工作流的取消

上一节我们详细介绍了如何在一个项目内新建一个全局异常处理的工作流。本节再重点介绍下如何取消一个项目的全局异常处理功能。

一个项目中只要建立了全局异常处理功能，在项目根目录下的 project.json 文件中就会有 "exceptionHandlerWorkflow": "GlobalHandler.xaml" 这样的字段，可以用记事本打开 project.json 进行查看，如图 10-131 所示。当然，GlobalHandler.xaml 这个工作流的名字是根据设置的名字自动改变的。

回到例 10.13 的 Main，进入 Project 面板，如图 10-132 所示。

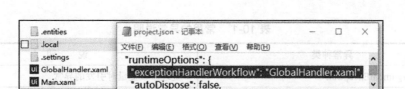

图 10-131　启动全局异常处理后的 project.json 文件特点

　　当全局异常起作用时，工作流的图标是一个类似循环的标志 ⮂，右击图 10-132 的 GlobalHandler.xaml 工 作 流 文 件，如 图 10-133 所 示，选 择 Remove Handler 后，图标将变为 ⓤ，此时全局异常处理功能被取消了。此时再次打开 project.json 文件，发现 "exceptionHandlerWorkflow":"Global-Handler.xaml" 字段被自动移除了。

　　如果要再次启动全局异常处理功能，右击图 10-132 的 GlobalHandler.xaml，选 择 Set as Global Handler 选项，如 图 10-134 所 示。此时再次打开 project.json 文件，"exceptionHandlerWork-flow":"GlobalHandler.xaml" 字段被自动添加了。

图 10-132　启动状态下的全局异常处理图标

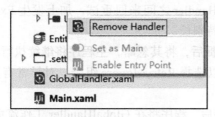

图 10-133　取消全局异常处理

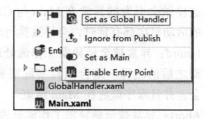

图 10-134　启动全局异常处理

10.9　异常处理总结

　　前面几节系统地学习了 UiPath 提供异常处理的方法，主要有以下两类。

❑ 异常处理活动，例如 Try Catch、Throw 等。

❑ 全局异常处理工作流 GlobalHandler。

　　对于初学者来说，学好异常处理活动对提高 RPA 程序的稳定性非常重要，特别是 Try Catch、Throw、Rethrow 结合起来的综合用法。Try Cath 可以捕捉不同类型的异常，以便针对不同异常做相应的预处理。

　　UiPath 中异常的种类非常多，如图 10-135 所示。

　　常见的异常种类如表 10-1 所示。

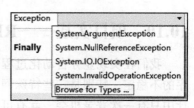

图 10-135　查看异常类型

表 10-1 常用的异常说明

异常种类	说　明
System.ArgumentException	处理参数变量时引发的异常
System.NullReferenceException	处理 Null 值变量时引发的异常
System.IO.IOException	读写文件引发的异常
System.InalidOperationException	变量赋值类型引起的异常

另外，我们还可以点击 Browse for Types，在 .net 类型库中查找更多的异常类型。表 10-1 所列的异常类型其实都属于 System.Exception，但是对于初学者而言，掌握以下两个类型足以应对大多数需求。

- ❑ System.Exception：一个大类，可以捕捉任何异常错误。
- ❑ BusinessRuleException：针对业务规则内的异常进行人工抛出，比如业务逻辑中某两个数据对比不一致，此条任务不做，就可以抛出一个 BusinessRuleException。

另外，大家对全局异常处理有了一个系统的了解。需要注意的是，一个项目中只需要建立一个全局异常处理工作流，再次总结一下全局异常处理的几种方法。

- ❑ Continue：异常被全局异常工作流捕捉后，将再次抛出到 Main，如果 Main 里面有 Try Catch，此异常将被再次捕捉，程序在 Main 执行完毕。如果项目中有很多子流程，GlobalHandler 中选择 Retry+Continue 组合时要非常慎重，不推荐大家这样使用。这样做会引发的异常在 Main 与 GlobalHandler 之间来回重试，加上发生 Exception 的活动每次都有延时，会导致执行时间特别长。
- ❑ Ignore：异常被全局异常工作流处理捕捉后，将其忽略，主程序将继续执行异常活动之后的流程。结合项目实际需要可以选择 Retry+Ignore 组合，对异常有重试机会，并且程序最后在 Main 结束。
- ❑ Abort：异常被全局异常工作流处理捕捉后，程序将在 GlobalHandler 工作流程终止。
- ❑ Retry：异常被全局异常工作流处理捕捉后，发生异常的活动将被再次重试，通常与 Ignore 或 Abort 结合使用。

全局异常处理属于异常处理的高级用法，往往是站在整个项目的角度来考虑，对开发者要求比较高。因此对于初学者来说，实际开发项目中不建议使用，初学者需要重点学习 Try Catch 与 Throw 的综合用法，灵活使用异常捕捉。

10.10　项目实战——RPA 之家云实验室登录模块

我们在实现业务自动化过程中，经常会用到登录应用程序。因为网络原因或者应用程序的不稳定，特别是一些特殊网页，机器人在登录过程中有可能会出现错误。如果流程设计中只有一次登录机会，就有可能因为登录失败而不能完成整个流程的自动化，这样用户体验就会很差。

　　本案例是实现登录 RPA 之家的云实验室登录测试模块，结合异常处理和循环的基础知识，利用异常捕捉的方式触发再次登录的机会，当登录失败时，机器人可以再有两次机会登录。流程图如图 10-136 所示。

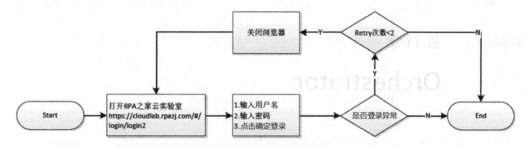

图 10-136　To Be 流程

具体步骤如下。

　　1）打开 RPA 之家云实验室登录测试环境 https://cloudlab.rpazj.com/#/login2，如图 10-137 所示。

图 10-137　RPA 之家云实验室主页

　　2）输入用户名 admin，密码 admin，点击"登录"按钮，如图 10-138 所示。
　　3）根据登录后的"登录成功"字段判断是否登录成功，如图 10-139 所示。

图 10-138　登录页面

图 10-139　登录成功提示

Chapter 11 第 11 章

Orchestrator

UiPath 中存在"三大件",即 Studio、Robot、Orchestrator。本章为大家介绍 Orchestrator 相关知识,包括:注册、服务配置、流程配置、任务调度、资产管理等。

11.1 简介与注册

UiPath Orchestrator 是一个可以指挥机器人去执行重复业务流程的应用程序,它可以让我们管理环境中资源的创建、部署和监控。在 Orchestrator 中包括计算机、机器人、流程包、流程、运行环境、队列、资产等模块,其中机器人是核心模块,是流程执行的容器;计算机是最基础的模块,是机器人运行的硬件基础。

Orchestrator 的主要功能如下:

❑ 创建并维护与机器人直接的联系;

❑ 确保将正确的流程包分发给指定机器人;

❑ 维护机器人环境和流程之间的配置;

❑ 确保机器人之间自动化工作负载的分配;

❑ 跟踪机器人识别数据并维护用户权限;

❑ 日志存储于 SQL 数据库;

❑ 充当第三方解决方案或应用程序的集中通信点。

在实际开发中,当我们在 UiPath Studio 中将流程开发完毕后,会将其打包上传到 Orchestrator,因此我们需要一个对应的上传地址。所以,在学习 Orchestrator 的操作前,我们首先要注册一个 Orchestrator 账号。

注册的详细步骤如下。

1)打开网址 https://cloud.uipath.com/portal_/register。

2）点击 Sign up with Email 进行邮箱注册，如图 11-1 所示。

3）填写注册信息，如图 11-2 所示。填写完注册信息后，点击 Sign up 按钮进行注册。

图 11-1　邮箱注册

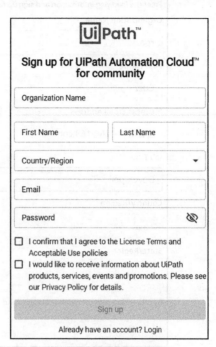

图 11-2　注册信息填写

4）注册完成后，进入 https://account.uipath.com/login 进行登录。

由于 UiPath Orchestrator 最新的版本已经取消了原来存在于社区版中的经典文件夹，因此，要想使用与当前企业版中相似的功能，需要先开通企业版试用，如图 11-3 所示。点击 License 界面右上角的 Request Enterprise Trial 按钮开通，需要填写的具体参数如图 11-4 所示。填写完成后，点击"Request"进行申请。

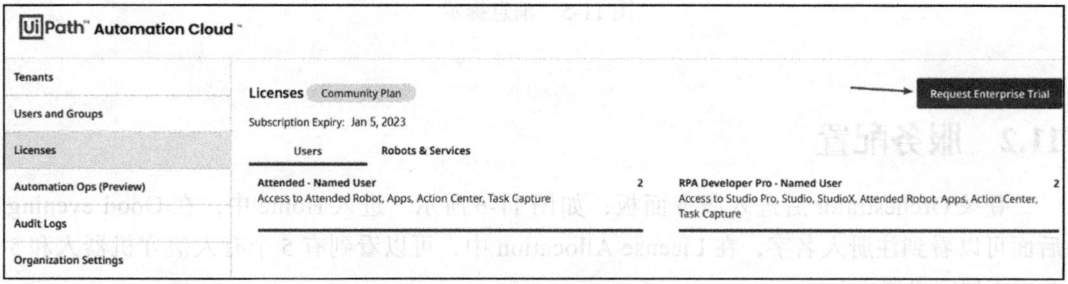

图 11-3　开通企业版试用

结果如图 11-5 所示。

Upgrade to UiPath Automation Cloud for enterprise

Enter the following information and sign up for a 60 days Enterprise Trial.

Organization Name

rpazj

First Name

Cuzz

Last Name

Jingshui

Business Email Address

■■■■6@163.com

Job Title

Developer

Country/Region

China

State/Region

Guangdong

By proceeding with this request I understand the Specific Terms for Trial apply.

Request　Cancel

图 11-4　信息填写

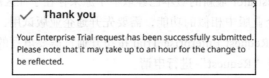

✓ **Thank you**

Your Enterprise Trial request has been successfully submitted.
Please note that it may take up to an hour for the change to
be reflected.

图 11-5　消息提示

11.2　服务配置

登录 Orchestrator 后进入服务面板，如图 11-6 所示。进入 Home 中，在 Good evening 后面可以看到注册人名字，在 License Allocation 中，可以看到有 5 个有人值守机器人和 5 个无人值守机器。

点击 Create New 按钮进行服务创建，其详细步骤如下所示。

1）首先配置租户。点击 Tenants 下的 Add Tenant 按钮添加租户，命名为 rpazj，点击 Save 按钮保存，如图 11-7 所示。

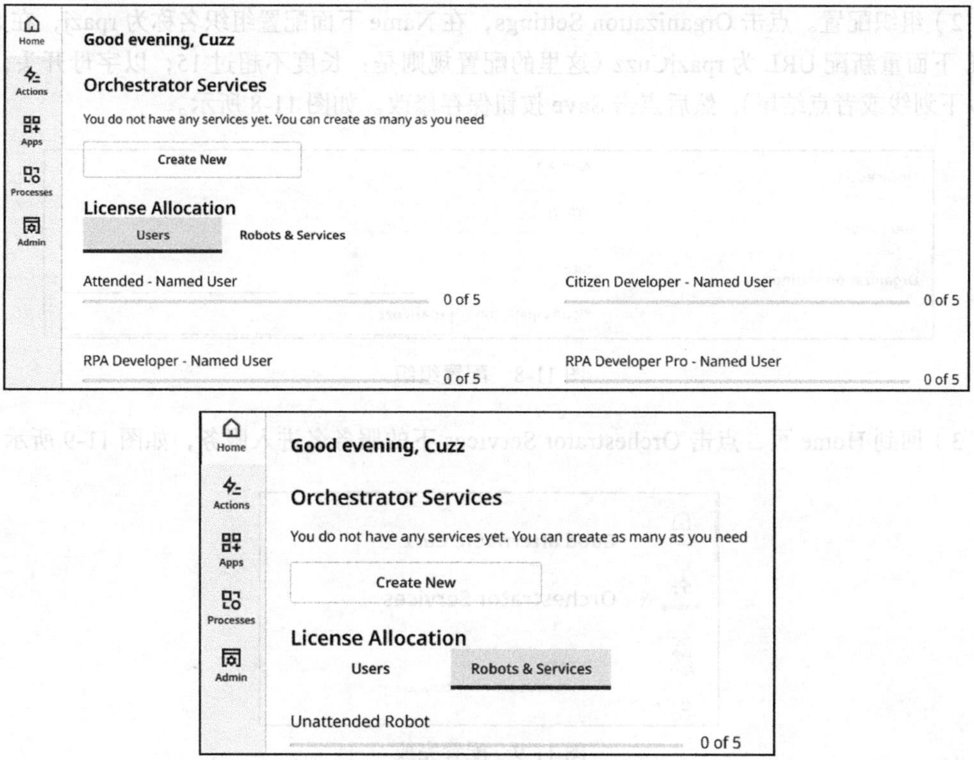

2）配置服务。点击 Organization Settings，在 Name 下面配置组织名称，例如 rpazj。在 site URL 下面重新配置 URL，当 rpazj.uxxx 这里的配置更顺畅些……长度不能超过 15字。以上述形式接入下面的变更完成后，点击页面 Save 按钮保存在内容。……

3）回到 Home 下方，在 Orchestrator Services 服务面板……，如图 11-9 所示。

图 11-6　服务面板

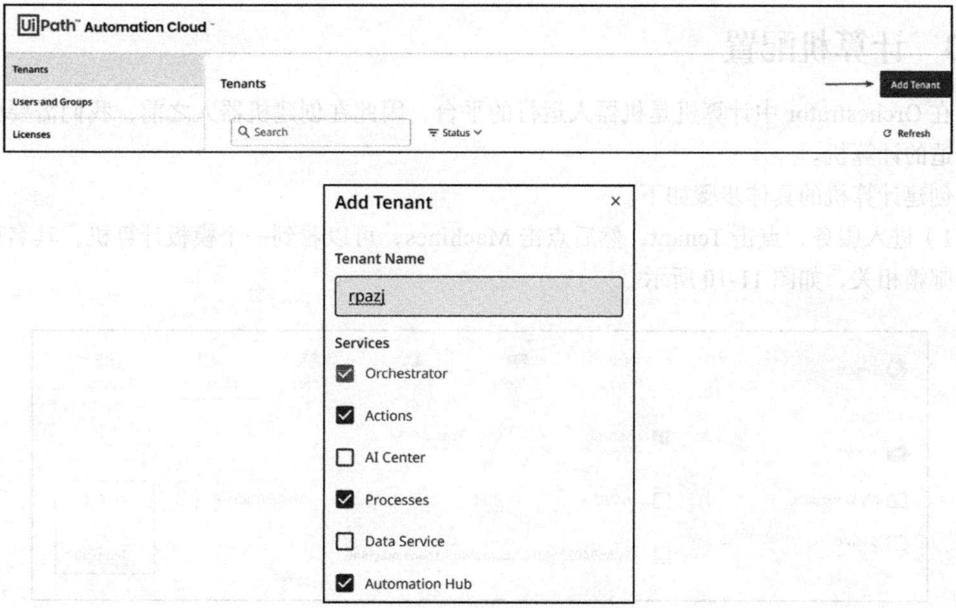

图 11-7　配置服务

11.3　计算机配置

在 Orchestrator 中才需要连接机器人与平台，现在来创建机器……在控制台计算机化需给步骤如下。

创建机器人的步骤如下。

1）接入计算。点击 Tenant，然后点击 Machines，找到下面一个每机种即可，连接机器人在控制器开关，如图 11-10 所示……

2）组织配置。点击 Organization Settings，在 Name 下面配置组织名称为 rpazj，在 Site URL 下面重新配 URL 为 rpazjCuzz（这里的配置规则是：长度不超过 15，以字母开头，不能以下划线或者点结尾），然后点击 Save 按钮保存修改。如图 11-8 所示。

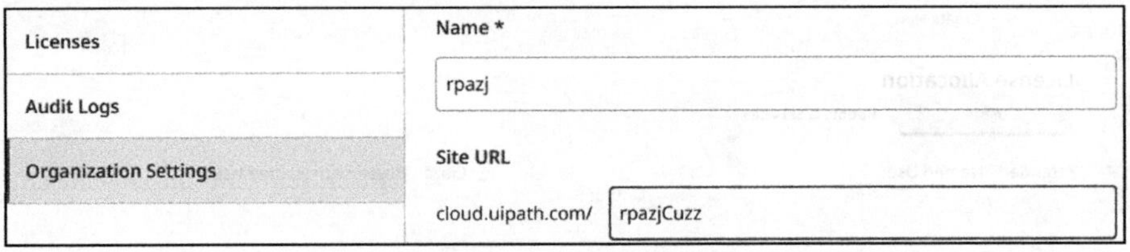

图 11-8　配置组织

3）回到 Home 页，点击 Orchestrator Services 下的服务名进入服务，如图 11-9 所示。

图 11-9　配置完成

11.3　计算机配置

在 Orchestrator 中计算机是机器人运行的平台，因此在创建机器人之前，我们需要先创建合适的计算机。

创建计算机的具体步骤如下。

1）进入服务，点击 Tenant，然后点击 Machines，可以看到一个模板计算机，其名称与注册邮箱相关，如图 11-10 所示。

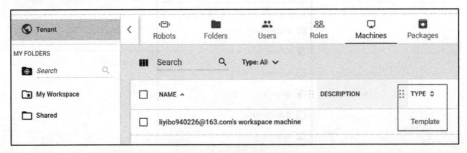

图 11-10　默认计算机

2）由于模板计算机的类型不是标准类型，因此不支持后面机器人的运行，所以我们要删除已存在的模板计算机。点击 Remove 选项移除模板计算机，如图 11-11 所示。

3）配置标准计算机。点击 Tenant，然后点击 Machines，再点击右上角的"+"来新建计算机，选择 Add Standard Machine 新建标准计算机，如图 11-12 所示。

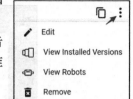

4）配置参数如图 11-13 所示。其中 Name 表示计算机名称，应与本地计算机名相同。根据服务配置中的信息我们可以知道，License-Unattended Runtimes 与 License-Testing Runtimes 均为 1。

图 11-11　移除计算机

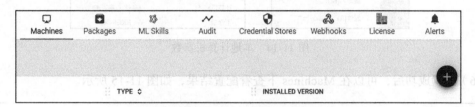

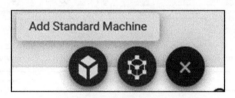

图 11-12　创建标准计算机

图 11-13　计算机配置参数

5）计算机名称的获取来源如图 11-14 所示。右击"此电脑"（或"我的电脑"），在弹出的菜单中选择"属性"选项，找到计算机名、域和工作组设置，其中的计算机名就是

Orchestrator 中配置的计算机名。

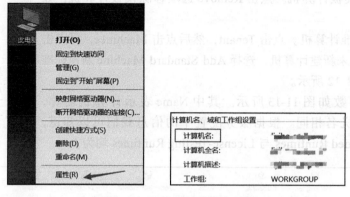

图 11-14 本地计算机参数

6）配置成功后，可以在 Machines 下查看配置结果，如图 11-15 所示。

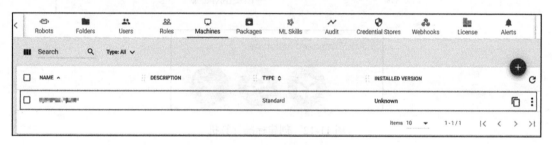

图 11-15 配置结果

11.4 机器人配置

机器人必须在经典文件夹下创建，而租户在初始状态下并没有经典文件夹。因此，我们首先需要创建经典文件夹，然后在其中新建机器人。在此之前需要激活经典文件夹，点击租户下的设置，如图 11-16 所示。

图 11-16 点击设置

勾选最下方的 Activate Classic Folders，然后点击 Save 按钮，如图 11-17 所示。这样就可以去 Folders 下创建经典文件夹了。

点击 Tenant，然后点击 Folders，如图 11-18 所示。

图 11-17　创建经典文件夹

图 11-18　新建文件夹

点击 New Folder 新建文件夹，如图 11-19 所示。

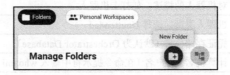

图 11-19　新建文件夹

选择文件夹类型为 Classic，命名为 rpazj，如图 11-20 所示。

New Folder

Name *
rpazj

Description

Folder type

○ 🗀 **Modern** – Automatically provisioned Robots
◉ 🗀 **Classic** – Manually provisioned Robots

图 11-20　文件夹参数设置

在文件夹 rpazj 下创建标准机器人。点击左边功能栏中的文件夹 rpazj，然后点击上面功能栏中的 Robots，再点击右上角的"+"，选择 Standant Robot 创建标准机器人，如图 11-21 所示。

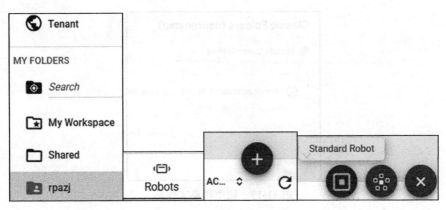

图 11-21　创建标准机器人

机器人的参数如表 11-1 所示。

表 11-1　机器人参数介绍

名　　称	参　数　值
Machine	计算机名称。选择之前创建的计算机
Name	机器人名称
Decription	对机器人的描述，如打卡机器人
Type	机器人类型。选择 Unattended
Credential Store	凭证存储位置（默认为 Orchestrator Database）
Domain/Username	计算机名 / 用户名（在命令提示符中输入 whoami 命令获取）
Password	电脑开机密码
Credential Type	凭证存储类型。选择 Windows Credentials

点击 Robots 查看是否创建成功，如图 11-22 所示。

Automations	Robots	Environments	Monitoring	Queues	Assets	Storage Buckets	Testing	Action Catalogs	Settings

Search	Machine: All ⌄	User: All ⌄	Type: All ⌄	Hosting Type: All ⌄	Environments: All ⌄	Status: All ⌄	Active: All ⌄

NAME ⌄	MACHINE ⌄	USER ⌄	TYPE ⌄	ENVIRONMENTS	STATUS ⌃
⊗ rpazj_robot	LIYIBO-COMPUTER		Unattended		Disconnected

图 11-22　创建结果

11.5　环境配置

机器人只有在环境中才能运行，因此当配置完机器人后，就要配置环境。同样的，在 rpazj 文件夹下，创建机器人运行环境，如图 11-23 所示。点击 Environments 进入环境模块，然后点击"+"新建一个环境，并将其命名为 rpazj_environment，描述为"测试环境1"。

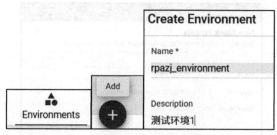

图 11-23 创建环境

点击 Create 后，会出现如图 11-24 所示的情况，此时我们需要选择机器人，将其放入该环境。这里选择之前创建的机器人。

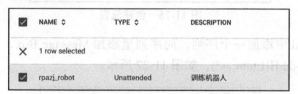

图 11-24 机器人配置环境

将之前创建的机器人放置于环境中后，才能将 Orchestrator 中的流程同步到 UiPath Assistant 中。再次查看 Robots，如图 11-25 所示，可以发现环境已经配置好了。

□	NAME ⌄	⋮⋮ MACHINE ⌄	⋮⋮ USER ⌄	⋮⋮ TYPE ⌄	⋮⋮ ENVIRONMENTS
□	⊗ rpazj_robot	L...-COMPUTER	lij...-...	Unattended	rpazj_environment

图 11-25 环境配置结果

11.6 流程配置

接下来为大家介绍如何将 Studio 中开发的流程打包发送到 Orchestrator 和本地。

11.6.1 同步流程到 Orchestrator

在实际开发中，当在 UiPath Studio 中开发完流程后，往往会将流程打包上传到 Orchestrator，然后在 Orchestrator 中进行流程配置，从而通过 Orchestrator 或者 UiPath Assistant 启动流程。这样不仅使流程启动更方便，而且便于查看流程的运行状态。

【例 11.1】在 UiPath Studio 中创建一个流程，弹出当前系统时间。

详细步骤如下所示。

1）进入 Studio 界面，点击 Process 创建一个流程，命名为 11_1_GetNowTime，如图 11-26 所示。

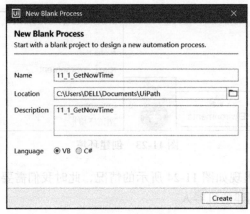

图 11-26　创建流程

2）向 Main.xaml 中添加一个序列，向序列里添加 Message Box，并在其中写入 Now.ToString("yyyy-MM-dd HH:mm:ss")，如图 11-27 所示。

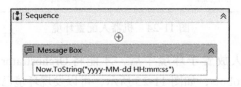

图 11-27　编辑流程

3）打开 Orchestrator Assistant，将 Orchestrator 与 Orchestrator Assistant 建立连接。点击右上角的人像按钮人，然后点击 Preferences，选择 Orchestrator Settings，如图 11-28 所示。在选择 Connection Type 时有两个选项，分别为 Service URL（服务地址链接）与 Machine Key（计算机码连接）。如果选择 Machine Key，则参照第 4～6 步；如果选择 Service URL，则参照第 7～9 步。

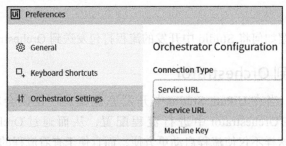

图 11-28　配置 Machine Key 连接

4）从 Orchestrator 中获取 Orchestrator URL，在服务配置中我们设置了 Site URL 和

Name。这里 Orchestrator URL 的值是 https://Site URL/Name。

5）Machine Key 需要从配置的计算机处获取，点击左侧的 Tenant，然后进入 Machines，就可以看到我们之前配置的模板计算机。点击模板计算机列表中右侧的复制按钮 ⧉，即可获取 Machine Key，如图 11-29 所示。

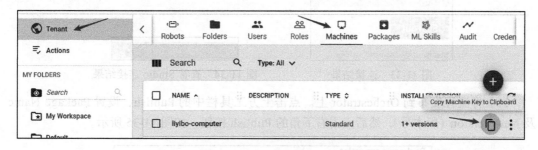

图 11-29　获取 Machine Key

6）配置完成后，点击 Connect 按钮，显示如图 11-30 所示，表示连接成功。

图 11-30　连接成功

7）选择 Connection Type 为 Service URL 后，按照默认设置为 https://cloud.uipath.com，然后点击 Sign in，如图 11-31 所示。

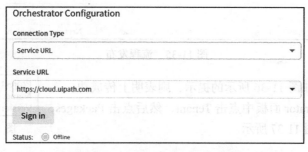

图 11-31　配置 Service URL 连接

8）在浏览器中会弹出以下内容，点击其中的蓝色字体 open this link in your browser，如图 11-32 所示。

9）在 UiPath Assistant 中可以看到已经连接成功了，如图 11-33 所示。

10）在 UiPath Studio 中刷新，可以看到 Studio 已经连接上了 Orchestrator，其对应的 Orchestrator 中的文件夹为之前创建的 rpazj，如图 11-34 所示。

图 11-32　点开浏览器链接

Name。这里 Orchestrator URL 即是 https://Site URL/Name。

5）Machine Key 需要从配置的机器处获得，需具体到某台机器。输入以上信息录入 Machines，就可以将例如图之前创建的机器并获取 KL，复制到此处作为机器对应的填充值。即可获取 Machine Key，如图 11-29 所示。

图 11-33　连接结果

图 11-34　查看 Studio 连接结果

11）将流程发布到 Orchestrator 上。点击上方工具栏中的 Publish，设置 Package Name 及 New Version（版本号），然后点击右下角的 Publish 按钮，如图 11-35 所示。

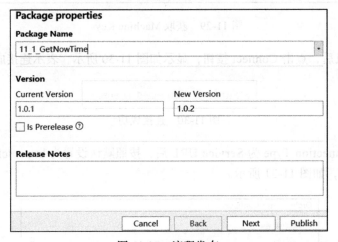

图 11-35　流程发布

12）如果出现如图 11-36 所示的提示，则表明上传成功。

13）在 Orchestrator 面板中点击 Tenant，然后点击 Packages，查看上传的包，如图 11-37 所示。

Project published successfully.
Name: 11_1_GetNowTime
Version: 1.0.2

图 11-36　发布成功

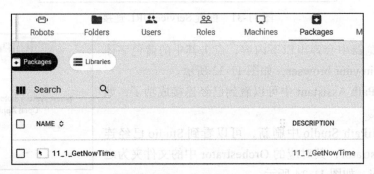

图 11-37　上传结果

14）流程配置。先点击左下角文件夹 rpazj，然后点击上方功能栏中 Automations，接下来点击右上角"+"即可进入流程配置页面，如图 11-38 所示。流程参数配置如表 11-2 所示。

图 11-38　流程配置参数

表 11-2　流程配置参数介绍

参 数 名 称	参 数 值
Package Name	选择流程包
Display name	流程名称
Package Version	包版本
Environment	选择运行环境
Job priority	选择流程运行的优先级
Description	流程功能描述

15）点击 Processes 查看流程配置是否成功，如图 11-39 所示，表明流程在 Orchestrator 上配置成功。

图 11-39　流程配置结果

16）打开 UiPath Assistant 可以看到流程已经同步成功，如图 11-40 所示。

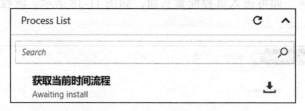

图 11-40　助手流程列表

11.6.2　同步流程到本地

在实际开发中，当在 UiPath Studio 中开发完流程后，除了会将流程打包同步到 Orchestrator 外，有时我们不需要用到 Orchestrator 中的相关配置，也不需要对流程运行进行监控，但是又想使用 UiPath Robot 或者 UiPath Assistant 直接启动流程，可以将流程同步到本地指定文件夹下，也可以将其同步到机器人或助手中运行。

1）使用第 11.6.1 节中创建好的流程，先将 UiPath Studio 与 Orchestrator 断开，如图 11-41 所示。

2）点击 Publish 上传流程包，如图 11-42 所示。

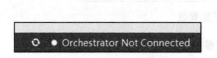

图 11-41　Studio 连接 Orchestrator 状态

图 11-42　上传面板

3）给包命名为 11_1_GetNowTime，然后点击 Publish 上传，如图 11-43 所示。

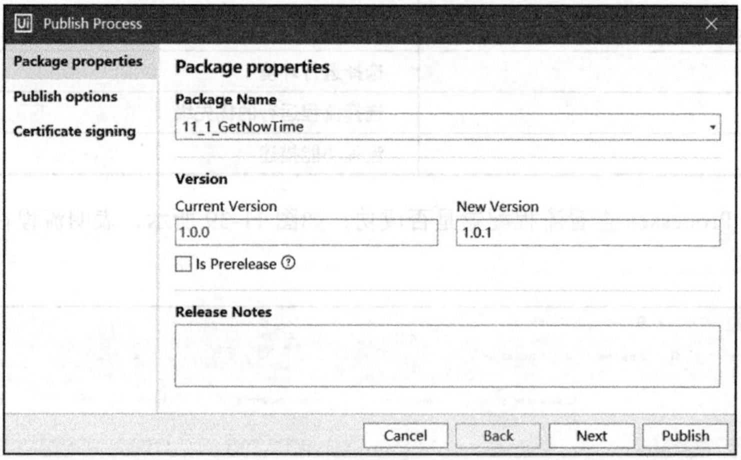

图 11-43　流程上传

4）上传成功后，如图 11-44 所示，显示流程包被上传到本地路径 C:\ProgramData\ UiPath\Packages。

5）打开 UiPath Assistant 可以发现流程已经同步到了上面，如图 11-45 所示。同样的，我们可以点击运行按钮▶启动流程。

图 11-44 上传结果

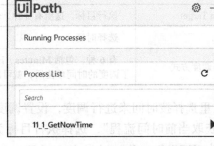

图 11-45 使用助手启动流程

11.7 任务调度

在流程配置完成后，我们来配置任务调度，使流程可以在指定时间启动。

详细步骤如下所示。

1）点击 Triggers 进行任务调度配置。点击右上角的"+"，进入任务调度配置页面，如图 11-46 所示。具体参数配置参考表 11-3。

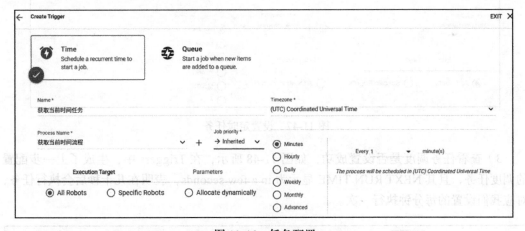

图 11-46 任务配置

表 11-3 任务配置参数介绍

参数名称	参 数 值
调度方式	① Time：按时间来进行调度 ② Queue：按从队列中获取到的值来进行调度
Name	调度任务的名称

(续)

参数名称	参 数 值
Process Name	选择执行调度任务的流程
Job priority	调度任务的优先级。这里有 4 种等级，包括 High、Normal、Low、Inherited，前三者优先级从高到低，Inherited 的优先级继承了被选中流程的优先级
Execution Target	执行目标。这里有 3 种，包括 All Robots、Specific Robots、Allocate dynamically
Timezone	选择时区
具体时间调度方式	有 6 种，包括 Minutes、Hourly、Daily、Weekly、Monthly、Advanced。当选择了调度的时间单位后，就可以在右侧设置具体的调度频率

2）这里选择按时间来进行调度，设置调度任务的名称为"获取当前时间任务"，选择流程为"获取当前时间流程"，选择执行目标为 All Robots，选择任务优先级为 Inherited，选择时区为 (UTC)Coordinated Universal Time，选择执行时间单位为 Minutes，设置每分钟执行一次，如图 11-47 所示。

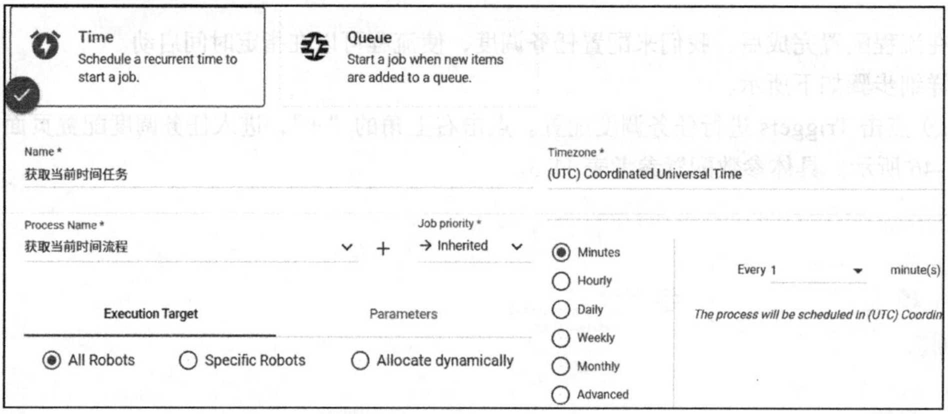

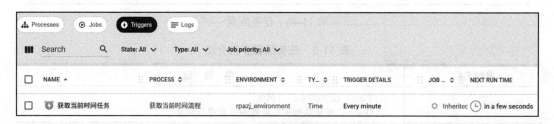

图 11-47　设置定时任务

3）查看任务调度是否设置成功，如图 11-48 所示，在 Triggers 中，生成了上一步配置的调度任务，且其 NEXT RUN TIME 显示为 in a few seconds，表明在几十秒后会执行任务，对应我们设置的每分钟执行一次。

图 11-48　设置结果

4）这里设置的是每分钟就执行一次获取系统时间，因此，等待若干秒后，显示如图 11-49 所示。

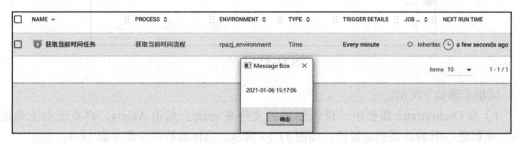

图 11-49　执行结果

5）对于一个正在执行的调度任务，要想使其停止功能，可以在左侧的框中点击停止按钮使其停止。也可以点击删除按钮，删除该调度任务。如图 11-50 所示。

图 11-50　任务状态设置

6）如果选择的是点击停止按钮停止该调度任务，则在 NEXT RUN TIME 下的参数会变成 Disable，表明任务关闭，如图 11-51 所示。

图 11-51　任务停止

11.8　资产

在 rpazj 文件夹下的功能栏中，有一个 Assets 的选项，如图 11-52 所示，其定义为资产。在实际流程开发中，资产几乎是肯定会用到的，其作用是存储一些数据，如需要访问的网址、登录网址的用户名等。因此，资产的类型及用法一定要掌握。

资产的类型包括 Text、Bool、Integer 和 Credential，其中用途最为广泛的就是 Credential 和 Text。下面我们通过几个案例来了解下资产的用法。

【**例 11.2**】通过 UiPath Studio 获取 Orchestrator 上存储的 rpazj 的官方网址来登录 RPA

之家官网。

图 11-52　资产

详细步骤如下所示。

1）在 Orchestrator 面板中，进入创建的文件夹 rpazj，点击 Assets，再点击右上角的"+"来创建一个 Text 类型的资产，如图 11-53 所示。具体参数配置参考表 11-4。

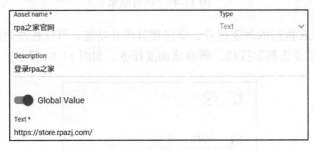

图 11-53　资产配置

表 11-4　资产参数介绍

参数名称	参数值
Asset name	资产名称。这里设置名称为"rpa 之家官网"
Type	资产类型。这里选择文本资产（Text）
Description	资产描述
Global Value	勾选，表示资产为全局资产
Text	资产内容。这里设置为 https://www.rpazj.com/

2）创建完成后，可以在 Asset 中查看，如图 11-54 所示。

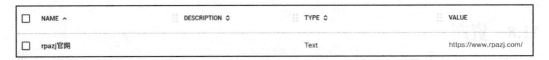

图 11-54　创建结果

3）进入 Studio 界面，点击 Process 创建名为 11_2_GetTextAsset 的流程，如图 11-55 所示。

4）向 Main.xaml 中添加一个序列，在序列中添加一个 Get Asset。其中，AssetName 填入在 Orchestrator 中创建的资产名称""rpa 之家官网""。由于 Studio 与 Orchestrator 连

接时，对应的文件夹为 rpazj，而 Orchestrator 中资产的创建也是在 rpazj 文件夹下，因此 Orchestrator Folder Path 可以不写，也可以填为 rpazj。在 Value 后面使用快捷键 Ctrl+K 设置输出值为 value，其类型为 String，如图 11-56 所示。

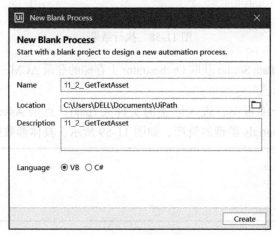

图 11-55　创建流程

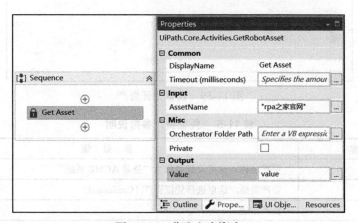

图 11-56　获取文本资产

5）在 Get Asset 后面添加一个 Log Messages，将获取到的资产内容 value 打印到控制台，如图 11-57 所示。

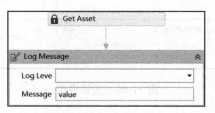

图 11-57　设置日志打印

6）打印结果如图 11-58 所示。

> ① 11_1_GetTextAsset execution started
> ① https://www.rpazj.com/
> ① 11_1_GetTextAsset execution ended in: 00:00:06

图 11-58　执行结果

【例 11.3】通过 UiPath Studio 获取 Orchestrator 上存储的登录 ACME 需要的用户名和密码。详细步骤如下所示。

1）在 Orchestrator 面板中，进入创建的文件夹 rpazj，点击 Assets，再点击右上角的"+"来创建一个 Credentials 类型的资产，如图 11-59 所示。具体参数配置参考表 11-5。

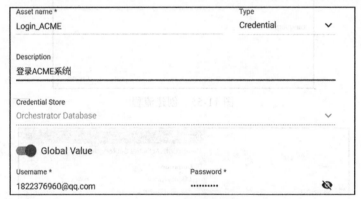

图 11-59　设置凭证资产

表 11-5　凭证资产参数说明

参数名称	参　数　值
Asset name	资产名称。这里设置名称为"登录 ACME 系统"
Type	资产类型。这里选择凭证资产（Credential）
Description	资产描述
Global Value	勾选，表示资产为全局资产
Username、Password	资产内容。包括用户名和密码，其中密码设置为不可见状态

2）创建完成后，可以在 Asset 中查看，如图 11-60 所示。

NAME ∧	DESCRIPTION ⇕	TYPE ⇕	VALUE
Login_ACME	登录ACME系统	Credential	*[In credential store]*

图 11-60　凭证资产

3）进入 Studio 界面，点击 Process 创建一个流程，命名为 11_3_GetCredentialAsset，

如图 11-61 所示。

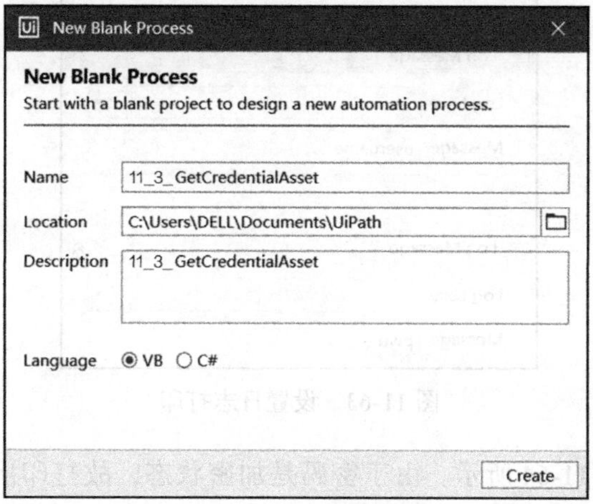

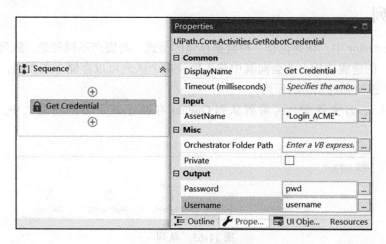

图 11-61　创建流程

4）向 Main.xaml 中添加一个序列，在序列中添加一个 Get Credential。其中，AssetName 填入在 Orchestrator 中创建的资产名称 "Login_ACME"。由于 Studio 与 Orchestrator 连接时，对应的文件夹为 rpazj，而 Orchestrator 中资产的创建也是在 rpazj 文件夹下，因此 Orchestrator Folder Path 可以不写，也可以填为 rpazj。在 Username 后面使用快捷键 Ctrl+K 设置输出值为 username，其类型为 String。在 Password 后面使用快捷键 Ctrl+K 设置输出值为 pwd，其类型为 SecureString，如图 11-62 所示。

图 11-62　获取凭证资产

5）在 Get Credential 后添加 Log Messages，分别打印 username 与 pwd，如图 11-63 所示。

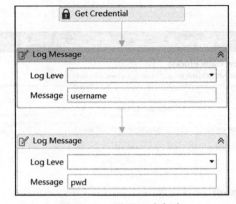

图 11-63　设置日志打印

6）打印结果如图 11-64 所示。由于密码是加密状态，故打印出来显示的是其数据类型，但是在用于登录时，输入登录框中的是密码值。

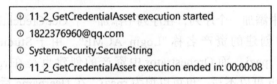

图 11-64　执行结果

11.9　队列

在 Orchestrator 中，队列也是一种数据存储的形式。与资产不同的是，队列在创建的过程中是空的。创建成功后，才会向其中注入值。一个队列可以存储多条数据，其存储的类型为 Object，遵循先进先出的原则。

点击进入 rpazj 文件夹，可看到队列 Queues 存在于其下方的功能栏中，如图 11-65 所示。

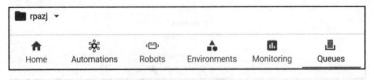

图 11-65　队列

首先，来新建一个队列。点击"＋"，进行队列创建，如图 11-66 所示。其中具体参数设置参考表 11-6。

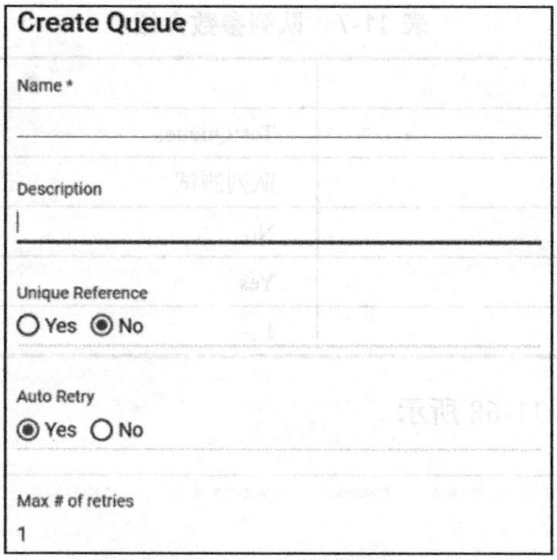

Create Queue

Name *

_____

Description

|
_____

Unique Reference

○ Yes　◉ No

Auto Retry

◉ Yes　○ No

Max # of retries

1

图 11-66　创建队列

表 11-6　队列参数介绍

参 数 名 称	参 数 值
Name	队列名称
Description	队列描述
Unique Reference	队列是否唯一
Auto Retry	值的传入和传出过程中是否重试
Max # of retries	最大重试次数

【**例 11.4**】在 Orchestrator 中新建一个队列，再通过 UiPath Studio 向队列中上传一些值，然后再将队列中的值通过 UiPath Studio 获取打印到控制台。

详细步骤如下所示。

1）在 Orchestrator 面板中，进入创建的文件夹 rpazj，点击 Queues，再点击右上角的"+"创建一个队列，命名为 TestQueues，如图 11-67 所示。具体参数配置参考表 11-7。

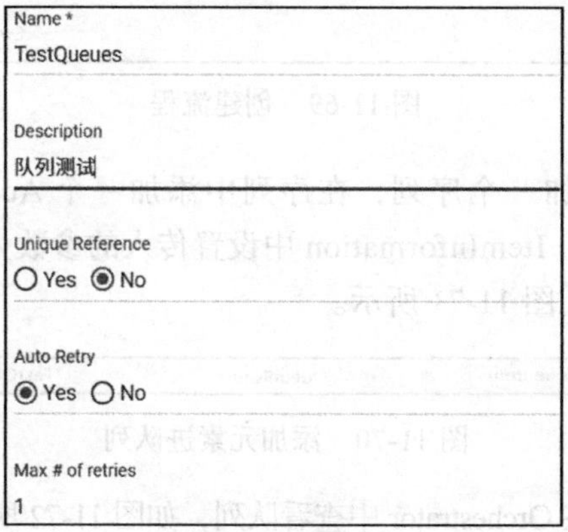

Name *

TestQueues

Description

队列测试

Unique Reference

○ Yes　◉ No

Auto Retry

◉ Yes　○ No

Max # of retries

1

图 11-67　创建队列

表 11-7 队列参数介绍

参 数 名 称	参 数 值
Name	TestQueues
Description	队列测试
Unique Reference	No
Auto Retry	Yes
Max # retries	1

2）创建完成后，如图 11-68 所示。

NAME ∧	DESCRIPTI... ◇	IN PROG...	REMAINI...	AVERAGE TIME ◇	SUCCES... ◇	APP EXC... ◇	BIZ EXC... ◇	PROCESS ◇
☐ TestQueues	队列测试	0	0		0	0	0	⬇

图 11-68 创建结果

3）进入 Studio 界面，点击 Process 创建一个流程，命名为 11_4_UploadQueues，如图 11-69 所示。

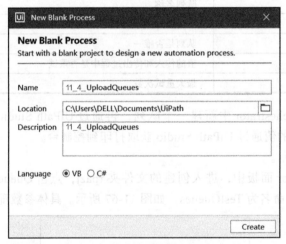

图 11-69 创建流程

4）向 Main.xaml 中添加一个序列，在序列中添加一个 Add Queue Item。其中 Queue Name 设置为 "TestQueues"，ItemInformation 中设置传入的参数为 name，类型为 String，值为 "rpa 之家"如图 11-70、图 11-71 所示。

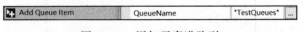

图 11-70 添加元素进队列

5）流程执行完毕后，在 Orchestrator 中查看队列，如图 11-72 所示。点击 View Transactions，可以看到队列中出现一条数据，证明我们刚才上传成功。

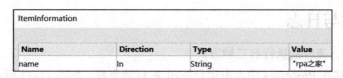

图 11-71　添加元素进队列

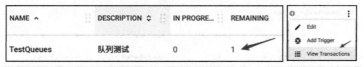

图 11-72　查看队列

6）检查该数据，点击 View Details，可以查到如图 11-73 所示结果。

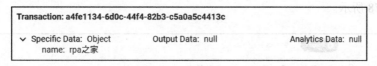

图 11-73　查看队列中的数据

7）在 Main.xaml 的同级目录中新建一个名为 GetQueue.xaml 的序列，在序列中添加一个 Get Transactions Item。其中 QueueName 设置为 "TestQueues"，TransactionItem 中设置输出参数为 itemData，类型为 QueueItem，如图 11-74 所示。

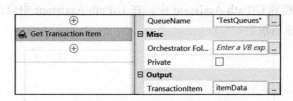

图 11-74　获取队列数据

8）在 Get Transaction Item 后面添加 Log Message 来打印从 Orchestrator 中获取的队列中的值，如图 11-75 所示。其中，Message 中的值为 " itemData.SpecificContent("name"). ToString"。

9）执行完毕后，查看控制台中的结果，如图 11-76 所示。

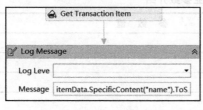

图 11-75　设置日志打印

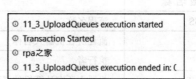

图 11-76　执行结果

11.10 作业与日志

在 UiPath 中，流程的执行有三种方式。

方式一：直接在 Processes 中点击运行按钮 ▶ 启动流程，如图 11-77 所示。

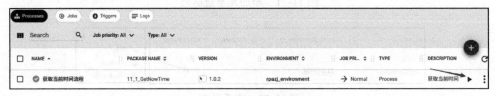

图 11-77 点击 ▶ 启动流程

方式二：通过任务调度的方式启动。根据前文所述的方法设置定时任务，然后自动启动，如图 11-78 所示。

图 11-78 任务调度启动流程

方式三：同步流程到 UiPath Assistant 中，在 UiPath Assistant 中点击对应的运行按钮 ▶ 启动流程，如图 11-79 所示。

图 11-79 助手启动流程

进入 rpazj 文件夹中，点击 Automations 后，可以看到在下方有一个 Jobs 选项。该栏中记录了执行的流程信息，即作业，其中包含的具体信息数据参考表 11-8 所示。

表 11-8 作业参数介绍

参 数 名 称	参 数 值
PROCESS	流程名称
ROBOT	流程所在机器人名称
USER	执行者
MACHINE	机器人所在计算机的名称
ENVIRONMENT	流程运行环境

（续）

参　数　名　称	参　数　值
TYPE	机器人类型
STATE	执行状态
PRIORITY	流程执行的优先级
STARTED	执行开始时间
ENDED	执行结束时间
SOURCE	流程执行方式

当使用方式一执行时，其执行方式显示的是 Manual ；当使用方式二执行时，其执行方式中显示的是任务调度的名称；当使用方式三执行时，其执行的方式显示 Assistant。如图 11-80 所示。

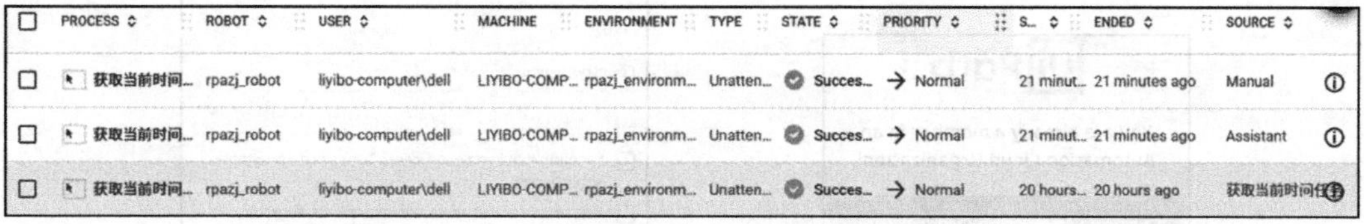

图 11-80　执行结果

日志中记录了流程的执行轨迹。当连接了 Orchestrator 与 Studio 后，无论是直接在 Orchestrator 中执行流程，还是在 Studio 中启动流程，或者是在 UiPath Assistant 中启动流程，日志中均有记录。在 Orchestrator 面板中，日志位于 Jobs 的同一行，其名称为 Logs，如图 11-81 所示。其中的具体数据参数参考表 11-9。

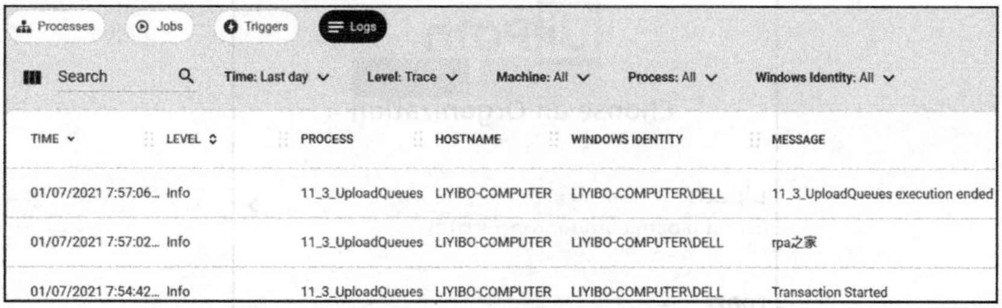

图 11-81　日志

表 11-9　日志参数介绍

参　数　名　称	参　数　值
TIME	流程执行时间
LEVEL	日志等级
PROCESS	流程名称
HOSTNAME	计算机名称
WINDOWS IDENTITY	计算机用户
MESSAGE	流程执行时生成的信息

11.11　创建多个组织

登录 https://cloud.uipath.com/portal_/existingaccount，如图 11-82 所示，可以选择 Continue to Existing Organization 进入一个已经存在的组织，也可以选择 Create a New Organization 创建一个组织。这里选择 Create a New Organization 创建一个新的组织，如图 11-83 所示。

图 11-82　选择或创建组织　　　　　　图 11-83　注册信息

创建成功后，再次登录 Orchestrator，页面上会出现选择组织，如图 11-84 所示。

图 11-84　组织列表

11.12　版本控制

在 UiPath 中，Studio 与 Robot 的版本必须满足表 11-10。

表 11-10　Studio 与 Robot 版本搭配

	Studio 20.10.x	Studio 20.4.x	Studio 19.10.x	Studio 18.4.x
Robot 20.10.x	√	×	×	×
Robot 20.4.x	×	√	×	×
Robot 19.10.x	×	×	√	×
Robot 18.4.x	×	×	×	√

Robot 与 Orchestrator 的版本必须满足表 11-11。

表 11-11　Robot 与 Orchestrator 版本搭配

	Orch 20.10.x	Orch 20.4.x	Orch 19.10.x	Orch 18.4.x
Robot 20.10.x	√	√	√	×
Robot 20.4.x	√	√	√	×
Robot 19.10.x	√	√	√	√
Robot 18.4.x	√	√	√	√

由于我们使用的版本为社区版，每次联网后，软件都会自动更新。当用户不想更新时，可以对 UiPath 进行版本锁定，以便后续使用过程中，版本不再变化。

具体操作如下所示。

1）在 UiPath 安装文件夹下，找到 UiPath.Studio.exe，如图 11-85 所示。这里我们使用的是 20.10.3 版本，因此进入的文件夹为 app-20.10.3。

图 11-85　Studio 安装目录

2）右击 UiPath.Studio.exe 选择"发送到桌面快捷方式"选项，然后右击桌面上的快捷方式，打开"属性"对话框，如图 11-86 所示。

3）点击"安全"选项卡，然后点击其中的"编辑"按钮，如图 11-87 所示。

4）将所有的"允许"改为"拒绝"，然后点击"确定"按钮，如图 11-88 所示。

5）这样以后每次打开 UiPath Studio 时，都可以通过桌面上的快捷方式打开，运行的版本均为 20.10.3。此外，由于后续我们会使用 UiPath Robot 和 UiPath Assistant，因此也需要将这两个应用的版本进行锁定。否则由于 UiPath 自动升级，将会导致 UiPath Studio 无法与 UiPath Assistant 或 UiPath Robot 连接。

图 11-86 Studio 属性

图 11-87 设置 Studio 属性

图 11-88 更改更新设置

6）用同样的操作锁定 UiPath Robot 的版本，它与 UiPath Studio 在同级目录，如图 11-89 所示。

7）用同样的操作锁定 UiPath Assistant 的版本，其目录如图 11-90 所示。

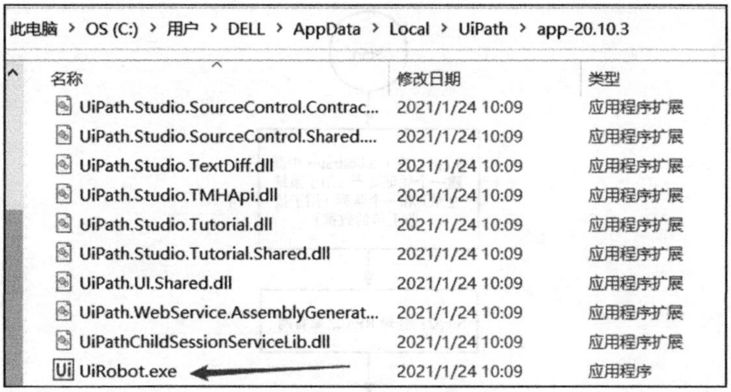

图 11-89 机器人目录

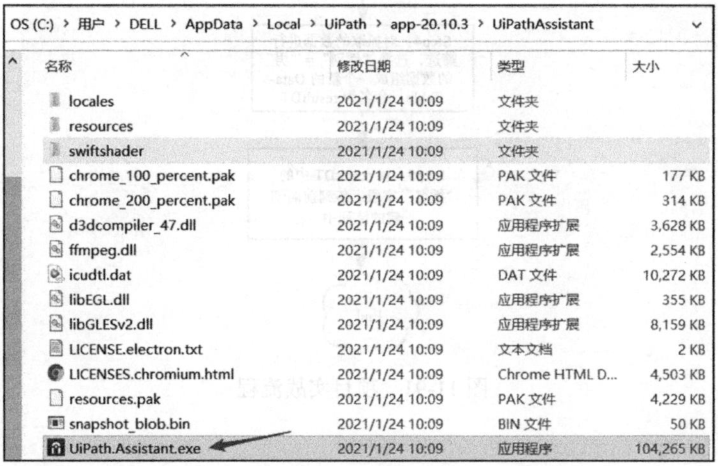

图 11-90 助手目录

11.13 项目实战——RPA 之家官网进行数据抓取

根据本章学习的知识，结合图 11-91 中的业务流程，进入 RPA 之家官网进行数据抓取，并将性别为"男"的行中的姓名上传到队列中。其中 RPA 之家云实验室的地址为 https://cloudlab.rpazj.com/。

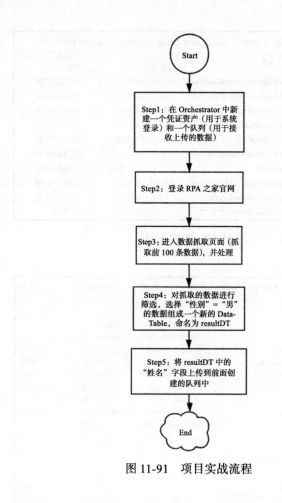

图 11-91　项目实战流程

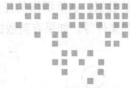

第 12 章　Chapter 12

企 业 框 架

大家都知道，UiPath Studio 的开发宗旨是希望业务人员能够参与流程设计和自动化开发。但是随着对 UiPath 开发的深入接触，我们逐渐发现，复杂的业务逻辑还是需要一定的编程功底或者丰富的经验才能攻克的。特别是对于初学者而言，流程的主框架设计更是不知道如何着手。

本章所学的企业框架其实是一个主框架的最佳实践模板，只要学会利用这个最佳实践模板，即可让你的流程稳定且易用。对于经验丰富的开发者，可以利用框架引导初学者更加专注 Process 和实际业务相关的流程开发，激发初学者的兴趣，提高其参与感。

12.1　理解企业框架

本节重点介绍什么是企业框架，为什么要使用企业框架，以及如何理解框架中事务模式处理工作流的概念。

12.1.1　企业框架介绍

企业自动化框架（Robotic Enterprise Framework，REF），简称企业框架，是 UiPath 为 RPA 开发人员提供的一种开发模板，如图 12-1 所示。REF 的主架构由状态机设计而成，因此学习企业框架首先要熟练掌握状态机的用法，参见本书第 2 章。

企业框架由 4 部分组成。

❑ 初始化模块（Initialization）：机器人读取项目的 Config 配置文件，打开项目有关的应用环境，关闭无关的应用环境，初始化任务数据等。如果初始化成功，程序将执行获取数据模块，否则执行流程结束模块。

❑ 获取数据模块（Get Transaction Data）：机器人从任务列表里面获取即将执行单个事

务所需的数据，这里所指的任务列表可能来源于数据库、OC 端的队列、Excel 表、文件夹下的文件等。如果有新数据，机器人执行数据处理模块，否则执行流程结束模块。

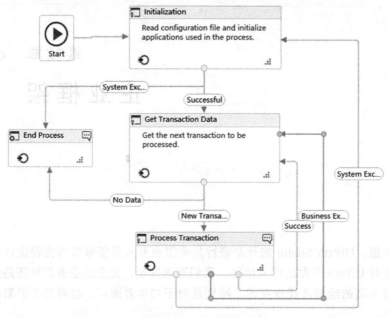

图 12-1　企业框架示意图

❑ 数据处理模块（Process Transaction）：主要处理单个事务的任务。处理成功或发生 Business Exception，机器人执行获取数据模块，获取下一条单个事务的数据；如果是发生系统错误 System Exception，程序将进入初始化环节进行重试。

❑ 流程结束模块（End Process）：该阶段是机器人的收尾阶段，比如关闭相关的应用环境块、最终的数据汇总更新、发邮件通知用户等。

可见，整个企业框架的 Main 架构就是一个循环。获取数据模块是控制循环的条件，数据处理模块就是循环体。学习企业框架其实就是学习如何把实际业务中的流程按事务模式进行拆分，哪些是属于初始化环节的，哪些是属于 Process Transaction 环节的。设计出 Transaction Data，放入企业框架里面，循环实现事务的自动化。

企业框架的优势有哪些呢？最重要的一点就是可以引导开发者按照标准开发项目，最大程度地降低机器人的运维成本，具体表现在以下几点。

❑ 标准化的配置，除了完善的 OC 配置，还包括机器人常用参数的配置。

❑ 标准化的日志管理，引导开发者在流程的关键节点输出 Log，便于自动化运维。

❑ 标准化的异常处理，分类处理 Exception，便于重试。

❑ 引导开发者按事务的模式去设计流程，培养按功能分模块开发项目的习惯。

❑ 可以帮助 RPA 开发者快速实现流程自动化架构，让对主架构不熟悉的新手也可以快速实现最佳实践。

那么什么样的流程适合用企业框架呢？

企业框架并不只适用于企业级的复杂流程，只要单个事务需要重复去执行，就可以利用企业框架去实现其业务流程。对于初学者，反而更建议大家从简单的流程开始就去套用企业框架。可能刚开始会觉得麻烦，但是可以通过简单的案例深入理解框架，悟其精髓才有可能举一反三，实现复杂项目的运用。本节多次提到事务模式，下一节我们就带领大家深入理解事务模式。

12.1.2　事务模式

学习企业框架，除了要掌握状态机、Try Catch、工作流之间的调用等基本用法外，还需要理解一个重要的概念——事务模式。假设一个场景，用户每天从 Excel 复制订单的关键信息到订单管理系统里面生成订单，并且发邮件给对应的客户。

在开发自动化流程前，用户的工作流程是：

读取 Excel 订单信息→订单 A →订单 B →订单 C →发邮件 A →发邮件 B →发邮件 C⋯⋯

按照事务模式，机器人的工作流程是：

读取 Excel 订单信息→订单 A →发邮件 A →订单 B →发邮件 B →订单 C →发邮件 C⋯⋯

我们先来分析这个简单的流程。完成一份订单的完整的步骤应该是：获取订单数据→订单 A →发邮件 A。这就是这件事务的核心。整个流程就是重复实现完成订单的动作，从编程的角度考虑，机器人循环所做的事情就是完成单个订单这项事务。因此，事务模式的概念就是从一件事情的完整性的角度去考虑问题，拆分我们流程的关键动作，哪些是只做一次的，哪些是重复做的。

对比机器人的做法和人的做法，虽然两种流程都可以完成订单，但是用户的做法显然不是一个好的事务模式。随着对框架的深入了解，我们会慢慢体会到机器人按事务模式处理数据的好处，比如：

❑ 便于在程序中定义一件事务的成功与否；

❑ 便于设计重试机制的逻辑点；

❑ 便于更新一件事务的状态逻辑；

❑ 便于有清晰的业务逻辑输出日志。

只要我们的流程按事务模式去分析梳理，就非常容易套用企业框架。框架里面有两个重要的变量专为事务模式而设立：

❑ TransactionData 用于存储任务列表，比如上面例子中 Excel 中所有的订单信息；

❑ TransactionItem 用于传输单个任务所需的数据，比如上面例子中完成一份订单所需的所有信息。

学习企业框架的重点就是学习如何利用这两个变量去控制事务的循环。

12.2 企业框架案例分析

上一节我们初步了解了企业框架的基本概念，以及使用企业框架开发的好处。本节我们通过一个简单的自动化案例分析，深入理解企业框架的基本用法。

12.2.1 企业框架项目设计

假设一个场景，财务部每天都需要将一个 Excel 表格数据录入一个财务系统 UiDemo.exe 里面，样本数据如表 12-1 所示。

表 12-1　录入数据源

Cash In	On Us Check	Not On Us Check
34	56	77
6 783	980	765
1 489	345	890
463	567	234
546	334	742

现在财务部人员提出 RPA 开发需求，希望让 RPA 机器人帮助他们自动完成数据的录入动作。但是当 Cash In＞5000 时，机器人不予处理，通知人工审核。

业务操作步骤如下所示。

1）登录 UiDemo 系统，用户名为 admin，密码为 password，登录界面如图 12-2 所示。

图 12-2　UiDemo 系统登录界面

2）将表 12-1 中的数据录入 UiDemo 系统中，如图 12-3 所示。

本案例机器人开发有以下要求：

❑ 必须使用企业框架开发；
❑ TransactionData 需要上传到 OC 端，TransactionItem 需要从 OC 端获取；
❑ 当 Cash In＞5000 时，输出 BusinessRuleException；
❑ 当 Process 发生异常时，要有重试机制。

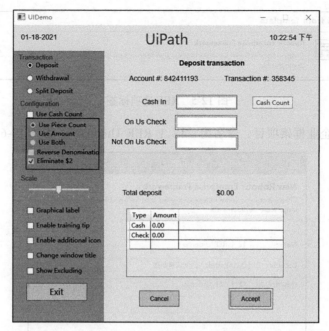

图 12-3　UiDemo 系统界面

机器人流程设计如图 12-4 所示。

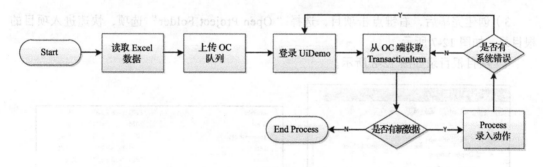

图 12-4　机器人流程设计

12.2.2　新建企业框架项目

上一节介绍了 UiDemo 这个案例的详细需求。接下来，我们从新建一个企业框架项目开始，跟随这个案例，一步一步地学习企业框架的用法。

【例 12.1】新建 REF_UiDemo 企业框架。

详细步骤如下所示。

1）进入 Studio 界面，选择如图 12-5 所示的"Robot Enterprise Framework"选项。

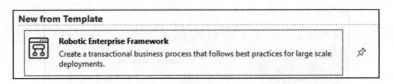

图 12-5　REF 选项标签

2）创建一个企业框架项目，命名为"12_1_REF_Uidemo"，如图 12-6 所示。

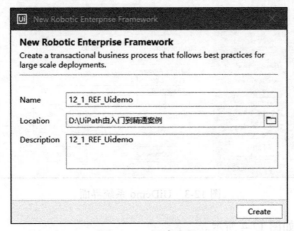

图 12-6　新建流程

3）创建完毕后，右键点击项目，选择"Open Project Folder"选项，快速进入项目的根目录，如图 12-7 所示。

4）项目根目录如图 12-8 所示。

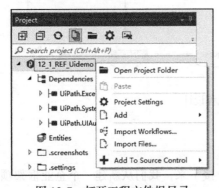
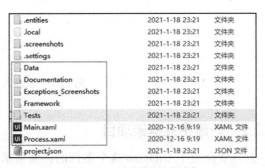

图 12-7　打开工程文件根目录　　　　图 12-8　项目根目录列表

以上就是新建一个企业项目的所有步骤。企业框架是一个开发模板，模板会内置一些开箱即用的功能模块。这些功能模块就存放在项目的根目录的各个文件夹内，如图 12-8 所示的框内的文件。框外的文件是系统文件，建议一般不要去修改或删除。Data 文件夹下的文件说明如表 12-2 所示。

表 12-2 Data 文件夹下所有文件说明

内　容	类　型	作　用
Input	文件夹	存放机器人起始需要的信息文件
Output	文件夹	存放机器人处理后的产出文件
Temp	文件夹	存放机器人处理数据过程中的临时文件
Config	Excel 文件	存放机器人的常规配置信息

Documentation 文件夹主要存放开发文档、流程图、用户说明书、需求规则等与项目相关的文件。

Exceptions_Screenshots 文件夹主要存放机器人在执行流程过程中发生系统错误时自动截屏的图片。

Framework 文件夹下的文件说明如表 12-3 所示。

表 12-3 Framework 文件夹下的文件说明

内　容	类　型	作　用
CloseAllApplications.xaml	工作流文件	存放关闭应用程序的流程模块
GetTransactionData.xaml	工作流文件	获取单次任务数据（TransactionItem），是控制整个框架循环的关键模块
InitAllApplications.xaml	工作流文件	存放打开应用程序的流程模块
InitAllSettings.xaml	工作流文件	将 Excel Config 转为字典的功能模块
KillAllProcesses.xaml	工作流文件	存放关闭进程的功能模块
RetryCurrentTransaction.xaml	工作流文件	控制 TransactionItem 是否需要重试的功能模块
SetTransactionStatus.xaml	工作流文件	标识 TransactionItem 执行状态的，本模块类似框架的中枢神经，控制整个框架的程序流走向
TakeScreenshot.xaml	工作流文件	流程出错时实现系统截屏的功能模块

Tests 文件夹提供自动化测试时所使用的功能模块，方便调用各功能模块时配置一些必要的环境参数。

Main.xaml 是企业框架的主程序入口。下一节我们会重点学习 Main 里面的框架结构。

Process.xaml 主要是存放执行单次事务的流程代码，类似循环 Body 里面的内容，在整个框架里面满足循环条件时会被多次调用执行。

12.3　初始化模块

上一节我们学习了如何新建一个企业框架项目，同时也了解了框架项目初始环节提供了哪些开箱即用功能模块，以及系统自动生成的框架文件的使用说明。

本节我们以 UiDemo 这个实战案例为锚点，深入学习企业框架中初始化模块内的相关内容。

12.3.1 总体介绍

1）双击"Main.xaml"文件进入【例 12.1】REF_UiDemo 的 Main.xaml 工作流，进入后的界面如图 12-9 所示。

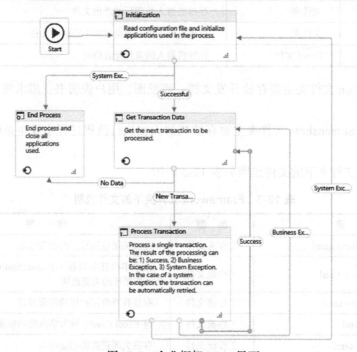

图 12-9 企业框架 Main 界面

2）双击"Initialization"进入企业框架的初始化模块，将活动收缩成如图 12-10 所示，Entry 环节里面是 Try Catch 包住的初始化程序代码。当初始化成功时状态机将执行到 Get Transaction Data，当初始化发生系统错误时状态机将执行到结束流程（End Process）模块。

3）进入 Try Catch 中的 Try 部分，如图 12-11 所示。

a）将 SystemException 初始化为 Nothing。

需要留意的是，SystemException 是一个 Main 里面的全局变量，目的是存储每个环节有可能发生的异常并作为状态机的程序走向条件。因企业框架有重试机制，在 Main 的架构中有可能因 Process 环节出现异常而导致程序第二次进入 Initialization 环节，如图 12-9 所示的最左边那条指向 Initialization 的 System Exception 线。

b）判断程序是否是第一次执行 Initialization 环节，判断条件是确认这个字典类型的变量是否为 Nothing。

c）调用企业框架里面的 InitAllSettings 模块，主要目的是存放初始化应用环境的程序。

4）Try Catch 的 Catches 部分如图 12-12 所示，Initialization 环节发生的任何异常都会被捕捉到这里，并将变量 SystemException 赋值为"Exception"，作为状态机的判断条件。

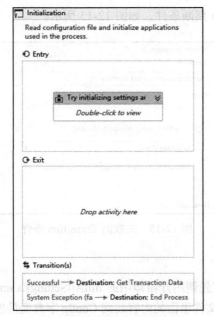

图 12-10　初始化状态机

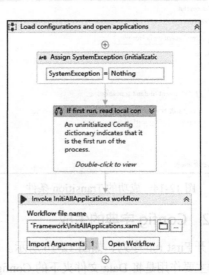

图 12-11　初始化 Try 部分

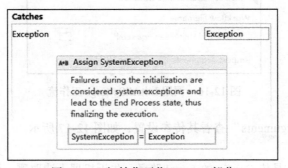

图 12-12　初始化环节 Catches 部分

5）Initialization 环节状态机的 Transition 部分如图 12-13 所示。有两条分支，Successful 程序执行 Get Transaction Data 环节；System Exception (failed initialization) 程序将执行 End Process 环节。

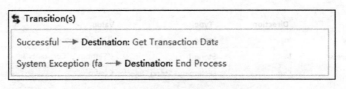

图 12-13　初始化环节 Transition 部分

6）点击"Successful"查看 Transition 判断条件，如图 12-14 所示。

7）点击"System Exception"查看 Transition 判断条件，如图 12-15 所示。

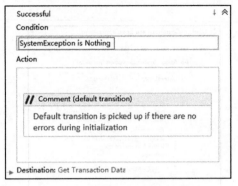

图 12-14 成功的 Transition 条件

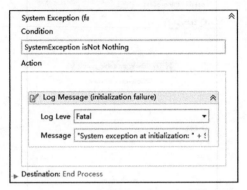

图 12-15 失败的 Transition 条件

12.3.2 Config 字典的生成

打开 First run 序列，如图 12-16 所示。程序首先调用开箱即用的 InitAllSettings.xaml，该模块的主要作用是将 Data 文件夹下的 Config.xlsx 文件里面的内容装到 Config 字典变量里面。

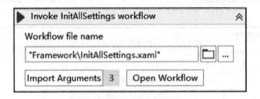

图 12-16 调用 InitAllSettings 工作流

点击"Import Arguments"查看其传参设置，如图 12-17 所示。

其中：

❑ in_ConfigFile 是传 Config 的 Excel 路径，告诉机器人读取哪一张 Excel 表；

❑ in_ConfigSheets 是传 Config 的 Excel 的 Sheet 名，用来告诉机器人读取哪一个 Sheet；

❑ out_Config 是传出一个字典类型的变量给 Main，赋值给 Main 里面的 Config 变量。

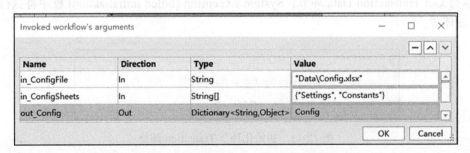

图 12-17 InitAllSettings 工作流传参设置

点击"Open WorkFlow"可以进一步查看这个模块是如何从 Excel 文件中生成 Config 字典的，如图 12-18 所示。

这个过程主要分三步：

❑ 初始化字典 out_Config 变量；

❑ 读取 Excel 数据，将 {"Settings", "Constants"} 这两个 Sheet 的数据装入字典；

❑ 将 OC 端的资产装入字典。

打开程序根目录下面的"Config.xlsx"，如图 12-19 所示，根据本项目修改后保存 Excel。

点击"For each configuration sheet"，如图 12-20 所示，循环 in_ConfigSheets，读取对应的 Config Sheet。

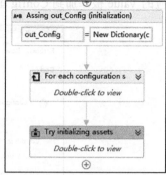

图 12-18 生成 Config 步骤

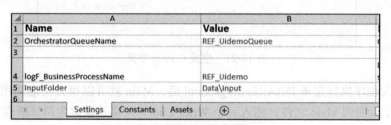

图 12-19 存放 Config 信息的 Excel 表

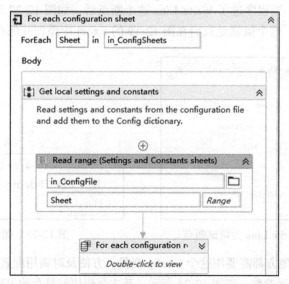

图 12-20 循环 in_ConfigSheets

点击"For each configuration row"，如图 12-21 所示。out_Config 字典的类型为 <String,Object>，key 值为 String 类型，Value 为 Object 类型，out_Config(Row("Name"). ToString.Trim)= Row("Value") 就是对 out_Config 字典赋值的语句。经过该语句的处理，

Excel 里面 Name 列的值作为字典的 Key 被添加到 Config 里面，Value 列的值作为 Key 值对应的 Value 被添加到 Config 里面。

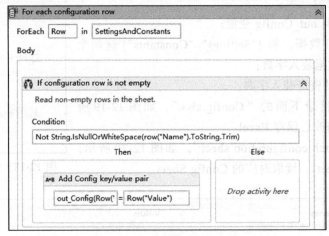

图 12-21　生成 Config 字典

当机器人程序执行完毕 InitAllSettings.xaml 后，Main 就可以很方便地调用 Config.xlsx 里面的数据了。回到 Main 文件，拖入一个 Write Line，并将其设置为调试断点，将 Text 属性改为 Config("InputFolder").ToString，如图 12-22 所示。

按 F6 调试程序，当程序过了 Write Line 这个断点后，如图 12-23 所示，在 Output 面板中将输出 Data\Input。这个值就是我们在图 12-19 的 Excel 中添加并保存的第 5 行的内容。

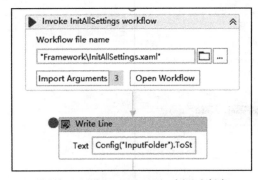

图 12-22　设置 Write Line 为调试断点

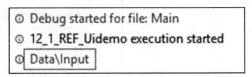

图 12-23　测试输出结果

整个框架的很多地方都需要用这个 Config 变量，方便及时调用配置信息。比如我们新建的 InputFolder 这个配置参数，如图 12-24 所示，其主要作用就是存放 RPA 读取的起始信息。

之所以把相关参数放在 Config.xlsx 文件里面，原因如下。

❑ 便于其他工作流快速调用常用变量值，无须每次读取 Excel 文件，提高机器人执行效率。

❑ 便于在同一个地方统一维护关键配置信息。

❑ 当关键参数信息值需要变更时，只需更改 Config.xlsx 里面 Values 对应的值即可，比如图 12-24 中 InputFolder 对应的文件夹路径变更。这里特别提示下，最好将涉及机器人读取用户存放的文件的路径存放到 Config 里面，避免因为机器人部署环境的变化而变化，与此类似的还有机器人发邮件对应的邮箱地址等。

4	logF_BusinessProcessName	REF_Uidemo
5	InputFolder	Data\Input
6		
7		项目上线后这个路径有可能会改成
8		D:\RPA\UiDemo\Input
9		

图 12-24　配置表说明

12.3.3　OC 端的队列设置

框架中调用 InitAllSettings.xaml 生成 Config 字典后，紧接着是一个 If 条件，如图 12-25 所示。判断 in_OrchestratorQueueName 是否为空，如果不为空，就将 Config("OrchestratorQueueName") 赋值为 in_OrchestratorQueueName。这可以理解为是将 Config.xlsx 中 OrchestratorQueueName 对应的值 REF_UidemoQueue 改成 in_OrchestratorQueueName 对应的值。

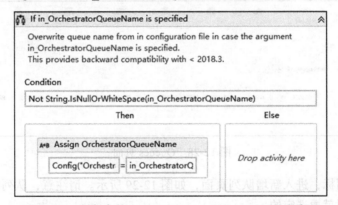

图 12-25　判断参数 in_OrchestratorQueueName 是否为空

这一步改动的意义是什么呢？首先大家得理解 Main 中唯一的参数 in_OrchestratorQueueName，如图 12-26 所示。

Name	Direction	Argument typ	Default value
in_OrchestratorQueueName	In	String	Enter a VB expression
Create Argument			
Variables　Arguments　Imports		100%	

图 12-26　in_OrchestratorQueueName 参数设置

Queue 指的就是 OC 端的任务队列，企业框架模板提供了一个接口，它可以接收外部给过来的 Queue 的名字。如果在机器人启动时外部传入的参数给了一个队列名，那么这个机器人就以这个传进来的参数队列名为准去执行 OC 端的队列任务。如果 in_

OrchestratorQueueName 没有传值进来，这部分就不起作用了，直接执行 Else 分支，机器人还是以 Config.xlsx 里面配置的信息为准。

当然，并不是所有的机器人任务都来自 OC 端的队列，如果流程根本不涉及队列，比如开发环境中根本没有 OC，那么 in_OrchestratorQueueName 变量就不会起作用，Config.xlsx 也无须配置队列名称。

因为我们的 UiDemo 的案例是以 OC 端队列任务来演示的，所以需要配置 OC 端的队列名称。下面登录 OC，按照 Config 中的配置新建一个队列。

1）打开 https://cloud.uipath.com，登录并进入 Orchestrator 主页，如图 12-27 所示。详细步骤可以参考第 11 章对 Orchestrator 的讲解，这里就不再演示登录动作了。

图 12-27　Orchestrator 主界面

2）点击 Queues，进入队列管理页面，如图 12-28 所示。

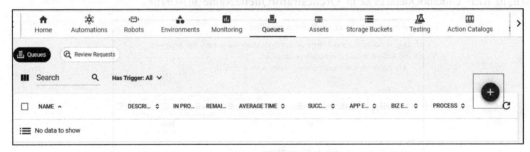

图 12-28　Queues 页面

3）点击 ➕ 图标，进入新增队列页面，如图 12-29 所示。请注意，队列的重试机制是在 OC 端新建队列时就要选定的。

Create Queue

Name *
REF_UidemoQueue

Description
UiPath实战13章案例

Unique Reference
○ Yes　◉ No

Auto Retry
◉ Yes　○ No

Max # of retries
1

CANCEL　ADD

Schema Definitions

Specific Data JSON Schema
🗂 BROWSE

Output Data JSON Schema
🗂 BROWSE

Analytics Data JSON Schema
🗂 BROWSE

图 12-29　新建一个 Queue

4）新建完毕的队列如图 12-30 所示。

	NAME ^	DESCRIPTION ◇	I...	REMAI...	AVERAGE TIME ◇	SUCC... ◇
	REF_UidemoQueue	UiPath实战13章案例	0	0	0	0

图 12-30　新建完毕的 Queue

12.3.4　上传队列任务到 OC 端

上一节我们在 OC 端新建了一个队列，接下来我们学习如何将 UiDemo 这个案例的
TransactionData 上 传 到 OC 端。 回 到 Main 的
Initialization 环节，接着上一节的 If 条件往下看，调
用 KillAllProcesses.xaml，如图 12-31 所示。

该模块的主要作用是存放强制关闭进程的代码，
目的是在机器人执行后面的流程时有一个良好的执
行环境。在 UiDemo 的这个案例中，流程涉及 Excel
和 UiDemo.exe，我们可以在生成 TransactionData
前，利用 Kill Process 活动强行关闭 Excel 和
UiDemo 的进程，以确保后面流程能顺利进行。

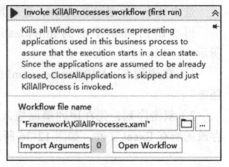

图 12-31　调用 KillAllProcesses 工作流

点击"Open Workflow"按钮，将这个模块打
开，如图 12-32 所示，默认程序第一步先输出了一个 Log message。

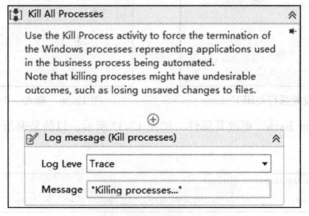

图 12-32　输出日志

在 Log message 中拖入两个 Kill Process，并将 Log message 的 Message 属性改为"开
始强行关闭 Excel 和 UiDemo.exe"，如图 12-33 所示。

选中其中一个 Kill Process，并更改其属性值，如图 12-34 所示，强行关闭 Excel。

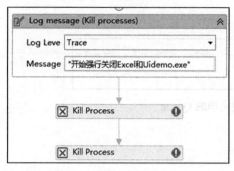

图 12-33　拖入 Kill Process

图 12-34　设置强行关闭 Excel

选中另外一个 Kill Process，更改其属性值，如图 12-35 所示，强行关闭 Uidemo.exe。

再次回到 Main 里面的 Initialization 环节，我们继续上传 OC 任务，具体步骤如下所示。

1）在调用 KillAllProcesses.xaml 的下面拖入一个序列，并重命名为"上传 OC 队列任务"。

2）双击序列，先在序列里面拖入一个 For Each 活动，用于遍历 InputFolder 里面用户存放的所有 Excel 文件，如图 12-36 所示。

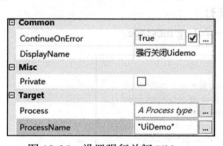

图 12-35　设置强行关闭 Uidemo

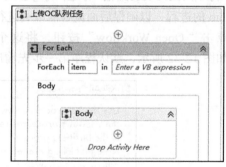

图 12-36　拖入一个 For Each

3）鼠标选中 For Each，更改其属性，如图 12-37 所示，目的是遍历 InputFolder 文件夹下所有文件的路径。

图 12-37　设置 For Each 属性值

4）在 For Each 的 Body 内拖入一个 Read Range 活动，读取用户放入的 Excel 文件，并将其存储到 dt_userExcelTable，变量类型为 DataTable，如图 12-38 所示。注意：这个变量是新建的。

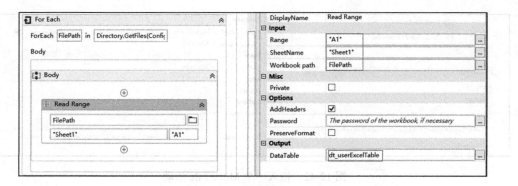

图 12-38　读取 Excel 文件

5）在 Read Range 下面拖入一个 For Each Row 活动，用于循环 dt_userExcelTable，并在其 Body 内拖入一个 Add Queue Item 用于上传队列，如图 12-39 所示。

6）选中 Add Queue Item，修改其属性值，如图 12-40 所示。

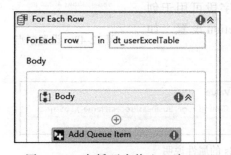

图 12-39　在循环中拖入一个 Add
Queue Item 活动

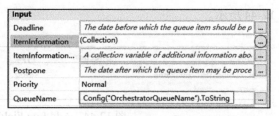

图 12-40　修改 Add Queue Item 属性值

7）鼠标点击图 12-40 中画圆圈的按钮，设置 Queue Item 对应的 Collection 的值，如图 12-41 所示。这里需要注意的是，我们的 UiDemo 录入样本数据表格的样子都是基于表 12-1 的表头内容的，因此在创造基础数据时表头的名字一定不能错，否则程序无法执行下去。

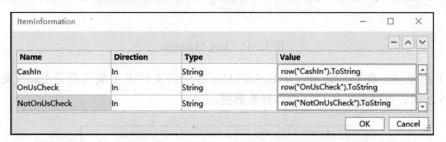

图 12-41　修改 Add Queue Item 属性值

8）在 For Each Row 的下面拖入一个 Move File 活动，将数据上传完毕的 Excel 移到 Temp 文件夹。避免机器人重新启动时读取相同数据的内容，属性设置如图 12-42 所示。

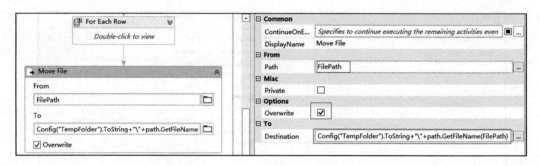

图 12-42　拖入一个 Move File 活动

9）以上就是读取 Excel 并将其内容上传到 OC 端队列的所有步骤。上传 OC 队列任务序列下面还有一个 Add Log Fields 活动，在此处设置一个断点，如图 12-43 所示。

10）Add Log Fields 的作用是在 OC 端的日志中创建一个字段，并将其赋值为该项目的名称。此日志字段可用于创建流程报告和可视化。查看其属性中的 Collection 设置，如图 12-44 所示。

图 12-43　设置断点

Name	Direction	Type	Value
logF_BusinessProcessName	In	String	Config("logF_BusinessProcessName").ToString
Create Argument			

图 12-44　Add Log Fields 的属性说明

11）在 Add Log Fields 的下面拖入一个 Log Message，修改其属性，如图 12-45 所示。

图 12-45　Log Message

12）接下来，在 Config.xlsx 中 InputFolder 对应的文件夹下放入两份 Excel 文件，如图 12-46 所示，可以参照表 12-1 制作样本数据。

12_1_REF_Uidemo › Data › Input		1	CashIn	OnUsCheck	NotOnUsCheck
□ 名称		2	34	56	77
		3	6783	980	765
☐ testData1.xlsx		4	1489	345	890
☑ testData2.xlsx		5	463	567	234
		6	546	334	742

图 12-46　放入测试文件

13）在确保 Robot 连接 OC 的状态下，执行程序，图 12-46 中的两个 Excel 表里面的数据将被上传到 OC 端，如图 12-47 所示，为 12.4 节的 Get Transaction Data 做准备。

12.3.5 InitAllApplications

整个初始化环节还有一个模块没有介绍，就是 InitAllApplications，如图 12-48 所示。

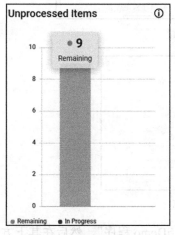

图 12-47　OC 端的任务显示　　　图 12-48　调用 InitAllApplications 工作流

我们在 12.2.2 节中介绍过这个模块，其作用是初始化应用程序，因此把登录 Uidemo 这个动作放到这里就非常合适了。

点击 Imorpt Arguments，传入的参数如图 12-49 所示。

Name	Direction	Type	Value
in_Config	In	Dictionary<String,Object>	Config

图 12-49　InitAllApplications 的传入参数设置

Main 里面的 Config 将传入 InitAllApplications.xaml。这样做的好处是，该模块可以很方便地调用 Config 中的信息。以下信息放入配置文件中也比较合适：

❑ UiDemo 的用户名和密码；
❑ UiDemo 的安装路径。

将这一类的常规信息放到配置文件中，避免写在程序中，方便将来更改与维护。打开 Config.xlsx，添加如图 12-50 所示的信息。

下面我们开始在 InitAllApplications.xaml 中写登录 UiDemo.exe 的程序。

1）打开 InitAllApplications.xaml 工作流文件，如图 12-51 所示。

	A	B
1	**Name**	**Value**
2	OrchestratorQueueName	REF_UidemoQueue
3		
4	logF_BusinessProcessName	REF_Uidemo
5	InputFolder	Data\Input
6	TempFolder	Data\Temp
7	UiDemoUser	admin
8	UiDemoPassWord	password
9	UidemoPath	D:\UiPath由入门到精通案例\UIDemo.exe

图 12-50　配置表设置

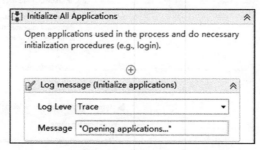

图 12-51　输出日志

2）将程序的 Log message 属性改为"开始登录 UiDemo 程序"，然后在其下方拖入一个 Start Process，并将其 FileName 属性改为 in_Config("UidemoPath").ToString。

3）再拖入两个 Type Into，输入用户名和密码，如图 12-52 所示。

4）再拖入一个 Click，完成鼠标点击 Log In 的动作，如图 12-53 所示。

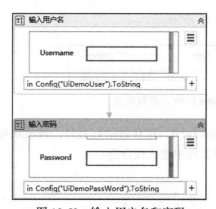

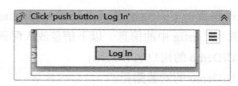

图 12-52　输入用户名和密码　　　　　图 12-53　点击登录

5）最后拖入一个 Log Message，如图 12-54 所示。

以上就是登录 UiDemo 的所有步骤。接下来演示如何利用企业框架自带的测试模块调用 InitAllApplications.xaml 进行测试。

1）在 Studio 的 Project 面板中双击 Tests 文件夹下的 TestWorkflowTemplate.xaml，如图 12-55 所示。

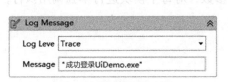

图 12-54　输出日志

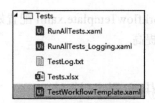

图 12-55　打开测试文件

2）打开后，调用 InitAllSettings.xaml，生成 Config 字典，如图 12-56 所示。

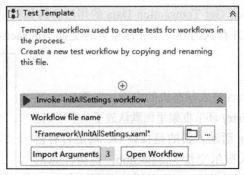

图 12-56　调用 InitAllSettings 工作流

3）然后在其下面拖入 Invoke Workflow File，并将 Config 传入，如图 12-57 所示。

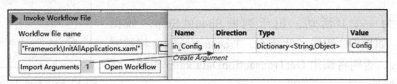

图 12-57　设置参数

4）将输入法切换到英文状态下，检查 Config.xlsx 是否关闭。按快捷键"Ctrl+F6"执行 TestWorkflowTemplate.xaml 工作流，机器人将自动登录 UiDemo。

截至目前，框架的整个 Initialization 环节已全部讲解完毕。在 Initialization 环节，框架主要完成了以下 3 个任务：

❑ 读取 Config.xlsx 并将其转为字典；

❑ 根据 Uidemo 在这个案例的要求，我们将用户需要录入的数据，通过读取 Excel 的方式上传至 OC 端，方便下一环节调用；

❑ 在 InitAllApplications.xaml 工作流里面实现了 UiDemo 应用程序的登录。

因此企业框架中的初始化环节通常解决机器人需要做什么（即生成事务数据）和在什么地方做（登录完成任务的环境）的问题。

当然最后我们也通过 TestWorkflowTemplate.xaml 调用 InitAllApplications.xaml 的方式实现了小模块的测试。这一点也非常重要，因为框架里面的程序都是自带异常处理的，测试过程中不太容易发现问题。并且，当程序具有一定的复杂性时，功能模块会非常多，学会用 TestWorkflowTemplate.xaml 配置好传入参数，对每个模块进行单独调用执行，测试效率将会大大提高。

12.4 获取数据模块

上一节系统学习了企业框架的第 1 部分 Initialization 环节，在该环节有一个重要的任务，生成机器人工作所需要的事务数据，即 TransactionData。接下来我们将介绍企业框架的第 2 部分，获取数据模块 Get Transaction Data 的用法，即如何从 TransactionData 里面获取单个事务所需的数据，并存入另外一个非常重要的变量 TransactionItem。

12.4.1 总体介绍

双击 Get Transaction Data 进入状态机的内部。先看 Entry 环节，如图 12-58 所示，在 Entry 环节框架里面默认放了一个序列。

第 1 步为 Should Stop 活动，目的是检查 OC 端是否有暂停的信号，并将结果存入布尔变量 ShouldStop。值得注意的是，如果机器人环境没有部署 OC，或者说流程不涉及 OC，这一步是不会起任何作用的。删除或加注释都不会对流程有任何影响。

第 2 步为一个 If 活动，用于判断 Should Stop，如图 12-59 所示。如果 OC 暂停了此流程，TransactionItem 将被赋值为 Nothing，否则将调用 GetTransactionData.xaml 模块，注意该模块是被 Try Catch 包住的。

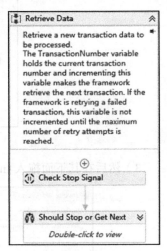

图 12-58　Get Transaction Data
环节整体示意图

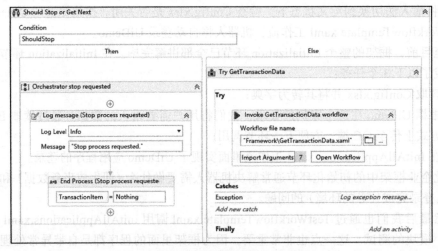

图 12-59　判断是否暂停任务

在 Catches 部分，当 GetTransactionData 发生异常时，TransactionItem 一样被赋值为 Nothing，如图 12-60 所示。

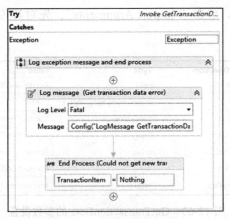

图 12-60　Catches 环节代码

然后回到状态机的 Transition 环节，本阶段有两条 Transaction，如图 12-61 所示。

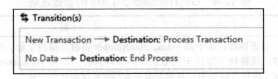

图 12-61　Transaction 环节

点击 New Transaction 查看其控制条件，如图 12-62 所示。New Transaction 的控制条件是 TransactionItem 不为空，并执行 Process 环节；No Data 的控制条件为 TransactionItem 为空，并执行 End Process 环节。

New Transaction	No Data
Condition	Condition
TransactionItem IsNot Nothing	TransactionItem Is Nothing
Action	Action
Log message (New transaction retrieved)	Log message (No more transactions available)
Log Level Info	Log Level Info
Message Config("LogMessage_GetTransactionDa	Message "Process finished due to no more trans.
▶ Destination: Process Transaction	▶ Destination: End Process

图 12-62　Transaction 条件设置

以上就是框架中第 2 阶段 Get Transaction Data 的所有设置，下一节我们通过 UiDemo 案例详细解读 GetTransactionData。

12.4.2　GetTransactionData 工作流详解

上一节我们对获取数据模块进行了整体了解，本节的重点是学习如何从 Transaction-Data 获取 TransactionItem。点击"Import Arguments"，先对其传参进行详细了解，共有 7 个参数，如图 12-63 所示。

Name	Direction	Type	Value
in_TransactionNumber	In	Int32	TransactionNumber
in_Config	In	Dictionary<String,Object>	Config
out_TransactionItem	Out	QueueItem	TransactionItem
out_TransactionField1	Out	String	TransactionField1
out_TransactionField2	Out	String	TransactionField2
out_TransactionID	Out	String	TransactionID
io_TransactionData	In/Out	DataTable	TransactionData

图 12-63　GetTransactionData 的参数设置

GetTransactionData 的参数详情如表 12-4 所示。

表 12-4　GetTransactionData 的参数说明

变量名	说　明
in_TransactionNumber	负责接收框架中的 TransactionNumber 整数类型的变量，负责记录 Process 的循环次数。该模块主要用于判断跳出的循环条件。如果 TransactionItem 是 QueueItem 类型，这个参数可以不用，其他类型基本都需要用到这个变量
in_Config	框架中的 Config 字典变量，备用
out_TransactionItem	存储 TransactionData 中跳出来的单条事务数据，并传出到 Main，用于执行 Process 的具体事务
out_TransactionField1	用于标识 OC 端的 Log 字段。备用参数，可以不用
out_TransactionField2	用于标识 OC 端的 Log 字段。备用参数，可以不用
out_TransactionID	用于标识 OC 端的日志信息，最好能与 TransactionItem 信息有一定关联，方便用户查看日志。备用参数，可以不用
io_TransactionData	如果 TransactionItem 是 QueueItem 类型，因为是从 OC 端拿任务，此参数可以不用。除此之外绝大部分情况都需要用到

点击 Open Workflow，打开 GetTransactionData.xaml 工作流，如图 12-64 所示，这里为了方便展示，我们收起了图中的 Annotations 标识。

程序的第 1 步是执行 Get transaction item 活动，此活动的主要作用就是获取 OC 端的队列。查看其属性，如图 12-65 所示，QueueName 属性是 Config 对应的 REF_UidemoQueue，这个队列在初始化环节都应生成，并上传了数据，当程序执行到这里时，机器人会自动将 OC 端的任务分配一条并存储到 out_TransactionItem 变量中。

图 12-64　GetTransactionData 工作流

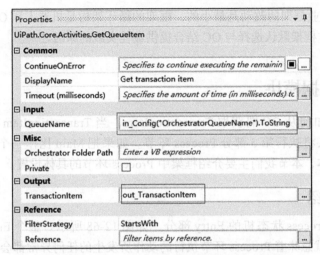

图 12-65   Get transaction item 活动属性说明

程序的第 2 步是做一个 If 判断，判断是否从 OC 端顺利获取到了 TransactionItem，如图 12-66 所示。

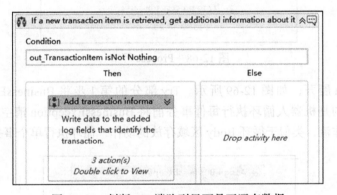

图 12-66   判断 OC 端队列里面是否还有数据

如果 OC 端有任务存在，程序就从 Then 环节开始执行，如图 12-67 所示。对 out_TransactionID、out_Transaction-Field1、out_TransactionField2 赋值，方便后续机器人在输出日志的时候做标识，也方便用户在 OC 端查看日志时联系实际业务的关键信息。在实际开发时，大家可以根据事务的特性对这里的值进行更改，比如 out_TransactionID 可以存放 RobotLogID 等类似于标识事务唯一性的字段。当然如果开发环境中没有 OC，这几个字段就可以忽略了。

因为我们的 UiDemo 案例就是从 OC 端获取 Transaction-Item，所以这里可以不做任何更改。因此当 TransactionItem

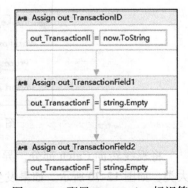

图 12-67   配置 Transaction 标识符

类型为队列时，企业框架的改动是最小的，框架的循环架构是机器人和 OC 端结合控制的，这也是 UiPath 官方框架默认选择与 OC 结合提供最佳实践的原因之一。

12.5 处理数据模块

上节学习了如何从 OC 端获取 TransactionItem，当 TransactionItem 有值时，即有任务要执行，机器人将执行第 3 部分 Process 环节。如果把 Main 比作一个循环结构，那么 Process 就是循环体，本节我们主要介绍框架中 Process 环节的具体设置。

12.5.1 总体介绍

首先看一下 Process 状态机的 Entry 部分，如图 12-68 所示。整个 Entry 部分是被 Try Catch 包住的，这就意味着 Process 环节执行的动作所发生的任何异常都会被捕捉到。

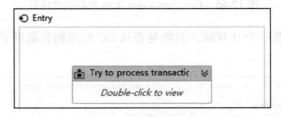

图 12-68 Process 环节

将 Try Catch 展开，如图 12-69 所示。Try 部分的第 1 步将 BusinessException 初始化为 Nothing，目的是机器人循环执行每件事务前将 BusinessException 清空。第 2 步是调用 Process.xaml 工作流，类似于循环 Body 区域存放的动作，循环执行单个事务的工作流。

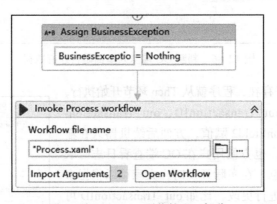

图 12-69 Process 环节的 Try 部分

将视线转向 Catch 部分，异常部分将被分为 BusinessException 和 SystemException 两大类，如图 12-70 所示。如果发生异常，两个 Exception 变量将被赋值，用于 Transition 条件的判断。

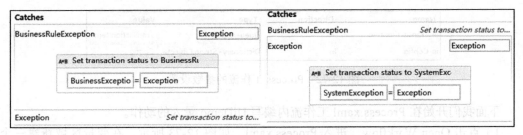

图 12-70 Process 环节的 Catch 部分

然后将视线转向 Finally 部分，如图 12-71 所示，在 Finally 环节调用只有一个动作——调用 SetTransactionStatus.xaml。这部分是整个框架中所有 Finally 环节唯一放代码的地方，是标识 TransactionItem 执行状态的。本模块类似框架的中枢神经，控制整个框架的程序流走向，因此非常重要，后面会单独列一节进行讲解。

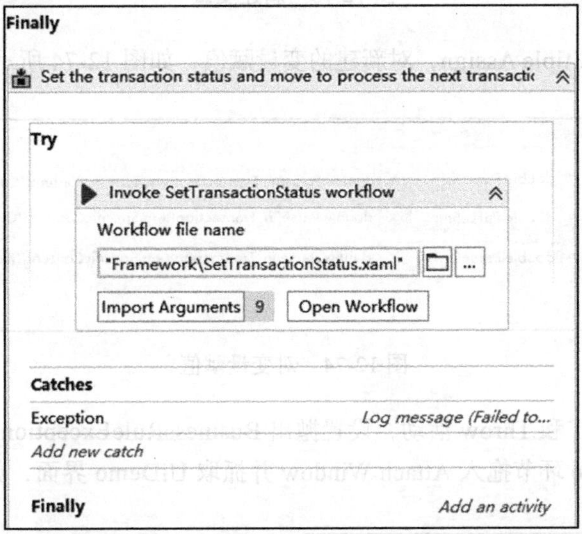

图 12-71 Process 环节的 Catch 部分

以上就是框架第 3 部分 Process Transaction 的总体介绍，该阶段是框架的核心区域，是框架循环执行单件事务的区域。如果把整个框架当作一个循环控件，就是遍历 TransactionData 中的 TransactionItem，Process Transaction 就是 Body 中的代码处理 TransactionItem 的数据。下一节我们将封装 Process.xaml 模块。

12.5.2 Process 工作流

例 12.1 的具体事务就是登录 UiDemo 后录入数据，有多少条数据就执行多少次录入，因此录入数据的动作放入 Process 环节是最适合不过了。回到上一节的第 2 步，点击 Import Arguments，如图 12-72 所示，Main 里面的 TransactionItem 和 Config 将被传入该模块。

Name	Direction	Type	Value
in_TransactionItem	In	QueueItem	TransactionItem
in_Config	In	Dictionary<String,Object>	Config

图 12-72 Process 工作流的参数设置

下面我们开始在 Process.xaml 工作流内编写 UiDemo 录入的动作。

1）点击 Open Workflow，进入 Process.xaml，如图 12-73 所示，在变量区域新建三个变量。

Name	Variable type	Scope
CashIn	Double	Process
OnUsCheck	Double	Process
NotOnUsCheck	Double	Process

图 12-73 新建变量

2）拖入一个 Multiple Assign，对新建的变量赋值，如图 12-74 所示。

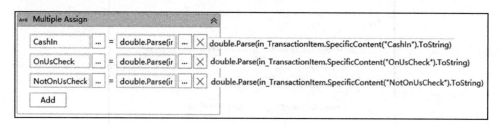

图 12-74 对变量赋值

3）再拖入一个 If 和 Throw 活动，设置抛出 BusinessRuleException，如图 12-75 所示。

4）If 活动的 Else 环节拖入 Attach Window 并抓取 UiDemo 界面，如图 12-76 所示。

图 12-75 设置 BusinessRuleException

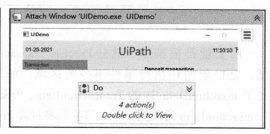

图 12-76 抓取系统界面

5）在 Attach Window 的 Do 里面拖入三个 Type Into 和一个 Click，分别实现录入动作和点击 Accept 动作，如图 12-77 所示。

以上薪水的 Process 就可以运行出结果了。然后刷新的代码并发布就能将该项目......点，还个地方是 Cell 区内......的代码为 UIDemo 的代码为 ，程在......是 OC 和。插入 Monitoring，是 Add Process，也是在 UIDemo 里放入第 8 第 代 号、有一个关键的......BusinessException，可以在 OC 代码里面可以......如图 12-80 所示。

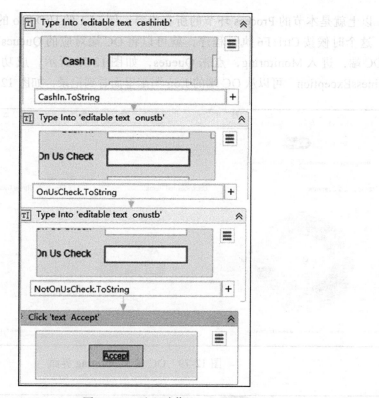

图 12-77　录入动作

6）Process 的整体示意图如图 12-78 所示。

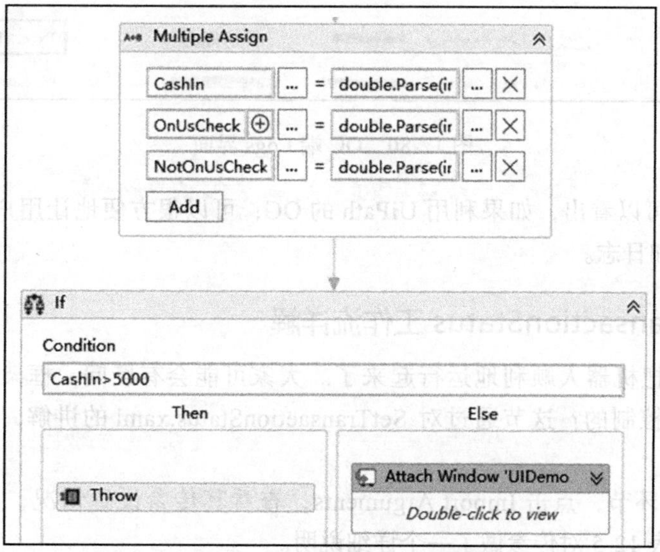

从以上这 UI 示意图中，如果利用 UIPath 的 OC，就在没有所示的图中在 OC 流程中放入输入的工作的类相关。

12.5.3　SetTransactionStatus 工作流概述

上一节的图中，最后一部的动动也来，大家也给一要的，到可能将会问到这里。这里代码 TI 部分里面完成来了，这样 SetTransactionStatus.xaml 的使用，可以说十分关键的地做。

因此 Email 的动作而是也可以在此来表明是于用的当的地做。图 12-81 所示下来得，共同上的 5 个动作，给会流通面的 5 个工作来做。

图 12-78　Process 整体示意图

以上就是本节的 Process 环节的所有内容。例 12.1 的 UiDemo 的代码开发已经接近尾声，这个时候按 Ctrl+F6 执行程序，就可以将 OC 端对应的 Queues 的任务全部做完。登录 OC 端，进入 Monitoring，点击 Queues，如图 12-79 所示。成功 8 条任务，有一条是 BusinessException，可以从 OC 端的 Log 明细里面看到记录，如图 12-80 所示。

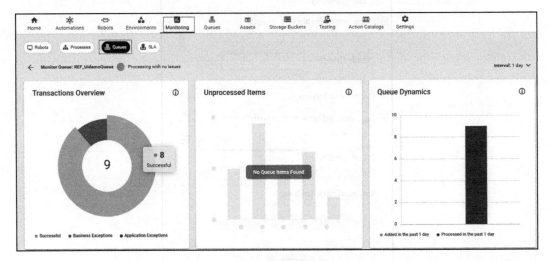

图 12-79　OC 端 Monitoring 界面

图 12-80　OC 端 Logs 界面

从这里我们可以看出，如果利用 UiPath 的 OC，可以很方便地让用户在 OC 端查看机器人的工作情况和日志。

12.5.3　SetTransactionStatus 工作流详解

上一节我们把机器人顺利地运行起来了。大家可能会有疑问：框架到底是怎么循环起来的？在哪里控制的？这节通过对 SetTransactionStatus.xaml 的讲解，可以解开大家的疑惑。

回到 Finally 环节，点击 Import Arguments，查看其传参设置情况，如图 12-81 所示，共有 9 个参数，表 12-5 对传参做了一个详细说明。

Name	Direction	Type	Value
in_Config	In	Dictionary<String,Object>	Config
in_TransactionItem	In	QueueItem	TransactionItem
io_RetryNumber	In/Out	Int32	RetryNumber
io_TransactionNumber	In/Out	Int32	TransactionNumber
in_TransactionField1	In	String	TransactionField1
in_TransactionField2	In	String	TransactionField2
in_TransactionID	In	String	TransactionID
in_SystemException	In	Exception	SystemException
in_BusinessException	In	BusinessRuleException	BusinessException

图 12-81　SetTransactionStatus 工作流参数

表 12-5　SetTransactionStatus 工作流参数详解

参 数 名 称	说　　　明
in_Config	框架中的 Config 字典，常规参数
in_TransactionItem	框架中的 TransactionItem，用于标识事务执行状态
io_RetryNumber	框架中的 RetryNumber 用于标识重试次数，以便判断是否达到最大重试次数
io_TransactionNumber	框架中的 TransactionNumber 用于记录事务的循环次数，是框架退出循环条件的关键参数
in_TransactionField1	OC 端标识 Log 字段的，可以忽略
in_TransactionField2	OC 端标识 Log 字段的，可以忽略
in_TransactionID	OC 端标识 Log Transaction ID，可以忽略
in_SystemException	框架中的 SystemException，用于判断框架程序走向
in_BusinessException	框架中的 BusinessException，用于判断框架程序走向

点击 Open Workflow 进入工作流，如图 12-82 所示，该工作流是一个 Flowchart，并根据传进来的 Exception 条件分为 3 个分支。

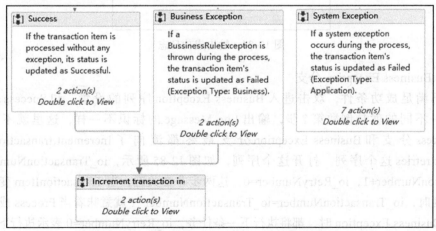

图 12-82　SetTransactionStatus 工作流整体示意图

下面我们针对每条分支进行详细讲解。

（1）Success 分支

条 件 为 in_BusinessException 和 in_SystemException 的 Exception 必 须 为 空。 双 击进入 Success 序列，如图 12-83 所示，程序的第 1 步是一个 If 判断，判断条件满足 in_TransactionItem 不为空且类型为 Uipath.Core.QueueItem 时，设置 TransactionItem 为成功，否则直接通过。这里值得注意的是，如果框架中 TransactionItem 变量类型是非队列的，即和 OC 端没有任何关系，整个 If 都可以删除。

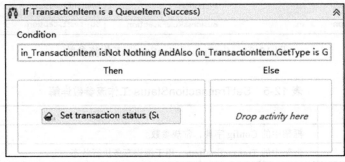

图 12-83　设置 TransactionItem 状态

在 If 的下面就是一个成功 Log 的输出，如图 12-84 所示。

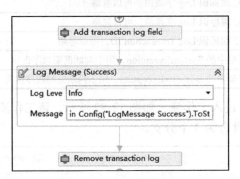

图 12-84　输出成功日志

（2）Business Exception 分支

若不满足成功条件，双击进入 Business Exception 序列的设置。和 Success 基本一样，唯一不同的就是倒数第 2 步，输出 Log Message 的标识不一样，这里就不再赘述了。Success 分支和 Business Exception 分支最终都流向了 Increment transaction index and reset retries 这个序列。打开这个序列，如图 12-85 所示，io_TransactionNumber=io_TransactionNumber+1，io_RetryNumber=0。这两步非常关键，当 TransactionItem 变量类型为非队列时，io_TransactionNumber=io_TransactionNumber+1 就意味着当 Process 成功执行或发生 Business Exception 时，都将执行下一条任务，io_RetryNumber=0 表示执行下一条任务时重新计数。

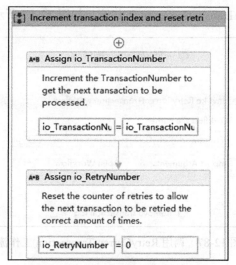

图 12-85　Business Exception 分支

（3）System Exception 分支

若不满足成功条件，且 in_SystemException 不为空，那么双击进入 System Exception
序列。System Exception 处理是这个模块中最复杂的，下面我们一步一步对其解析。

1）如图 12-86 所示，先给布尔变量 QueueRetry 赋值，判断 TransactionItem 类型是否
为队列。如果是队列，设置 TransactionItem 状态为 Failed，并将 io_RetryNumber 赋值为
in_TransactionItem.RetryNo。这里进一步说明 TransactionItem 类型为队列的时候，很多设
置都和 OC 端的设置有关系。

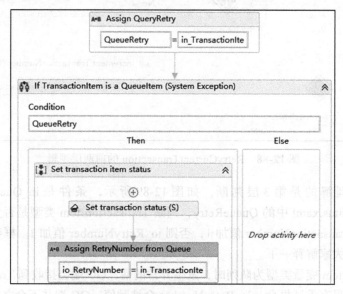

图 12-86　设置 TransactionItem 的状态

2）调用 RetryCurrentTransaction.xaml 工作流，如图 12-87 所示。

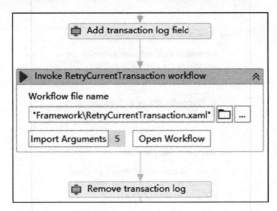

图 12-87　调用 RetryCurrentTransaction 工作流

3）点击 Open Workflow 查看，这个工作流是一个流程图，主要作用是判断目前执行的事务有没有达到最大尝试次数。如图 12-88 所示，第 1 层判断 MaxRetryNumber 的值是否＞0，这个设置是在 Config.xlsx 文件的 Constants 的第 2 行。如果 MaxRetryNumber=0，直接走 false 分支做下一条任务，意思是没有重试机会了。第 2 层判断为 io_RetryNumber 是否超出了 MaxRetryNumber，如果超出直接将 io_RetryNumber 归零，做下一条任务。

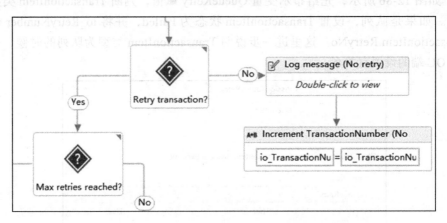

图 12-88　RetryCurrentTransaction 的前两层逻辑

这里最难理解的是第 3 层判断，如图 12-89 所示，条件是 in_QueueRetry 来源于 SetTransactionStatus.xaml 中的 QueueRetry，判断 TransactionItem 类型是否为队列。如果是队列类型，io_TransactionNumber 值加 1，否则 io_RetryNumber 值加 1。框架中为何要这样设置，这里要和大家解释一下。

TransactionItem 变量类型为队列时，发生异常的话，OC 端会接收到 TransactionItem 的状态为失败。如果有重试机会，io_RetryNumber 会被赋值，OC 端并不会立即做这一条错误的事务，而是接着做下一条。但是在整个任务执行完毕后，OC 端会自动将失败的任务再次发送给机器人，直到重试机会用完。所以你会发现，OC 端体现任务的 TransactionNumber 总数量＝原任务总数＋执行失败的次数。

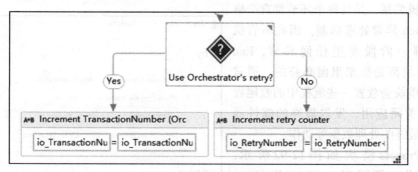

图 12-89　第三层逻辑判断

TransactionItem 不是队列时，io_RetryNumber 在这里自加 1，这时 TransactionNumber 并没有自加 1，因此传入 Main 时就会直接重试这条事务，并且框架中是靠 TransactionNumber 控制循环次数的，TransactionNumber 总数量＝原任务总数。

调用完 RetryCurrentTransaction.xaml 后，调用 Take-Screenshot.xaml，如图 12-90 所示，目的是截屏，并保存在程序根目录的 Exceptions_Screenshots 文件夹中。在实际项目中也可在这个工作流里面添加发邮件给用户的动作，不需要时可以删除。

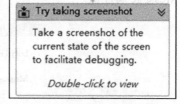

图 12-90　错误截屏功能

4）最后一步调用 CloseAllApplications，我们会在下一节 End Process 环节介绍。

以上就是 SetTransactionStatus 工作流的全部介绍。该模块是控制框架走向的核心模块，因此非常重要。

在实际项目中，如果 TransactionItem 为其他类型，并且需要传入该模块标识状态，就需要根据项目实际情况更改，我们将在 12.7 节介绍。

接下来我们将视线转向 Process Transaction 的 Transactions 环节，框架经过 Process 环节后，会以 Exception 的值为判断依据分为三个分支，如图 12-91 所示。

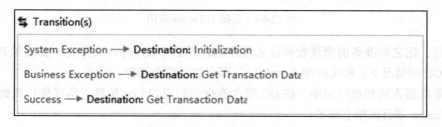

图 12-91　Transactions 环节

12.6　结束模块

本节我们开始学习框架里面的最后一个模块 End Process。框架是由状态机组成的，有严格的逻辑关系，并且每个环节都有严格的 Try Catch 异常处理机制，因此不管机器人在哪一阶段发生任何异常，End Process 模块都是框架里面必备的。通常情况下该模块会放置一些流程中的收尾程序，例如关闭应用、发送最终的邮件通知、保存最终的处理数据等动作。

End Process 模块如图 12-92 所示，仅一步动作，调用 CloseAllApplications.xaml 工作流，并且用 Try Catch 包住。

点击 Open Workflow 进入 CloseAll-Applications，程序的第 1 步是一个 Log Message 活动，如图 12-93 所示，更改其 Message 属性值。

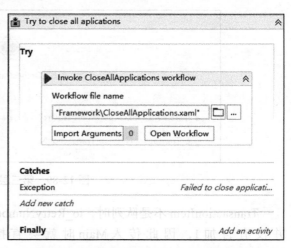

图 12-92　调用 CloseAllApplications 工作流

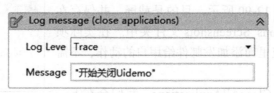

图 12-93　输出日志

然后拖入一个 Close Window 活动，并抓取 UiDemo 界面，如图 12-94 所示。

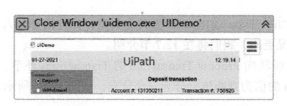

图 12-94　关闭 UiDemo 应用

最后，把之前准备的测试数据放入程序根目录的 Data\Input 文件夹，在确保 Robot 成功连接 OC 的情况下，按快捷键 "Ctrl+F6" 即可执行整个流程。

如果机器人顺利执行完毕，在 OC 端也能查到相应的 Log 信息。恭喜您！至此，整个 REF_Uidemo 项目成功上线了。

12.7 如何选择 Transaction Item 类型

在前面几节中，我们反复提及框架里面的两个变量 TransactionData 和 TransactionItem。如果我们将例 12.1 的 UiDemo 顺利跑起来的话，至少可以理解 TransactionData、TransactionItem 与 OC 之间的关系。但是，仅仅是会用队列方式结合 OC 运用企业框架是远远不够的，因为在实际项目中，并不是所有的场景都适合用队列方式，也不是所有的自动化都有 OC 环境。

因此学会设置 TransactionItem 变量类型是灵活运用框架解决实战问题的必经之路，本节将结合例 12.1 将 TransactionItem 类型设置为 DataRow。

1）复制一份例 12.1 的副本，如图 12-95 所示。

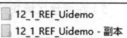

2）打开副本里面的 Main 文件，进入 Initialization，找到"上传 OC 队列任务"的序列，并加注释，如图 12-96 所示。

图 12-95 复制项目

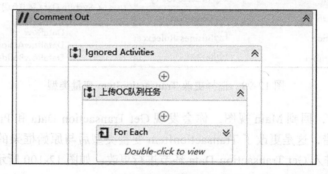

12-96 加注释

3）在其下方拖入一个 Read Range 活动读取样本数据，并输出到 TransactionData 变量，如图 12-97 所示。

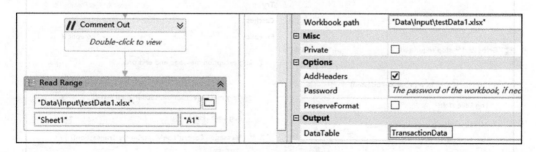

图 12-97 读取任务表

4）然后拖入三个 Add Data Column，为 TransactionData 增加 Status、SystemException、BusinessException 三个字段用于标识状态，如图 12-98 所示。图中的属性窗口是第一个 Add Data Column 的，其他两个可以参照更改。

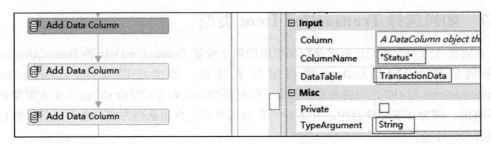

图 12-98　增加状态字段

5）在变量区域找到 TransactionItem，将其类型更改为 DataRow，如图 12-99 所示。

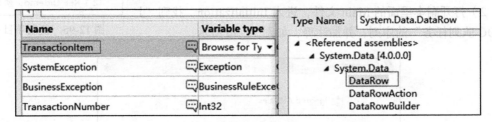

图 12-99　选择更改 TransactionItem 变量类型

6）改完之后，回到 Main 视图，你会发现 Get Transaction Data 和 Process Transaction 两个阶段都有报错，这是更改了 TransactionItem 变量类型后与原始框架的默认设置有冲突导致的。我们先进入 Get Transaction Data 环节进行更改，如图 12-100 所示，先把框内的两个赋值删掉，重新拖进来，重新赋值成一样的内容即可。

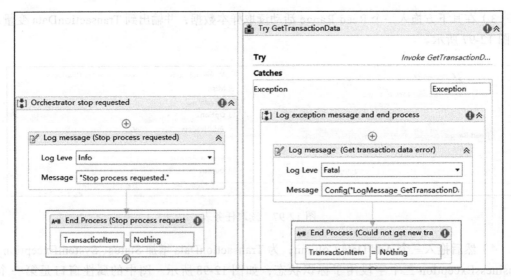

图 12-100　修改 Get Transaction Data 环节的错误

7）进入 GetTransactionData.xaml，查看其参数，将参数 out_TransactionItem 改为 DataRow 类型，如图 12-101 所示。

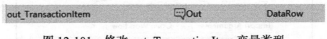

图 12-101　修改 out_TransactionItem 变量类型

8）然后将从 OC 端获取 Get transaction item，将程序的第 2 步 If 的 Condition 按图 12-102 所示更改。意思是 in_TransactionNumber 的值累加到超出 TransactionData 行数时，走 Else 环节，将 out_TransactionItem 赋值为 Nothing，否则走 Then 环节，将 out_TransactionItem 赋值为 io_TransactionData 的第 TransactionNumber−1 行的数据，如图 12-103 所示。这里之所以要减 1，首先因为 DataTable 的行标都是从 0 开始的，其次因为 TransactionNumber 在框架里面是从 1 开始计数的，所以要减 1 才能从 TransactionData 的第一行开始拿数据。

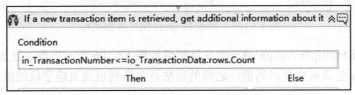

图 12-102　修改控制条件

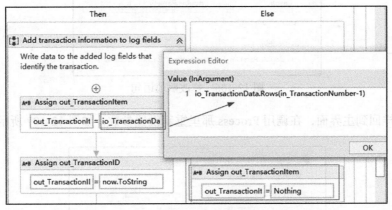

图 12-103　修改 out_TransactionItem 产出条件

9）将更改后的 GetTransactionData.xaml 保存后，因为参数类型变动，从 Main 调用它时，需要重新设置一次 TransactionItem，如图 12-104 所示。

10）改完 Get Transaction Data 后报错将消失，然后进入 Process Transaction 阶段，再调用 Process.xaml 打开此工作流。首先，将其传参 in_TransactionItem 变量类型改为 DataRow，如图 12-105 所示。

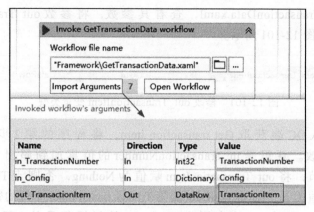

图 12-104　修改传参设置

Name	Direction	Argument type
in_TransactionItem	💬In	DataRow
in_Config	💬In	Dictionary<String,Object>

图 12-105　修改 Process 模块参数类型

11）然后将 Multiple Assign 的三个变量赋值按图 12-106 所示更改，这里更改的目的是直接拿 DataRow 里面对应字段的值。之前的写法是拿队列里面对应字段的值。

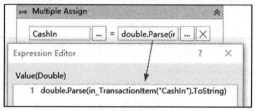

图 12-106　修改赋值语句

12）同样回到主界面，在调用 Process 那里重新设置参数，如图 12-107 所示。

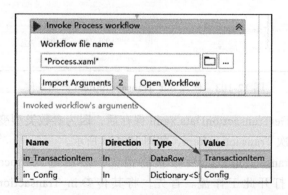

图 12-107　修改传参设置

13）再回到 Main 界面，调用 SetTransactionStatus.xaml，如图 12-108 所示。

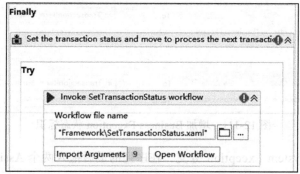

图 12-108　SetTransactionStatus 工作流报错

14）点击 Open Workflow 进入，首先将 in_TransactionItem 变量类型改为 DataRow。改完之后每个条分支都会报错，如图 12-109 所示。这里报错是和框架里面默认设置队列有关，将三条分支的涉及 Set transaction status 活动报错的地方删除或加注释即可。

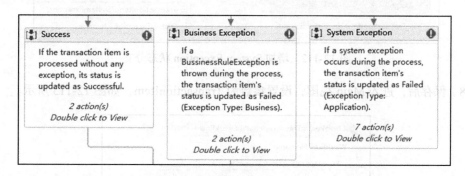

图 12-109　修改 SetTransactionStatus 工作流

15）下面我们开始标识 TransactionItem 的状态，在 Initialization 环节增加的三个字段中进行标识。双击进入 Success 分支，在序列的最后拖入一个 Assign，将 in_TransactionItem("Status") 设为 "OK"，如图 12-110 所示。

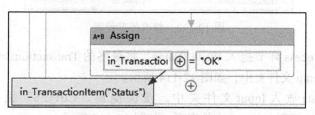

图 12-110　增加成功状态标识

16）双击进入 Business Exception 分支，在序列的最后拖入两个 Assign，按图 12-111

所示设置属性。

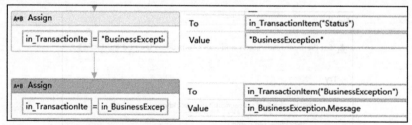

图 12-111 增加 Business Exception 状态标识

17）双击进入 System Exception 分支，在序列的最后拖入两个 Assign，按图 12-112 所示设置属性。

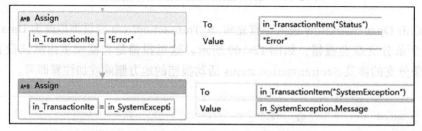

图 12-112 增加 System Exception 状态分支

18）保存后，进入 Main 视图，设置参数为 TransactionItem，如图 12-113 所示。

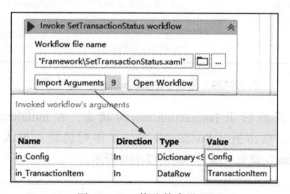

图 12-113 修改传参设置

19）在 End Process 环节拖入 Write Range，将最终的 TransactionData 输出到 Excel 表里面，并保存在 Temp 文件夹中，如图 12-114 所示。

20）将 TestData 放入 Input 文件夹中，按快捷键"Ctrl+F6"执行程序。最终的 TransactionData 将被保存在 Temp 文件夹下，如图 12-115 所示。

如果机器人顺利产出图 12-115 所示的 Excel 表，恭喜您，你已经学会了如何修改 TransactionItem。

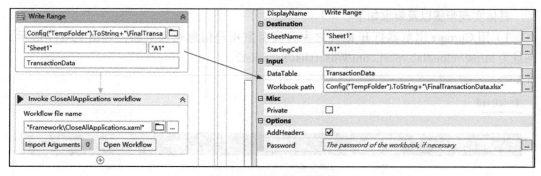

图 12-114　输出最终结果

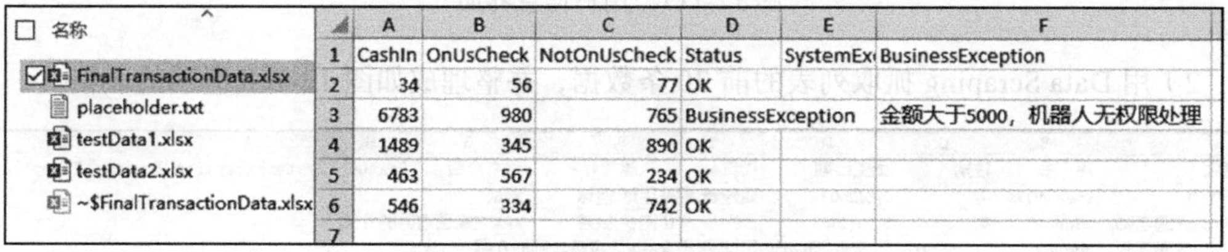

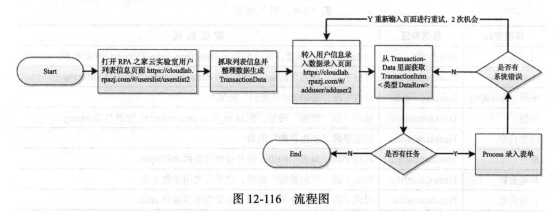

图 12-115　机器人执行结果参考

12.8　项目实战——自动爬取网页数据并提交表单

我们做数据搬运工作时，通常按照从系统 A 获得数据、整理数据、最后将数据录入系统 B 这样一个顺序。企业框架结构也是站在事务处理的角度，按照获取数据、处理数据、录入数据这样的思路去设计的。

本节我们将结合 RPA 云实验室平台模拟一个抓取数据、录入数据的场景，加强企业框架的实战练习。

具体流程设计如图 12-116 所示。

图 12-116　流程图

具体实现步骤以及要求如下。

1）用 Chrome 浏览器打开 RPA 之家云实验室用户信息列表页面，如图 12-117 所示，网址为 https://cloudlab.rpazj.com/#/userslist/userslist2。

| 首页 / 用户信息抓取 / 用户信息列表 |

用户信息列表

姓名	用户名	性别	出生日期	籍贯	兴趣爱好	自我介绍
陈德炼	chenshi178	男	2/6/2003	福建省-福州市-鼓楼区		测试
admin	admin	男	2/5/2003	北京省-市辖区市-海淀区	足球,爬山,篮球	

图 12-117 用户信息界面

2）用 Data Scraping 抓取列表的前 20 条数据，并整理成如图 12-118 所示的表格。

	A	B	C	D	E	F	G	H	I	J
	姓名	用户名	性别	出生日期	籍贯	兴趣爱好	自我介绍	Status	SystemException	BusinessException
	陈德炼	chenshi178	男	2/6/2003	福建省-福州	足球,篮球	测试			
	RPA之家葛老师	admin92	女	5/29/1985	云南省-文山	跑步,旅游	RPA之家葛老师的介绍			
	RPA之家董老师	admin91		11/26/1992	青海省-海南市	足球,跑步,	RPA之家董老师的介绍			
	RPA之家庾老师	admin90		9/17/1990	黑龙江省-齐齐	足球,爬山,	RPA之家庾老师的介绍			
	RPA之家仉老师	admin89		9/4/1990	安徽省-安庆市	跑步	RPA之家仉老师的介绍			
	RPA之家贲老师	admin88		12/10/1996	河北省-保定市	跑步,篮球,	RPA之家贲老师的介绍			
	RPA之家仲老师	admin87	男	6/21/1981	福建省-南平	跑步,篮球	RPA之家仲老师的介绍			

图 12-118 抓取的参考结果

3）筛选表格中性别为男或女的数据作为 Transaction-Data。

4）设置 TransactionItem 变量类型为 DataRow。

5）浏览器页面转入用户信息录入页面，如图 12-119 所示，网址为 https://cloudlab.rpazj.com/#/adduser/adduser2。录入规则如表 12-6 所示。

图 12-119 系统录入界面

表 12-6 录入规则

界面字段	数据来源	取 值 规 则
用户名	RPA 生成	"admin" + 时间函数，例如 "admin"+DateTime.Today.ToString("yyMMddHHmmss")
姓名	TransactionItem	对应字段"姓名"的值，例如 in_TransactionItem("姓名").ToString
密码 / 确认密码	TransactionItem	对应字段"密码 / 确认密码"的值
性别	TransactionItem	对应字段"性别"的值，例如 in_TransactionItem("性别").ToString
出生日期	TransactionItem	对应字段"出生日期"的值
籍贯	TransactionItem	对应字段"籍贯"的值，注意这里需要用函数 split
兴趣爱好	TransactionItem	对应字段"兴趣爱好"的值，这里需要用函数 split
自我介绍	TransactionItem	对应字段"自我介绍"的值，这里需要用函数 split

6）执行完毕后，机器人在 TransactionItem 中标识状态，并在 End Process 流程将 TransactionData 输出到 Excel 表中，如图 12-120 所示。

	A	B	C	D	E	F	G	H	I	J	K
1	姓名	用户名	性别	出生日期	籍贯	兴趣爱好	自我介绍	Status	SystemEx	BusinessException	
2	admin	admin21020	男	2/5/2003	北京省-市辖	篮球,爬山,足球		OK			
3	RPA之家严老	admin21020	女	7/23/1984	陕西省-汉中	跑步,足球	RPA之家严老	OK			
4	陈德炼	chenshi178	男	2/6/2003	福建省-福州市-鼓楼区		测试	Error	找不到与此选取器对应的用户		
5	admin	admin	男	2/5/2003	北京省-市辖	爬山,足球,篮球		OK			
6	RPA之家严老	admin100	女	7/23/1984	陕西省-汉中	跑步,足球	RPA之家严老	OK			
7	RPA之家库老	admin99	女	2/19/1988	山西省-晋中	足球,篮球	RPA之家库老	OK			
8	RPA之家充老	admin98	女	5/17/1994	新疆省-阿克	爬山,旅游,足	RPA之家充老	OK			

图 12-120　机器人执行结果参考

第 13 章

考勤数据分析机器人

本章将按照项目管理要求，详细讲解企业内部的真实项目。为了能够最大程度地还原项目在企业中的实现过程，本案例中的所有功能模块均按照真实场景进行讲解。

13.1 需求调研

在开始一个 RPA 项目时，首要的工作就是收集客户需求。挖掘出客户的显性和隐性的需求之后，再将这些需求进行分类，确定哪些需求可以用 RPA 实现，哪些需求必须人为干预。最后决定需要实现自动化的流程。

13.1.1 适用业务场景介绍

大部分公司都有自己的考勤管理系统，每天上下班都需要进行考勤打卡。有的人可能会担心自己没有打卡成功，所以一般都会多次打卡，这样系统中就会存在多条考勤记录。

负责考勤的人力资源同事每个月都会对考勤数据进行整理，并将最终结果提交给部门领导，最终提交到财务，作为本月工资发放的参考资料。随着公司人员数量的增加，清理无效数据的工作也就随之增加。为了减轻工作负担，可以将这样高度重复且有明确规则的业务交由机器人代为处理。

13.1.2 RPA 机器人实施后的收益

对业务流程进行分类处理，将可以用 RPA 机器人替代的部分用 RPA 技术来实现，得到如图 13-1 所示的收益对比图。实施后，效率提高近 13 倍。

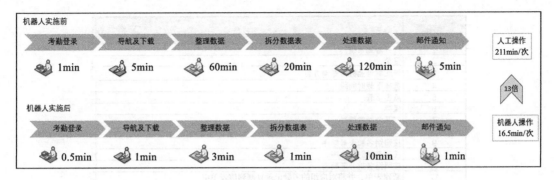

图 13-1　收益对比图

13.1.3　本业务中的痛点

- ❏ 数据量大，人员数量多，整理数据耗时长。
- ❏ 手动删除大量无效数据，出错风险高。
- ❏ 多条最早和最晚的考勤记录需要人工找出，工作烦琐且易出错。

13.1.4　机器人运行环境调研

为了能够让开发出来的机器人正常且稳定运行，我们需要详细了解机器人的运行环境，其中包含机器人运行的硬件环境、软件环境、网络环境、机器人用户权限。

- ❏ 硬件环境：CPU、内存、硬盘，能保证机器人在运行过程中不会中途停止或退出。一般建议：CPU 内核 i5 以上；内存 4GB 以上；硬盘 500GB 以上。
- ❏ 软件环境：Windows 7 或 Windows 10，Windows Server 2012 等，OA 软件比如 Office 2010 及以上版本。如果需要安装 UiPath Studio，还要求安装 .Net Framework 4.6 及以上版本。目标电脑上要安装浏览器，比如 IE、Chrome、火狐等。
- ❏ 网络环境：需要提前确认机器人运行是否需要访问外部网络，以及能否访问外部网络，尽可能在上线前解决问题。
- ❏ 机器人运行权限：根据实际需求，对机器人运行账户的权限进行授权，包括内部共享资源访问权限、网络访问权限、机器人操作的系统账户权限等。

13.1.5　自动化思维拆解业务场景

用自动化思维来实现考勤数据的分析和整理，需要和负责考勤的同事一起分析和拆解现有的操作步骤，如图 13-2 所示。

合理分配需要人工执行的部分和 RPA 机器人自动执行的部分，找到适合 RPA 机器人操作的部分并进行风险分析，如图 13-3 所示。在设计业务流程时，尽可能覆盖所有可能会出现的异常情况，针对每个动作进行风险分析并提出对应的处理方案。

序号	业务操作
1	打开考勤系统
2	登录
3	导航到考勤数据查询页面
4	选择下载时间段
5	点击下载
6	保存
7	打开考勤数据表
8	调整数据表格式
9	按照组名和卡号排序
10	按照考勤时间排序
11	按照组名拆分考勤表
12	新建表单，并将对应组的考勤记录复制到该表单中
13	查找当前员工的考勤数据
14	找到第一条打卡记录
15	找到最后一条打卡记录
16	删除多余打卡记录
17	判断正常出勤，涂绿色，打卡时间：08:50:00前
18	判断迟到，涂粉红色，打卡时间：08:50:00后
19	判断早退，涂红色，打卡时间：18:00:00前
20	判断正常退勤，不涂色，打卡时间：18:00:00-18:59:59
21	判断加班，涂黄色，打卡时间：19:00:00后
22	保存结果
23	结果邮件发送至部门领导和相关业务人员

图 13-2　业务操作清单

序号	业务操作	风险分析
1	打开考勤系统	-
2	登录	系统未响应或密码错误 解决方案：尝试有限次数的重复登录，如果仍无法登录则邮件反馈给用户。
3	导航到考勤数据查询页面	导航页面加载失败。 解决方案：重试刷新页面，如果仍无法加载则记录异常，并通知用户。
4	选择下载时间段	-
5	点击下载	-
6	保存	-
7	打开考勤数据表	-
8	调整数据表格式	-
9	按照组名和卡号排序	-
10	按照考勤时间排序	-
11	按照组名拆分考勤表	-
12	新建表单，并将对应组的考勤记录复制到该表单中	-
13	查找当前员工的考勤数据	-
14	找到第一条打卡记录	-
15	找到最后一条打卡记录	-
16	删除多余打卡记录	-
17	判断正常出勤，涂绿色，打卡时间：08:50:00前	-
18	判断迟到，涂粉红色，打卡时间：08:50:00后	-
19	判断早退，涂红色，打卡时间：18:00:00前	-
20	判断正常退勤，不涂色，打卡时间：18:00:00-18:59:59	-
21	判断加班，涂黄色，打卡时间：19:00:00后	-
22	保存结果	-
23	结果邮件发送至部门领导和相关业务人员	-

图 13-3　风险分析清单

13.1.6　识别流程开发所需活动

不同的公司可能会选择不同的 RPA 产品，所使用的技术也不同，因此流程设计界面也各不相同。UiPath 利用 REF 框架实现的流程设计界面如图 13-4 所示。

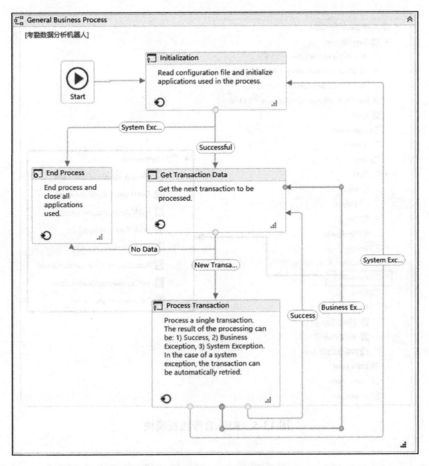

图 13-4　REF 框架

13.1.7　定义异常规则

在考勤数据分析业务场景中，我们对异常处理规则的定义如下所示。

❑ 系统异常：考勤系统打开出错，下载数据中断，发送邮件失败。

❑ 业务异常：登录系统失败，导航页面加载失败，考勤数据存在 0 条、1 条、多条。

13.2　流程设计

考勤数据分析机器人采用的是 UiPath 提供的经典企业级 REF 框架，本框架能够满足企业的基本需求。我们只需要将自定义模块合理地嵌入框架中，即可实现业务流程的自动化。REF 框架自带的流程模块如图 13-5 所示。根据前面的需求分析，我们把流程每个模块需要做的具体事情也转变为 RPA 流程图，如图 13-6 所示。

图 13-5   REF 自带流程模块

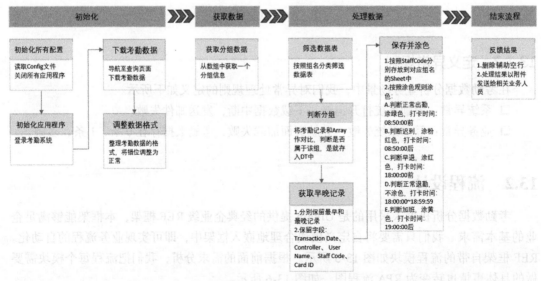

图 13-6   RPA 流程图

　　为了将自定义模块统一存放，在项目中新建一个"数据分析"的文件夹，在后面的操作步骤中，将所有自定义流程全部存放到该目录中，如图 13-7 所示。

13.2.1　初始化

　　本模块的作用是清理当前系统环境，关闭所有与本流程无关的系统，读取配置信息，并获取需要处理的 Excel 表格。不同公司的考勤系统不一样，这里我们通过 RPA 之家云试验室来模拟登录操作和考勤数据下载操作。初始化模块中包含登录考勤系统、下载考勤数据、读取配置文件和调整数据格式，如图 13-8 所示。

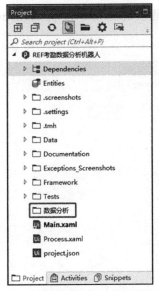

图 13-7　新建【数据分析】文件夹

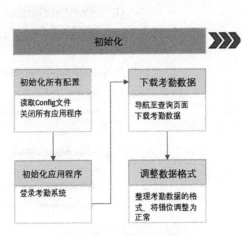

图 13-8　初始化模块

1）从考勤系统中下载的数据表格式如图 13-9 所示。

Transaction Date	Transaction Type	Panel	Controller	User Name	Staff Code	Department	Card ID
2019/10/1 1:56							
	In	Cos 18/F	18/F Male Toilet	Wu Tianfa	Admin Team	Cos 16/F&18/F	47097
2019/10/1 10:56							
	In	Cos 18/F	18/F Male Toilet	Wu Tianfa	Admin Team	Cos 16/F&18/F	47097
2019/10/2 1:56							
	In	Cos 18/F	18/F Male Toilet	Wu Tianfa	Admin Team	Cos 16/F&18/F	47097
2019/10/2 10:56							
	In	Cos 18/F	18/F Male Toilet	Wu Tianfa	Admin Team	Cos 16/F&18/F	47097
2019/10/3 1:56							
	In	Cos 18/F	18/F Male Toilet	Wu Tianfa	Admin Team	Cos 16/F&18/F	47097
2019/10/3 10:56							
	In	Cos 18/F	18/F Male Toilet	Wu Tianfa	Admin Team	Cos 16/F&18/F	47097

图 13-9　原始数据格式

2）整理以后的数据表格式如图 13-10 所示。

Transaction Date	Transaction Type	Panel	Controller	User Name	Staff Code	Department	Card ID
2019/10/1 1:56	In	Cos 18/F	18/F Male Toilet	Wu Tianfa	Admin Team	Cos 16/F&18/F	47097
2019/10/1 10:56	In	Cos 18/F	18/F Male Toilet	Wu Tianfa	Admin Team	Cos 16/F&18/F	47097
2019/10/2 1:56	In	Cos 18/F	18/F Male Toilet	Wu Tianfa	Admin Team	Cos 16/F&18/F	47097
2019/10/2 10:56	In	Cos 18/F	18/F Male Toilet	Wu Tianfa	Admin Team	Cos 16/F&18/F	47097
2019/10/3 1:56	In	Cos 18/F	18/F Male Toilet	Wu Tianfa	Admin Team	Cos 16/F&18/F	47097
2019/10/3 10:56	In	Cos 18/F	18/F Male Toilet	Wu Tianfa	Admin Team	Cos 16/F&18/F	47097
2019/10/4 1:56	In	Cos 18/F	18/F Male Toilet	Wu Tianfa	Admin Team	Cos 16/F&18/F	47097

图 13-10　整理后的数据格式

3）初始化模块中，各个分支流程在模块所在的流程名称为 InitAllApplications.xaml。具体的顺序如图 13-11 所示。

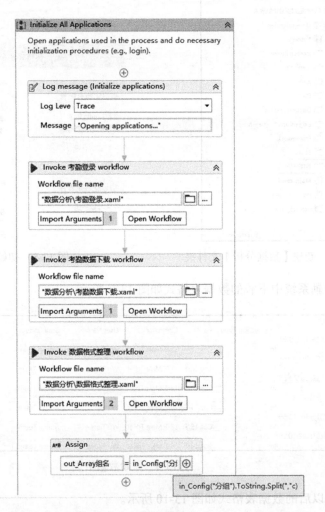

图 13-11　初始化模块

在正式开发各个模块前，先将配置文件中的内容填写完整，具体操作步骤如下。

1）修改配置文件 Config，存放目录如图 13-12 所示。

图 13-12　配置文件存放路径

追加如下内容，如图 13-13 所示。

Name	Value	Description
OrchestratorQueueName	ProcessABCQueue	Orchestrator queue Name. The value must match
logF_BusinessProcessName	Framework	Logging field which allows grouping of log data of two or more subprocesses under the same
考勤文件路径	D:\Data\Input\考勤数据.xlsx	用于存放需要处理的考勤原始记录表
考勤结果路径	D:\Data\Output\考勤数据分析结果.xlsx	用于存放处理的考勤记录表
分组	Admin Team,EndPoint Device team,Network team	用于需要处理的分组信息，以英文的逗号进行分隔，最后一个分组不需要
MailAddress	@rpazi.com	机器人使用的邮箱
MailPassword		机器人使用邮箱的密码
SMTP	smtp.exmail.qq.com	机器人发送邮件的SMTP协议
Port	465	发邮件使用的端口号
From	@rpazj.com	发件人邮箱
Name	RPA之家	发件人姓名
通知人邮箱	@rpazj.com	多个收件人时，请用分号分隔，例如 aaa@gmail.com;bbb@gmail.com,最后一个收件人邮箱地址后面不用加分号
通知邮件内容	本邮件来自机器人发送，请勿回复。	
通知邮件主题	机器人：考勤数据整理完成完成	
考勤URL	https://cloudlab.rpazj.com/#/	用于存放考勤系统的网址
用户名	admin	登录考勤系统的用户名
密码	admin	登录考勤系统的密码

图 13-13　配置文件内容

2）右键点击"数据分析"文件夹，选择" Add → Sequence"，新建一个 Sequence，命名为"考勤登录"，如图 13-14 所示。

3）在考勤登录模块添加如下活动。

❏ Open Browser：用于打开考勤系统页面，本案例打开网页采用 Chrome 浏览器。

❏ Maximize Window：最大化窗口。

❑ Type into：一个输入用户名，另一个输入登录密码。

❑ Click：用于导航到考勤登录页面和点击登录按钮。

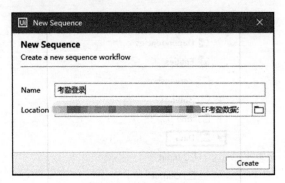

图 13-14　新建子流程

具体流程如图 13-15 所示。

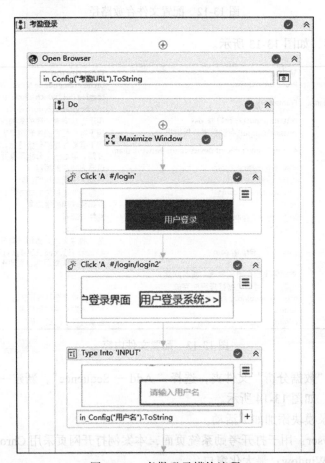

图 13-15　考勤登录模块流程

Type Into 'INPUT'
请输入密码
in Config("密码").ToString
Click 'BUTTON'
登录

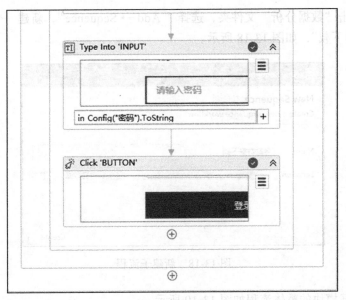

图 13-15 （续）

本模块使用的参数“in_Config”，类型为字典类型，如图 13-16 所示。

Name	Direction	Argument type	Default value
in_Config	In	Dictionary<String,Object>	*Enter a VB expression*
Create Argument			

图 13-16　参数列表

在主流程中的参数设定如图 13-17 所示。

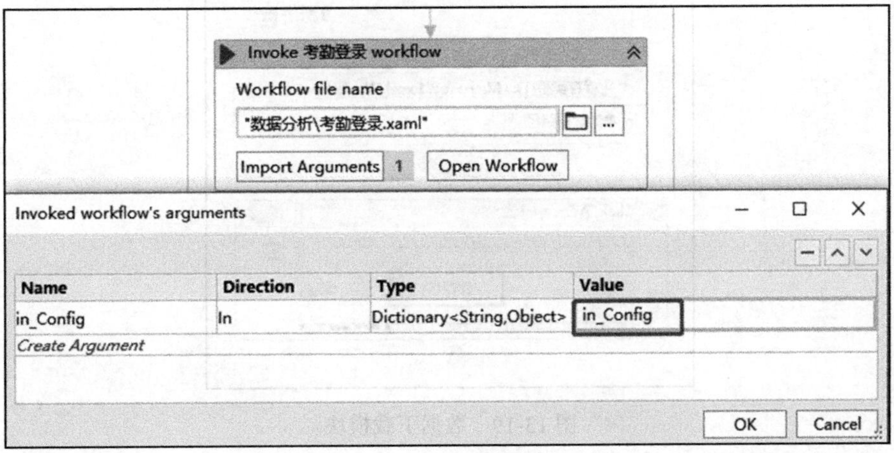

Invoke 考勤登录 workflow
Workflow file name
"数据分析\考勤登录.xaml"
Import Arguments 1
Open Workflow
Invoked workflow's arguments
Name
Direction
Type
Value
in_Config
In
Dictionary<String,Object>
in_Config
Create Argument
OK
Cancel

图 13-17　子流程参数

4）右键点击"数据分析"文件夹，选择"Add → Sequence"，新建一个 Sequence，命名为"考勤数据下载"，如图 13-18 所示。

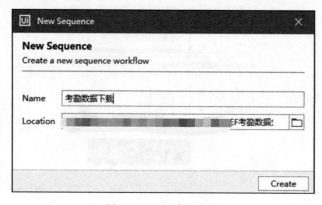

图 13-18　新建子流程

5）数据下载模块的整体流程如图 13-19 所示。

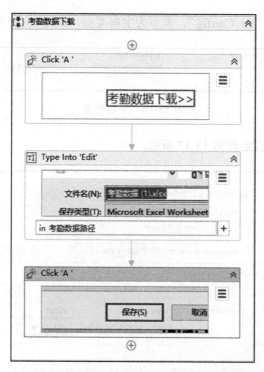

图 13-19　数据下载模块

本流程中使用参数"in_考勤数据路径"，如图 13-20 所示。

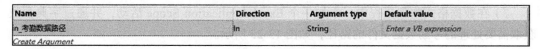

Name	Direction	Argument type	Default value
in_考勤数据路径	In	String	Enter a VB expression
Create Argument			

图 13-20　参数列表

主流程中参数设定如图 13-21 所示。

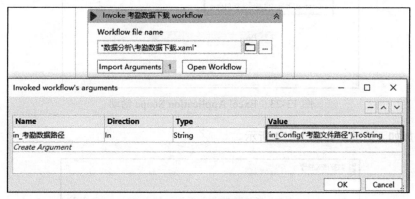

图 13-21　主流程参数设定

6）右键点击"数据分析"文件夹，选择"Add → Sequence"，新建一个 Sequence，命名为"数据格式整理"，如图 13-22 所示。

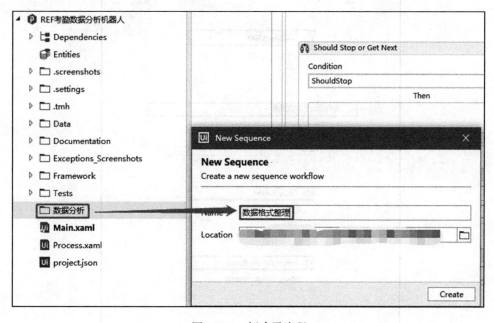

图 13-22　新建子流程

7）在数据格式整理流程中，添加一个 Excel Application Scope 活动，并通过字典参数获取需要处理的考勤数据文件的路径，如图 13-23 所示。

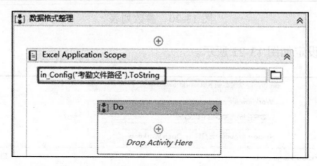

图 13-23　Excel Application Scope 活动

8）添加如下活动，如图 13-24 所示。

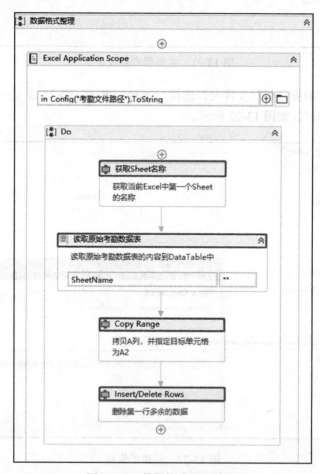

图 13-24　数据格式整理流程

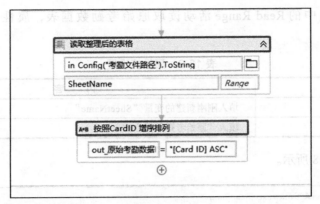

图 13-24　（续）

变量列表如图 13-25 所示。

Name	Variable type	Scope	Default
SheetName	String	Do	*Enter a VB expression*
原始考勤数据DT	DataTable	Do	*Enter a VB expression*

图 13-25　变量列表

参数列表如图 13-26 所示。

Name	Direction	Argument type	Default value
in_Config	In	Dictionary<String,Object>	*Enter a VB expression*
out_原始考勤数据DT	Out	DataTable	*Default value not supported*

图 13-26　参数列表

使用 Get Sheet Name 活动获取 Sheet 名称，属性值设置如表 13-1 所示。

表 13-1　属性值设置

属性名	内　　容
Index	0，代表读取的是第一个 Sheet
Sheet	新建变量 SheetName，用来存放 Sheet 名称

属性如图 13-27 所示。

UiPath.Excel.Activities.ExcelGetWorkbookSheet
- Common
  - DisplayName　获取Sheet名称
- Input
  - Index　　0
- Misc
  - Private　☐
- Output
  - Sheet　　SheetName

图 13-27　Get Sheet Name 属性设置

使用 Excel 组中的 Read Range 活动读取原始考勤数据表，属性值设置如表 13-2 所示。

表 13-2 属性值设置

属性名	内 容
SheetName	填入刚刚新建的变量"SheetName"
DataTable	填入"原始考勤数据 DT"

属性如图 13-28 所示。

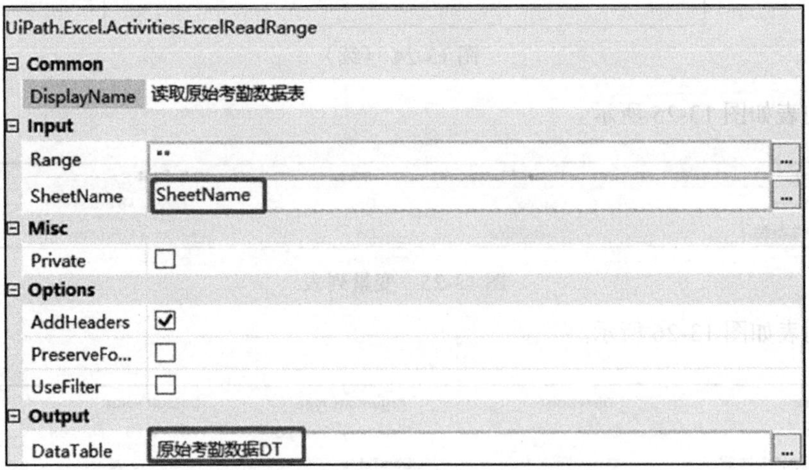

图 13-28 Read Range 活动属性设定

在 ExcelApplicationScope 容器中使用 Copy Range 活动，属性值设置如表 13-3 所示。

表 13-3 属性值设置

属性名	内 容
DestinationCell	填入单元格下标 "A2"，用于确定目标单元格
DestinationSheet	填入变量 SheetName，用于确定目标 Sheet
SheetName	填入变量 SheetName，用于确定要复制的 Sheet
SourceRange	填入复制范围 " "A1:A"+ 原始考勤数据 DT.Rows.Count.ToString"，用于确定要复制的具体范围
CopyItems	默认 All 即可

属性如图 13-29 所示。

使用 Insert/Delete Rows 活动删除行或增加行，属性值设置如表 13-4 所示。

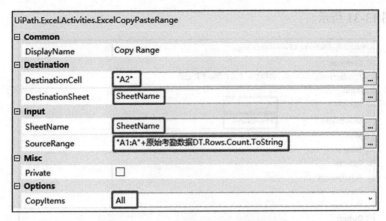

图 13-29 Copy Range 活动属性设定

表 13-4 属性值设置

属性名	内　　容
NoRows	填入 1，删除行数
Position	填入 1，删除行的位置
ChangeMode	填入 Remove，表示删除
SheetName	填入复制范围 ""A1:A"+ 原始考勤数据 DT.Rows.Count.ToString"，用于确定要复制的具体范围

属性如图 13-30 所示。

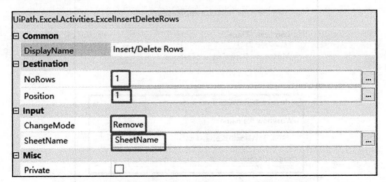

图 13-30 Insert/Delete Rows 活动属性设定

使用 Excel 组中的 Read Range 活动读取整理之后的原始考勤记录，属性值设置如表 13-5 所示。

表 13-5 属性值设置

属性名	内　　容
Range	默认即可
SheetName	填入刚刚新建的变量 SheetName
DataTable	填入 out 类型的参数 "out_原始考勤数据 DT"，传递给后续流程使用

属性如图 13-31 所示。

UiPath.Excel.Activities.ExcelReadRange	
⊟ Common	
DisplayName	读取整理之后的原始考勤记录
⊟ Input	
Range	**
SheetName	SheetName
⊟ Misc	
Private	☐
⊟ Options	
AddHeaders	☑
PreserveFormat	☐
UseFilter	☐
⊟ Output	
DataTable	out_原始考勤数据DT

图 13-31　Read Range 活动属性设定

9）将流程"数据格式整理"嵌入初始化模块 Initialization 中的 Initialize All Applications 流程中，如图 13-32 所示。

图 13-32　子模块引入

导入参数如图 13-33 所示。

初始化模块中的参数设定如图 13-34 所示。

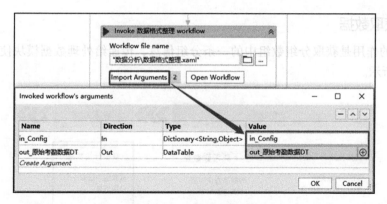

图 13-33　子流程参数导入

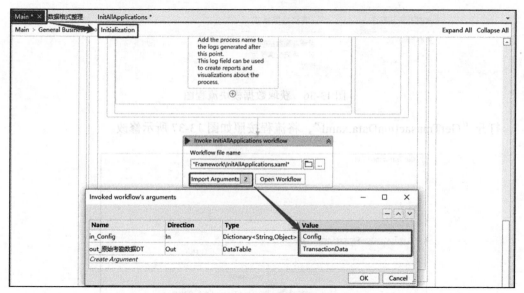

图 13-34　初始化模块参数导入

10）最后执行的效果如图 13-35 所示。

Transaction Date	Transaction Type	Panel	Controller	User Name	Staff Code	Department	Card ID
2019/10/1 1:56	In	Cos 18/F	18/F Male Toilet	Wu Tianfa	Admin Team	Cos 16/F&18/F	47097
2019/10/1 10:56	In	Cos 18/F	18/F Male Toilet	Wu Tianfa	Admin Team	Cos 16/F&18/F	47097
2019/10/2 1:56	In	Cos 18/F	18/F Male Toilet	Wu Tianfa	Admin Team	Cos 16/F&18/F	47097
2019/10/2 10:56	In	Cos 18/F	18/F Male Toilet	Wu Tianfa	Admin Team	Cos 16/F&18/F	47097
2019/10/3 1:56	In	Cos 18/F	18/F Male Toilet	Wu Tianfa	Admin Team	Cos 16/F&18/F	47097
2019/10/3 10:56	In	Cos 18/F	18/F Male Toilet	Wu Tianfa	Admin Team	Cos 16/F&18/F	47097
2019/10/4 1:56	In	Cos 18/F	18/F Male Toilet	Wu Tianfa	Admin Team	Cos 16/F&18/F	47097
2019/10/4 10:56	In	Cos 18/F	18/F Male Toilet	Wu Tianfa	Admin Team	Cos 16/F&18/F	47097
2019/10/5 1:56	In	Cos 18/F	18/F Male Toilet	Wu Tianfa	Admin Team	Cos 16/F&18/F	47097

图 13-35　执行结果

13.2.2 获取数据

本模块的作用是获取分组数组中的一条分组信息，传递给处理数据模块使用，流程图如图 13-36 所示。

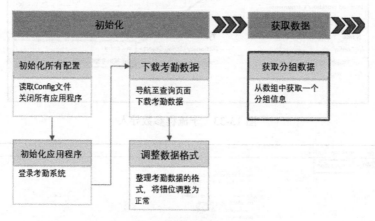

图 13-36 获取数据模块流程图

打开 "GetTransactionData.xaml"，将流程按照如图 13-37 所示修改。

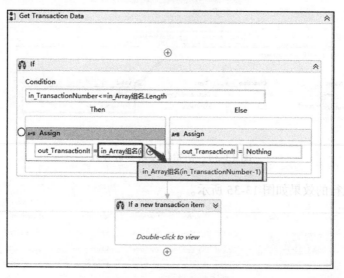

图 13-37 获取数据模块

> 📷 注意 在获取数组的元素时，下标是从 0 开始的，所以要写成 out_TransactionItem=in_Array 组名（in_TransactionNumber−1）。

13.2.3　处理数据

本模块的作用是根据获取数据模块传递的分组内容，对整个数据表进行遍历，并将最后处理的结果写入 Excel 中。这个模块也是本项目的核心模块。流程图如图 13-38 所示。

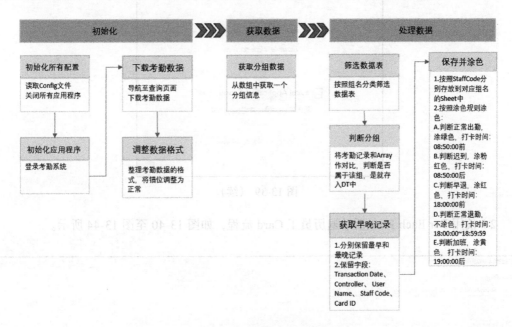

图 13-38　处理数据模块流程图

1）整个核心处理模块的总体开发流程如图 13-39 所示。

图 13-39　处理数据核心流程

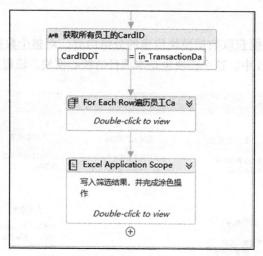

图 13-39 （续）

2）使用 For Each Row 活动遍历员工 Card 流程，如图 13-40 至图 13-44 所示。

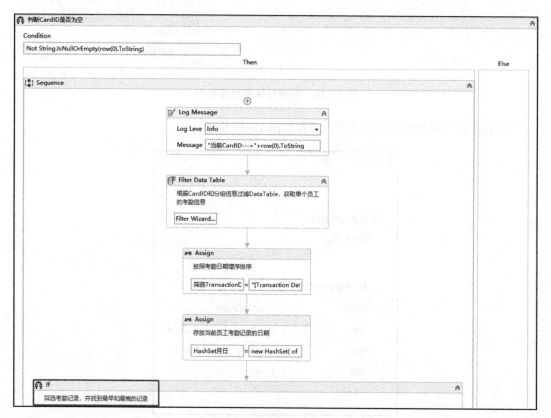

图 13-40　遍历员工 Card

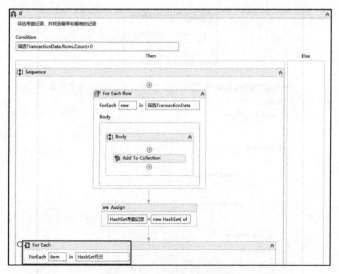

图 13-41   筛选考勤记录

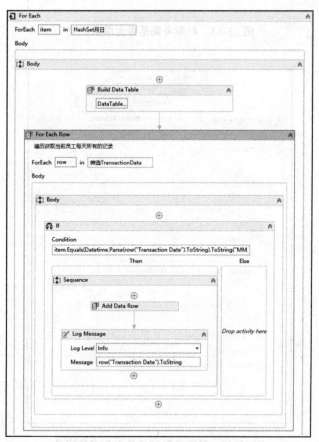

图 13-42   获取员工每日考勤记录

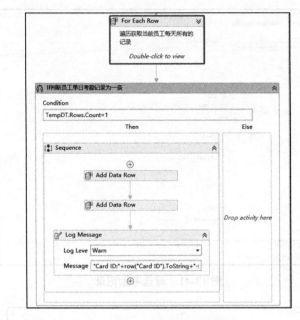

图 13-43　判断考勤是否为单条记录

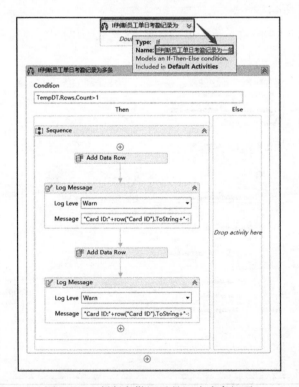

图 13-44　判断考勤记录是否为多条记录

3）按照分组将筛选结果分别写入对应的 Sheet 中，如图 13-45 所示。

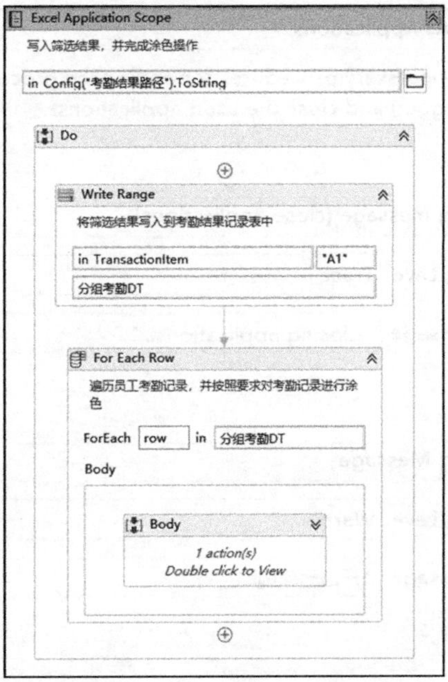

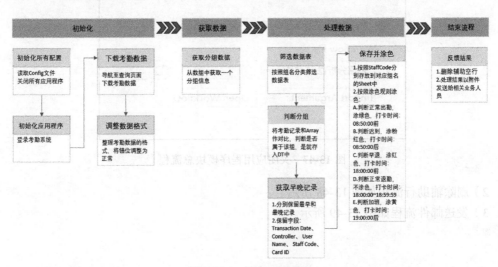

图 13-45　分组写入考勤记录

13.2.4　结束流程

结束流程的作用是将涂色过程中添加的辅助行删除并保存结果，然后把最后的 Excel 表格以附件形式发送给指定的业务人员。RPA 业务流程图如图 13-46 所示。

图 13-46　结束流程模块

1）结束流程的整体流程图如图 13-47 所示。

图 13-47　关闭应用程序模块总流程

2）删除辅助行流程如图 13-48 所示。
3）发送邮件流程如图 13-49 所示。

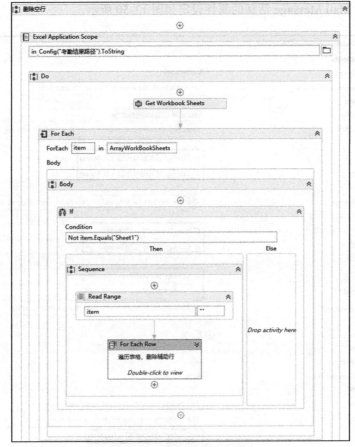

图 13-48 删除辅助行流程

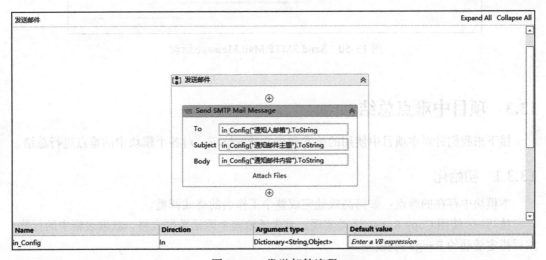

图 13-49 发送邮件流程

Send SMTP Mail Message 活动的属性设定如图 13-50 所示。

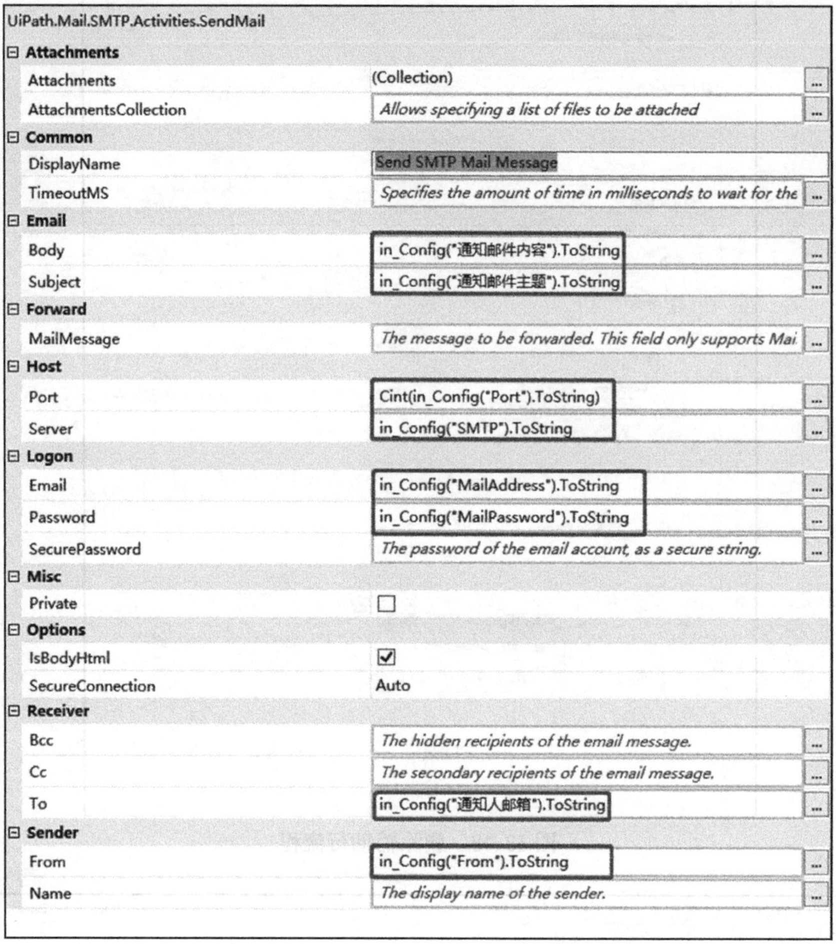

UiPath.Mail.SMTP.Activities.SendMail	
⊟ **Attachments**	
Attachments	(Collection) ...
AttachmentsCollection	*Allows specifying a list of files to be attached* ...
⊟ **Common**	
DisplayName	Send SMTP Mail Message
TimeoutMS	*Specifies the amount of time in milliseconds to wait for the* ...
⊟ **Email**	
Body	in_Config("通知邮件内容").ToString ...
Subject	in_Config("通知邮件主题").ToString ...
⊟ **Forward**	
MailMessage	*The message to be forwarded. This field only supports Mai* ...
⊟ **Host**	
Port	Cint(in_Config("Port").ToString) ...
Server	in_Config("SMTP").ToString ...
⊟ **Logon**	
Email	in_Config("MailAddress").ToString ...
Password	in_Config("MailPassword").ToString ...
SecurePassword	*The password of the email account, as a secure string.* ...
⊟ **Misc**	
Private	☐
⊟ **Options**	
IsBodyHtml	☑
SecureConnection	Auto
⊟ **Receiver**	
Bcc	*The hidden recipients of the email message.* ...
Cc	*The secondary recipients of the email message.* ...
To	in_Config("通知人邮箱").ToString ...
⊟ **Sender**	
From	in_Config("From").ToString ...
Name	*The display name of the sender.* ...

图 13-50　Send SMTP Mail Message 活动

13.3　项目中难点总结

接下来我们针对本项目中使用的技术和相关开发技巧，对各个模块中的难点进行总结。

13.3.1　初始化

本模块中存在的难点：如何高效地完成整个工作表的格式调整。

技巧一：使用 Copy Range 活动实现。首先读取整个原始数据表格，获取表格中的行数，然后指定活动的 Range 属性。

技巧二：按照 CardID 增序排列实现。

13.3.2　获取数据

本模块获取分组信息，只需要获取其中一条数据，下标从零开始，通过将 in_ TransactionNumber 减一来实现。

13.3.3　处理数据

本模块中存在的难点如下。

难点一：如何获取一个员工的所有考勤记录。

技巧：通过 HashSet 来获取当前员工的考勤日期，HashSet 可以将重复的考勤日期去掉。再遍历此员工的考勤记录。

难点二：如何获取一个员工考勤记录的第一条和最后一条。

技巧：对当前员工的考勤记录按照时间增序排列，获取第一条和最后一条。

难点三：由于员工存在一天只打一次卡的情况，如何顺利进行涂色操作。

技巧：对于只存在一条打卡记录的，对当日考勤记录追加一条打卡时间为空的记录（辅助行），涂色完成后再统一删除辅助行。

难点四：如何判断员工打卡时间点是迟到、早退、加班？

技巧：通过正则表达式提取员工的打卡时间点，再按照对应规则进行比较，实现涂色。

13.3.4　结束流程

本模块中存在的难点在于如何确定要删除的行的坐标。

技巧：由于每个员工的打卡记录都是偶数条，且第一条为上班记录，因此我们只要把打卡记录为空的行删除，做法是在当前行所在的索引（index）上加 2，即可实现动态删除辅助行的效果。

推荐阅读

RPA：流程自动化引领数字劳动力革命

这是一部从商业应用和行业实践角度全面探讨RPA的著作。作者是全球三大RPA巨头AA（Automation Anywhere）的大中华区首席专家，他结合自己多年的专业经验和全球化的视野，从基础知识、发展演变、相关技术、应用场景、项目实施、未来趋势等6个维度对RPA做了全面的分析和讲解，帮助读者构建完整的RPA知识体系。

智能RPA实战

这是一部从实战角度讲解"AI+RPA"如何为企业数字化转型赋能的著作，从基础知识、平台构成、相关技术、建设指南、项目实施、落地方法论、案例分析、发展趋势8个维度对智能RPA做了系统解读，为企业认知和实践智能RPA提供全面指导。

RPA智能机器人：实施方法和行业解决方案

这是一部为企业应用RPA智能机器人提供实施方法论和解决方案的著作。

作者团队RPA技术、产品和实践方面有深厚的积累，不仅有作者研发出了行业领先的国产RPA产品，同时也有作者在万人规模的大企业中成功推广和应用国际最有名的RPA产品。本书首先讲清楚了RPA平台的技术架构和原理、RPA应用场景的发现和规划等必备的理论知识，然后重点讲解了人力资源、财务、税务、ERP等领域的RPA实施方法和解决方案，具有非常强的实战指导意义。

财税RPA

这是一本指导财务和税务领域的企业和组织利用RPA机器人实现智能化转型的著作。
作者基于自身在财税和信息化领域多年的实践经验，从技术原理、应用场景、实施方法论、案例分析4个维度详细讲解了RPA在财税中的应用，包含大量RPA机器人在核算、资金、税务相关业务中的实践案例。帮助企业从容应对技术变革，找到RPA技术挑战的破解思路，构建财务智能化转型的落地能力，真正做到"知行合一"。